彩图 1　番茄病毒病病叶

彩图 2　番茄菌核病病果

彩图 3　番茄茎枯病病株

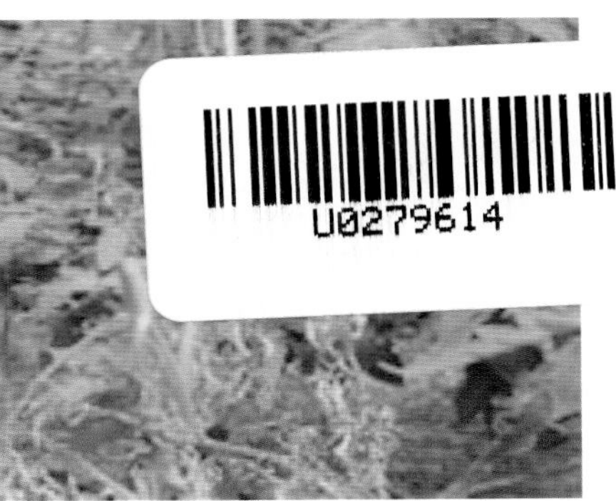

彩图 4　番茄青枯病病株

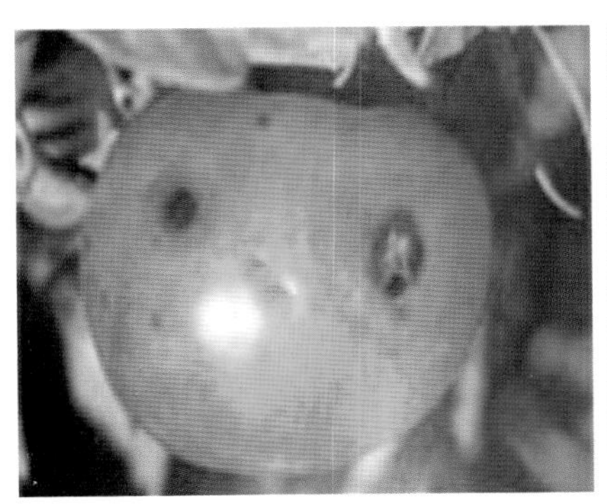

彩图 5　番茄炭疽病病果

彩图 6　番茄斑点病病叶

彩图 7　番茄溃疡病病叶

彩图 8　番茄灰霉病病果

彩图 9　番茄叶霉病病叶

彩图 10　番茄早疫病病叶

彩图 11　番茄晚疫病病叶

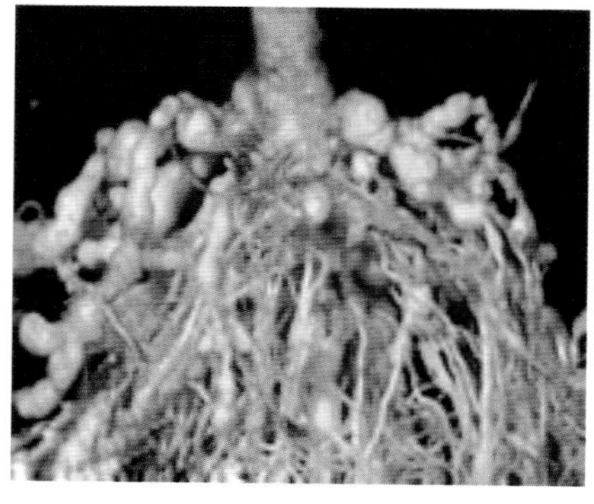

彩图 12　番茄根结线虫病病根

彩图 13　番茄缺氮症状

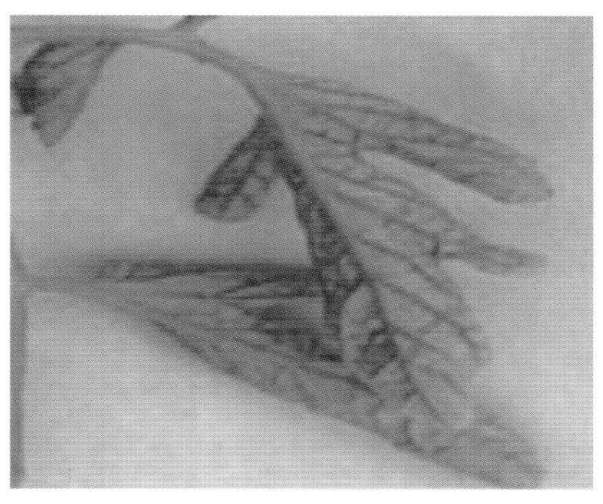

彩图 14　番茄缺磷症状

彩图 15　番茄缺钾症状

彩图 16　番茄缺钙症状

彩图 17　番茄缺铁症状

彩图 18　番茄缺硼症状

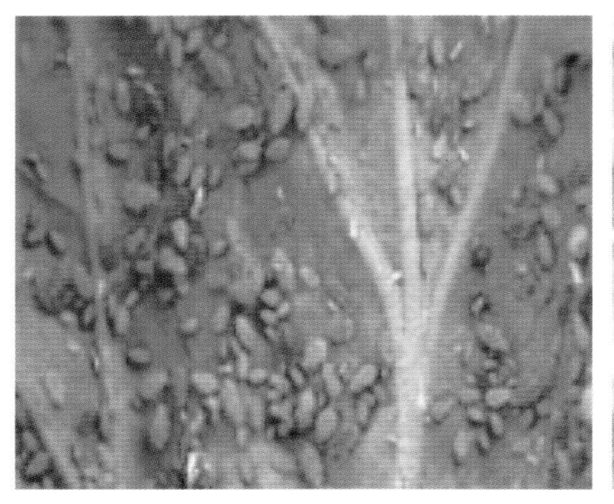

彩图 19　蚜虫

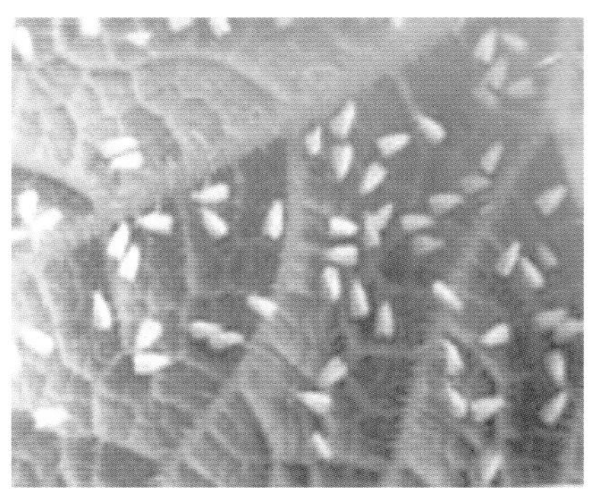

彩图 20　白粉虱

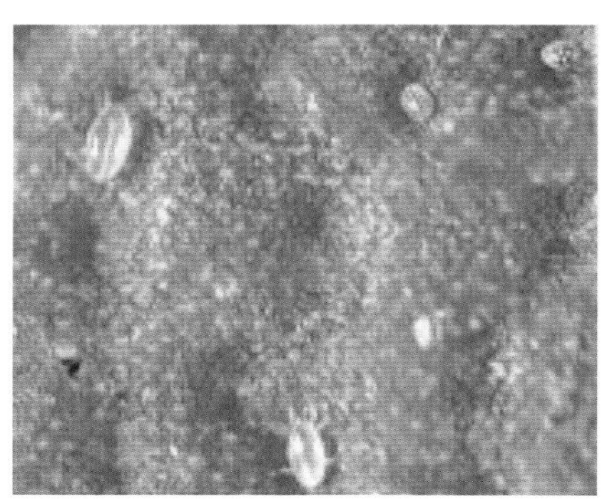

彩图 21　茶黄螨

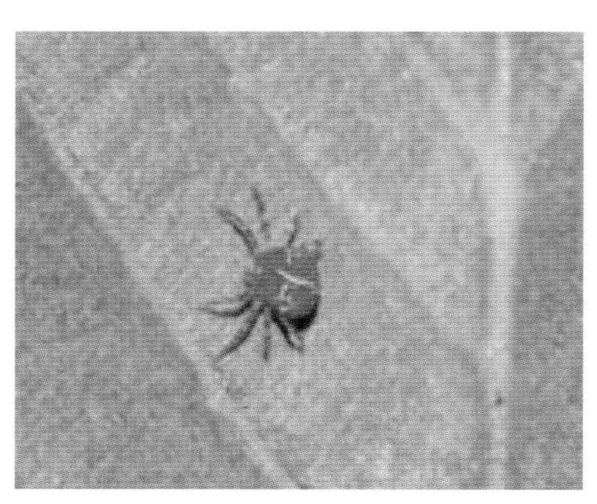

彩图 22　红蜘蛛

彩图 23　潜叶蝇

彩图 24　菜青虫

棚室番茄高效栽培

主　编　景炜明　胡想顺

副主编　王绍兰　侯　伟

参　编　程海刚　纪让军　景　烨
刘雅宁　马虎鸣　徐烈琴

机　械　工　业　出　版　社

本书以提高番茄品质和产量，加强保护番茄生产环境，促进番茄安全、优质、高效生产为编写目的，内容全面、技术先进、图文并茂、可操作性强。主要内容包含棚室的设计与建造、番茄高效栽培品种、育苗、高效栽培技术及病虫害诊断与防治等方面，并设有“提示”“注意”“小窍门”等栏目，以帮助种植户更好地掌握技术要点。

本书适合广大菜农、基层农业技术人员使用，也可供农业院校相关专业师生阅读、参考。

图书在版编目（CIP）数据

棚室番茄高效栽培/景炜明，胡想顺主编. —北京：机械工业出版社，2014.9（2023.9 重印）

（高效种植致富直通车）

ISBN 978-7-111-46913-1

Ⅰ.①棚… Ⅱ.①景… ②胡… Ⅲ.①番茄-温室栽培 Ⅳ.①S626.5

中国版本图书馆 CIP 数据核字（2014）第 115728 号

机械工业出版社（北京市百万庄大街 22 号　邮政编码 100037）

总 策 划：李俊玲　张敬柱　　策划编辑：高　伟　郎　峰

责任编辑：高　伟　郎　峰　李俊慧　　版式设计：常天培

责任校对：王　欣　　责任印制：张　博

三河市宏达印刷有限公司印刷

2023 年 9 月第 1 版第 10 次印刷

140mm×203mm · 7.375 印张 · 2 插页 · 200 千字

标准书号：ISBN 978-7-111-46913-1

定价：29.80 元

凡购本书，如有缺页、倒页、脱页，由本社发行部调换

电话服务　　网络服务

服务咨询热线：010-88361066　　机工官网：www.cmpbook.com

读者购书热线：010-68326294　　机工官博：weibo.com/cmp1952

010-88379203　　金书网：www.golden-book.com

封面无防伪标均为盗版　　教育服务网：www.cmpedu.com

高效种植致富直通车

编审委员会

园艺产业包括蔬菜、果树、花卉和茶等，经多年发展，园艺产业已经成为我国很多地区的农业支柱产业，形成了具有地方特色的果蔬优势产区，园艺种植的发展为农民增收致富和“三农”问题的解决做出了重要贡献。园艺产业基本属于高投入、高产出、技术含量相对较高的产业，农民在实际生产中经常在新品种引进和选择、设施建设、栽培和管理、病虫害防治及产品市场发展趋势预测等诸多方面存在困惑。要实现园艺生产的高产高效，并尽可能地减少农药、化肥施用量以保障产品食用安全和生产环境的健康离不开科技的支撑。

根据目前农村果蔬产业的生产现状和实际需求，机械工业出版社坚持高起点、高质量、高标准的原则，组织全国 20 多家农业科研院所中理论和实践经验丰富的教师、科研人员及一线技术人员编写了“高效种植致富直通车”丛书。该丛书以蔬菜、果树的高效种植为基本点，全面介绍了主要果蔬的高效栽培技术、棚室果蔬高效栽培技术和病虫害诊断与防治技术、果树整形修剪技术、农村经济作物栽培技术等，基本涵盖了主要的果蔬作物类型，内容全面，突出实用性，可操作性、指导性强。

整套图书力避大段晦涩文字的说教，编写形式新颖，采取图、表、文结合的方式，穿插重点、难点、窍门或提示等小栏目。此外，为提高技术的可借鉴性，书中配有果蔬优势产区种植能手的实例介绍，以便于种植者之间的交流和学习。

丛书针对性强，适合农村种植业者、农业技术人员和院校相关专业师生阅读参考。希望本套丛书能为农村果蔬产业科技进步和产业发展做出贡献，同时也恳请读者对书中的不当和错误之处提出宝贵意见，以便补正。

中国农业大学农学与生物技术学院

2014 年 5 月

前　言

番茄是全世界栽培最为普遍的果菜之一，其果实营养丰富，具特殊风味，可以生食，煮食，加工制成番茄酱、汁或整果罐藏。美国、意大利和中国为番茄主要生产国，在欧洲、美洲的一些国家及中国和日本有大面积温室、塑料大棚及其他保护地设施栽培，目前其产量占蔬菜生产总量的10%左右。

我国番茄栽培时间不到100年，于20世纪二三十年代从国外引种试验，四五十年代大中城市有小面积种植，70年代番茄才在全国普遍生产。从20世纪80年代开始，中小拱棚番茄迅速发展，目前已实现中小拱棚、塑料大棚、日光温室和露地生产相结合的番茄生产格局，一年四季供应充足，经济效益比较显著。我国番茄生产量现在位居世界第二位，种植面积逐年扩大。番茄种质资源丰富，品种繁多，而且其果实营养丰富，人们十分喜爱食用。特别是硬果型番茄和加工型番茄品种的引进栽培，使我国新疆、内蒙古等地番茄产业发展迅速，极大地带动了全国番茄产业的发展壮大，使其成为增加农民收入、发展高效农业、促进农业增效的一大支柱产业。

为了提高番茄品质和产量，加强保护番茄生产环境，促进番茄安全、优质、高效地生产和发展，陕西省宝鸡市农业科学研究所和西北农林科技大学的专家根据十多年科学实验结果和生产实践经验，参考国内外有关科技文献，特此编写了本书，希望能为我国番茄安全生产和品质提高做些贡献。

需要特别说明的是，本书所用药物及其使用剂量仅供读者参考，不可照搬。在生产实际中，所用药物学名、常用名和实际商品名称有差异，药物浓度也有所不同，建议读者在使用每一种药物之前，参阅厂家提供的产品说明以确认药物用量、用药方法、用药时间及禁忌等。

全书共分六章，由景炜明、徐烈琴编写第一章，景炜明、景烨编写第二章，王绍兰、马虎鸣编写第三章，景炜明、侯伟编写第四章，景炜明、程海刚编写第五章，胡想顺、纪让军、刘雅宁编写第六章，全稿最后由景炜明、胡想顺统一审稿。在编写过程中，参考引用了大量文献，在此，对所引用文献的作者表示感谢。

本书的编写以实用技术为主，内容全面、技术先进、图文并茂、可操作性强，适合广大菜农、基层农业技术人员使用，也可供农业院校相关专业师生阅读、参考。

由于编者水平有限，书中难免出现疏漏或不当之处，敬请广大读者批评指正。

编者

目 录

第三章　棚室番茄高效栽培品种

第四章　棚室番茄高效栽培育苗

第五章　棚室番茄高效栽培技术

第六章 棚室番茄病虫害诊断与防治

附录 常见计量单位名称与符号对照表

参考文献

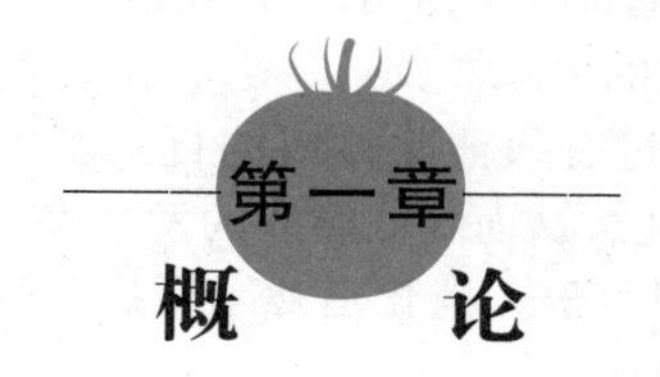

第一章 概论

第一节 番茄的营养成分与价值

一 番茄的营养成分

番茄含有丰富的胡萝卜素、维生素 C 和 B 族维生素等。据营养学家研究测定，每人每天食用 50～100g 鲜番茄，即可满足人体对几种维生素和矿物质的需要。番茄含有“番茄红素”，有抑制细菌的作用；含有苹果酸、柠檬酸和糖类，有助消化的功能。番茄有丰富的营养，又有多种功用被称为神奇的菜中之果。它所富含的维生素 A 原，在人体内转化为维生素 A，能促进骨骼生长，防治佝偻病、眼干燥症、夜盲症及某些皮肤病。现代医学研究表明，人体获得维生素 C 的量，是控制和提高肌体抗癌能力的决定因素。番茄内的苹果酸和柠檬酸等有机酸，还有增加胃液酸度、帮助消化、调整胃肠功能的作用。番茄中含有果酸，能降低胆固醇的含量，对高脂血症很有益处。

二 番茄红素的价值

番茄红素具有很强的抗氧化活性，实际上，番茄红素的名称来源于番茄，是茄科番茄属。其最丰富的食物来源是番茄，具有以下作用。

1）番茄红素不仅是当今工业上重要的天然食品着色剂，而且还是很强的抗氧化剂。补充番茄红素，可抵抗衰老，增强免疫能力，

减少疾病的发生。番茄红素还能降低眼睛黄斑的退化、减少色斑沉着。

2）由于其很强的抗氧化作用，可以有效地减轻和预防心血管疾病，降低心血管疾病的危险性。

3）番茄红素通过有效清除体内的自由基，预防和修复细胞损伤，抑制 DNA 的氧化，从而降低癌症的发生率。研究表明，番茄红素能够有效预防前列腺癌、消化道癌、肝癌、肺癌、乳腺癌、膀胱癌、子宫癌、皮肤癌等。

第二节 番茄的生物学特性

一 番茄的植物学特性

番茄，又名西红柿，属茄科，为一年生草本植物，在热带为多年生草本植物。主要以成熟果实作为蔬菜或水果食用。原产于南美洲的秘鲁、厄瓜多尔等地，在安第斯山脉至今还有原始野生种，后传至墨西哥，驯化为栽培种。

1. 花

（1）花的结构 番茄花是具有雌蕊和雄蕊两性器官的两性花，聚伞花序，小果型品种为总状花序。花序着生节间，每个花序有小花 5～10 朵，番茄每朵小花由花梗、萼片、花瓣、雄蕊和雌蕊组成。

> **【注意】** 保护好番茄萼片很重要。衡量番茄的综合商品价值，除了从果实色泽、口感等方面进行比较外，萼片的舒展程度也是重要标准之一。因此，番茄萼片若出现干枯等异常则会严重影响其市场卖价。

（2）花芽分化 番茄的花芽是由生长点的质变而形成的。番茄的花芽分化开始于播种后 20～30 天，此时幼苗株高 3～4cm，具有 2～3 片真叶，茎粗 0.2cm 左右。在栽培中，要使花芽提早分化，降低花序节位，缩短花芽分化天数，争取早熟丰产，就要加强苗床管理，培育壮苗。

2. 果实

番茄的果实为多汁浆果，有扁圆形、圆形、高圆形、长圆形、梨形、樱桃形等多种形态。果重在70g以内的为小型果，70～200g的为中型果，200g以上的为大型果。果实颜色以成熟后果色为准，有大红色、粉红色、橙红色和黄色4种。

3. 种子

番茄种子为扁平短圆形，在一端的边缘有一个向内凹陷的种脐，种子外表面覆粗毛，呈灰褐色或黄褐色。种子由种皮、胚乳和胚组成。千粒重2.7～4.0g，种子寿命4～6年，生产用种年限为2～3年。

4. 根

番茄的根系主要由种子胚根发育成的主根、侧根组成。番茄根系的生长和温度密切相关，一般喜欢冷凉气候，较耐低温，在地温10℃左右能缓慢生长，20～25℃生长旺盛，35℃以上生长受阻。

5. 茎

番茄为草本植物，茎的木质部不发达。幼苗期由于叶片少且小，负担不重，呈直立生长，随着叶片增多、增大，花果的出现，柔软的茎难以支撑起较大的重量，便呈匍匐生长状态，此时应搭设支架，并进行整枝。

6. 叶

番茄的叶片为长羽状，在叶轴上生长有侧生裂片、顶生裂片、小裂片、间裂片，这些裂片是叶的深裂、缺刻的深化。根据叶子形状可将番茄分为3种类型：花叶型、薯叶型、皱缩叶型。

二 番茄的生长发育周期

1. 发芽期

番茄种子发芽时，首先胚根开始生长，从发芽孔伸出，接着胚轴生长很快，将子叶推出地面，子叶展开；以后生长点发出真叶，发芽即告完成。在正常温度下，从播种到子叶展开、真叶幼芽出现，一般需要10～14天，发芽期是指种子发芽到第一片真叶出现。

2. 幼苗期

从第一片真叶到花蕾显现为幼苗期。在正常温度条件下，番茄种子发芽后生根长出真叶成为幼苗一般需要45～50天。

3. 开花期

开花期包括萼片及花瓣原基的分化、雄蕊的出现，接着是花粉的形成，最后是子房的膨大。从花芽分化到开花约 30 天左右。这个时期的番茄由营养生长向生殖生长和营养生长并重的阶段过渡。

开花期的番茄，既要促进营养生长，使植株浓绿、茎秆粗壮，根深叶茂，为以后开花结果打下基础，也要防止营养生长过旺而出现徒长现象，影响果实发育，引起落花落果或推迟开花。

4. 结果期

从第一花序结果到果实采收结束为结果期。这一时期的长短，因品种和栽培方式的不同差别很大。春秋茬番茄结果期一般为 70 ~ 80 天，冬春茬番茄结果期一般为 80 ~ 100 天。结果期越长对栽培技术要求越高，关键要注意调节好秧果的关系。

三 环境条件与栽培

由于受原产地条件的影响，番茄喜温、喜光、怕热又怕冷，因此在春、秋季气候温暖、光照较强的条件下生长良好，产量高。在夏季高温多雨或冬季低温、日照不足的条件下生长弱，病害重，坐果率低。现在北方各地多采用冬季日光温室、春秋塑料大棚相结合的形式进行番茄周年生产。在栽培中要特别注意番茄对温度、光、水、肥、气等因素的要求，注意各环境因子间的协调与平衡。

（1）温度　番茄是喜温作物，但不耐炎热。在适温范围内生育状态良好，高温或低温会阻碍番茄的生长发育。

番茄生长发育的最适温度，白天为 20 ~ 28℃、夜间为 15 ~ 18℃。当气温高达 33℃时生长受到影响，达到 40℃时停止生长，达到 45℃时会发生高温危害，在短时间内茎叶和果实就会出现日灼，植株很快枯死。温度降到 10℃以下时生长缓慢，在 5℃时停止生长。－2 ~ －1℃番茄会被冻死，但经耐寒性锻炼的幼苗，可短时间地耐－2℃的低温。

（2）光照　番茄为喜光作物，光补偿点为 2000lx，光饱和点为 7 万 lx，超过饱和点对其生长不利。冬季栽培番茄，由于光照不足，植株徒长，营养不良，开花数量少，落花落果严重，常发生各种生理性障碍和病害；夏季栽培要注意防止阳光暴晒。番茄不同生长发育时期对光照要求不同。番茄种子发芽期不需要光照。幼苗期对光照要求严格，光照不足延迟花芽分化，使开花节位上升，花数减少。开花期光照不足容易造成落花落果。结果期增加光照可提高坐果率，增加单果重，提高产量；弱光下坐果率低，单果重减少。番茄生长对光照时数要求并不严格。一般每天光照 8 ~ 14h，即可满足番茄正常生长和发育的需求。若每天光照时数达 14 ~ 16h，番茄的生长发育较好。

（3）水分 番茄蒸腾量较大，需水量也大，通常要求土壤相对湿度为 65% ~ 85%。番茄不同生长发育时期对水分的要求不同。发芽期要求土壤相对湿度在 80% 左右，幼苗期和开花期要求在 65% 左右，结果期要求为 75% ~ 80%，结果期供给充足水分是获得高产的关键。番茄生长对空气湿度要求较高，空气相对湿度以 45% ~ 65% 为宜。如果湿度过大容易诱发病害，如遇阴雨连绵天气、空气湿度过高时，一般生长衰弱、病害严重，且易落花落果；空气湿度过低又会影响性器官的生理机能，导致植株生长发育不良，造成落花落果。特别是在高温干燥的条件下，易发生病毒病。

（4）土壤 番茄对土壤的适应性较强，各种土壤几乎都可以栽培，但以排水良好、土层深厚、富含有机质的壤土或沙壤土最适宜。而在排水不良的黏重土壤或养分易于流失的沙性土壤中生长较差。番茄喜微酸性到中性土壤，适宜 pH 为 6 ~ 7。当 pH 低于 5.5 时，应适当施以石灰，否则会影响植株对钙、镁元素的吸收，引发脐腐病；当 pH 高于 8.0 时，会影响铁、锌等微量元素的吸收，植株变黄。番茄要求土壤通气良好，当土壤含氧量达 10% 左右时，植株生长发育良好；当土壤含氧量低于 5% 时植株根系发育不良，严重时枯死。因此，低洼易涝地不利于番茄的生长，可通过提高土面高度、增施有机肥等措施进行土壤改良。

（5）营养元素 番茄是喜肥作物，在氮、磷、钾三要素中以钾的需要量最多，其次是氮、磷。不同生育期对肥量的需求有一定差异，番茄苗期需氮肥较多，结果期需钾肥较多。整个生长期内氮、磷、钾三种元素的需求比例是氮: 磷: 钾为 1: 0.3: 1.8。此外，还需要硫、钙、镁、锰、锌、硼等元素。

(6) 气体 在自然条件下，空气中二氧化碳含量为330～400μL/L。在温室、大棚等保护地内的小气候条件下，由于密闭性较强，夜间二氧化碳含量可达600～800μL/L。而白天通风后由于植物进行光合作用，二氧化碳含量低于大气水平。棚室番茄生产时可通过增施有机肥，采用内置式或外置式秸秆反应堆及化学方法增施二氧化碳。生产实践证明，当二氧化碳含量达800～1000μL/L时，番茄生长旺盛，着花数显著增加，产量及品质好。

第三节 番茄的栽培现状与市场前景

一 番茄的栽培现状

番茄具有营养丰富、适应性广、栽培容易、产量高、效益好等优点，在世界蔬菜的生产和消费中，一直位居前列。据联合国粮食及农业组织（FAO）统计，目前番茄在世界范围内的种植面积已达40350万亩（1亩=667m^2），产量达6900万吨，占世界蔬菜生产总量的10%左右。全球生产番茄最多的洲为欧洲，其次是中美洲；生产番茄最多的国家为美国，我国番茄生产位居世界第二位；我国番茄以鲜食为主，而世界番茄贸易则以加工番茄为主，世界上加工番茄超过鲜食的国家有美国和意大利等国。

在我国，发展番茄产业受到了高度重视，番茄产业被称为“红色产业”。近几年来，无土栽培、再生栽培、嫁接栽培等栽培形式也应用得越来越普遍，配方施肥、水肥一体化技术、化控技术等一系列科技含量较高的栽培管理技术正逐渐应用于番茄的生产栽培中。

二 番茄的市场前景

目前，我国番茄的种植、加工和出口都处于持续增长态势，经过20多年的发展，我国已经成为全球最重要的番茄制品生产国和出口国之一。1999～2005年，世界番茄出口贸易量增长了63万吨，年均增长6.2%，而我国增长49万吨，年均增长33.4%，我国番茄酱出口份额从占世界出口市场的7.7%上升到30%，而其他生产国均出现下降趋势。2011年，中国番茄出口量已达到110万吨，在世界贸易中所占比重达到40%。在新一轮的农业产业结构调整中，许多地区开始发展番茄生产，番茄种植的面积不断上升，加上全国蔬菜棚室栽培的不断发展，这都将促进番茄种植业的发展。目前，在生产上迫切需要解决的是大幅度提高番茄的质量、品质和抗逆性；在商品流通中要加强品牌意识，提高包装质量及货架的商品性，缩短与国际市场的差距。

从目前的番茄产量看，发达国家番茄的亩产量，美国达到 4 吨，荷兰温室栽培达到 20 吨，而我国的番茄亩产量仅为 3 吨，和国外发达国家相比尚存在较大差距，具有很大的发展潜力。从人均消费番茄量来看，世界平均消费量为每人每年 11.3kg，发达国家达到每人每年 27kg，我国只有每人每年 6.9kg。随着经济的发展，我国城乡居民生活水平不断提高，人们的膳食结构将发生较大变化，对番茄的消费潜力也在不断上升，因此番茄市场需求将继续保持增长态势。

据联合国粮食及农业组织统计，进入 21 世纪，世界蔬菜消费量年均增长 5% 以上，而由于各方面成本的原因，发达国家蔬菜生产不断萎缩，自给率下降，今后还将减产，这为我国番茄发展提供了广阔的发展空间。随着我国番茄产品质量水平的不断提高，采后处理技术的改进，我国番茄生产的低成本优势将得到进一步发挥，番茄出口空间较大。中国番茄产业将抓住世界番茄制品消费增长的机遇，逐步提高在世界番茄产业中的市场份额。番茄的出口量不断增加，在世界番茄贸易中所占比重将越来越大，国际市场对中国番茄产业的依赖性也会日益增强。因此，巨大和有潜力的国内外市场为我国番茄种植、加工提供了发展机会。

第二章 番茄的棚室设计与建造

第一节 拱棚

在番茄拱棚栽培中，常见的拱棚设施有小拱棚和中型拱棚两种。

一 小拱棚

小拱棚一般用于春提早、秋延后露地番茄的栽培。由于小拱棚可以采用草苫防寒，因而与大棚相比，早春可以提前栽培，晚秋可以延后栽培。小拱棚也可以用于早春番茄育苗，还可与大棚或日光温室配合使用，进行番茄育苗或栽培。由于小拱棚栽培时间久远，在生产实践中的应用技术已经很成熟，在本章中不再详述。

二 中型拱棚

通常把跨度在4.0～6.0m、棚高1.5～1.8m的称为中棚，就面积和空间而言，比小棚稍大，比大棚稍小，是小棚和大棚的中间类型，人可在棚内作业，并可覆盖草苫。中棚有竹木结构、钢管或钢筋结构、钢竹混合结构，有设1～2排支柱的，也有无支柱的，面积多为66.7～133.0m^2。中棚的结构、建造近似于大棚，详细的建造和使用参照本章塑料大棚。

由于中型拱棚空间比小拱棚大，比大棚小，因此环境条件介于两者之间。昼夜温度变化较小，但不如大棚稳定，冻害、冷害在早春和晚秋时间仍容易发生。中型拱棚主要用于番茄春季提前栽培或者春季育苗。

第二节　塑料大棚

塑料大棚是一种简易实用的保护地栽培棚室，由于其建造容易、使用方便、投资较少，已被世界各国普遍采用。塑料大棚能充分利用太阳能，有一定的保温作用，并通过塑料薄膜在一定范围调节棚内的温度和湿度。

一　塑料大棚的类型

我国地域辽阔，气候环境复杂，塑料大棚的类型各式各样，分类形式也多种多样，有按棚顶形式分类的，有按塑料大棚覆盖形式分类的，也有按棚架结构材料分类的，但在生产中最常见的是以结构材料进行分类，以下将这几种分类形式逐一介绍。

1. 按棚顶形式分类

塑料大棚按棚顶形式可分为拱圆型塑料大棚和屋脊型塑料大棚两种。

拱圆型塑料大棚对建造材料要求较低，具有较强的抗风和承载能力；屋脊型塑料大棚则相反，对材料要求较高，但其内部环境比较容易控制（图 2-1）。

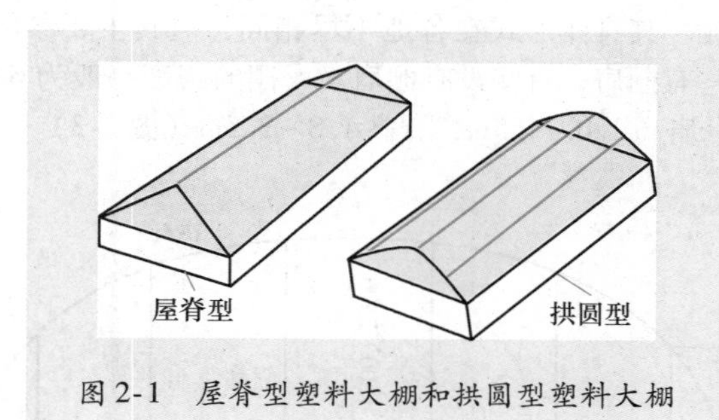

图 2-1　屋脊型塑料大棚和拱圆型塑料大棚

2. 按其覆盖形式分类

塑料大棚按其覆盖形式可分为单栋塑料大棚和连栋塑料大棚两种。

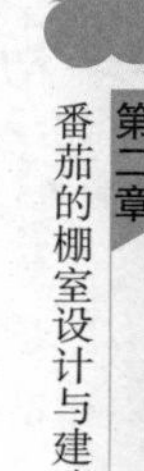

单栋塑料大棚是以竹木、钢材、混凝土构件及薄壁钢管等材料焊接组装而成，棚向以南北延长者居多，其特点是采光性好，但保温性能较差。

连栋塑料大棚是用2栋或2栋以上单栋大棚连接而成，就结构和外形尺寸来说，钢管连栋大棚就是把几个单体棚和天沟连在一起。随着棚室规模化、产业化经营的发展，有些地区，特别是南方一些地区，原有的单栋塑料大棚逐步被连栋塑料大棚所取代。连栋塑料大棚的优点是质量轻、保温性能好、结构构件遮光率小，土地利用率高达90%以上，适合种植高档番茄品种。其缺点是通风性能较差，棚内容易出现高温高湿现象，容易发生病虫害，两栋的连接处易漏水（图2-2）。

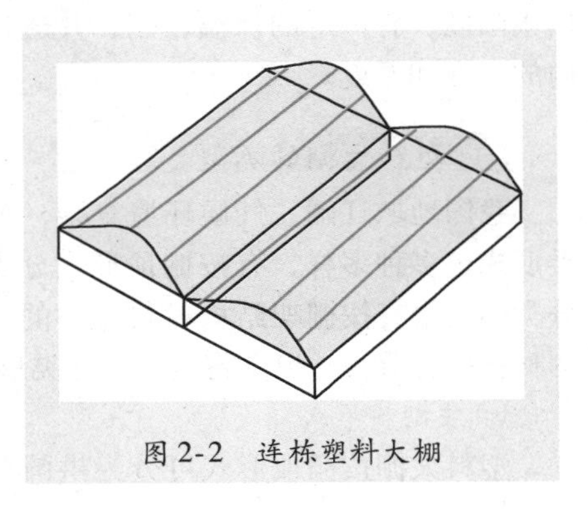

图2-2　连栋塑料大棚

3. 按棚架结构材料分类

目前塑料大棚的建造材料很多，但在番茄生产中应用较多、性能较好的主要有以下几种类型。

（1）简易竹木结构塑料大棚　竹木结构的塑料大棚是我国最早出现的塑料大棚，其具体形式在各地不尽相同，但其主要参数和棚形基本一致，有些有棚肩，有些没有棚肩。大棚的跨度一般为6～12m，长度30～60m，肩高1.0～1.5m，脊高1.8～2.5m（图2-3）。

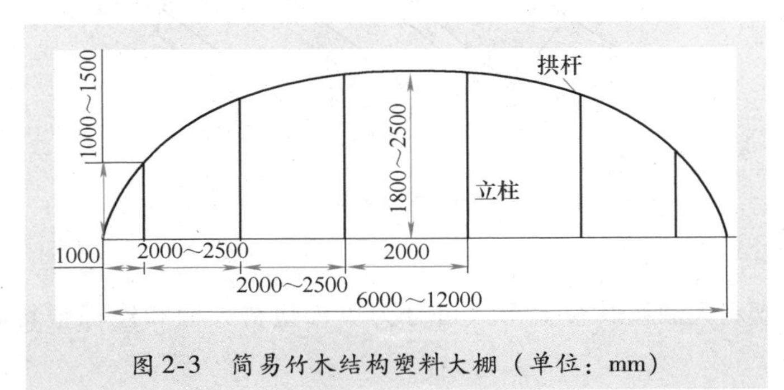

图2-3　简易竹木结构塑料大棚（单位：mm）

这种大棚建造比较简单，拱杆采用竹片做成，立柱为圆木。按棚宽（跨度）方向每1～2m设一立柱，粗6～8cm，地下埋深0.5m；将竹片固定在立柱顶端成拱形，两端加横木埋入地下并夯实，拱架间距0.7～1.0m，并用纵拉杆连接，形成整体；拱架上覆盖薄膜，拉紧后膜的端头埋在四周的土里，拱架间用压膜线或8号铁丝、竹竿等压紧薄膜即可。

这种材料塑料大棚的优点是取材方便，各地可根据实际情况，使用竹子或木头均可，造价较低，建造时较容易。这种结构的缺点是由于整个结构承重较大，棚内起支撑作用的立柱过多，使整个大棚内遮光率高，光环境较差；由于整个棚内空间不大，作业不方便，不利于农业机械的自动化操作；材料使用寿命短，抗风雪荷载性能差。

（2）悬梁吊柱竹木拱架塑料大棚 悬梁吊柱竹木拱架塑料大棚是在简易竹木结构塑料大棚的基础上改造而来，中柱由原来的每排1.0～2.0m改为3.0～3.3m，横向每排4～6根。立柱由原来每根拱杆都设，变为每隔4根拱杆设4～6根立柱。用木杆或竹竿作为纵向拉杆把立柱连接成一个整体，在拉杆与每根中柱交叉处设1根吊柱，吊柱上端与拱杆连接，下端与拉杆连接（图2-4）。这种材料的塑料大棚优点是减少了部分支柱，大大改善了棚内的光环境，具有较强的抗风载雪能力，并且造价较低。

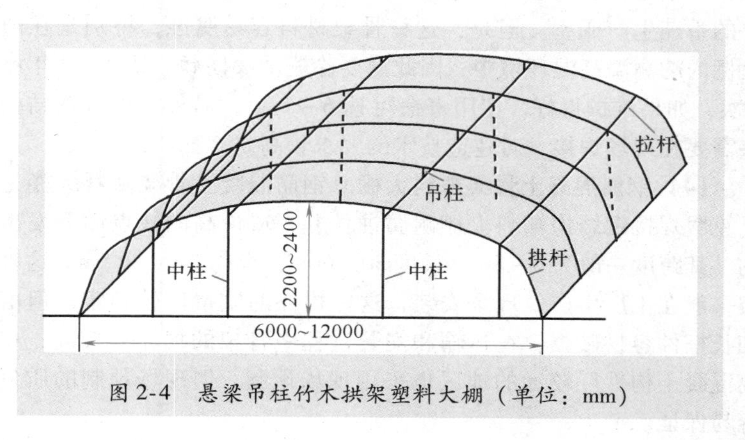

图2-4 悬梁吊柱竹木拱架塑料大棚（单位：mm）

上述两种形式都属于竹木结构塑料大棚，虽然竹木结构塑料大棚存在较多的缺点，但由于其造价低，容易被农民所接受，因此在农村竹木结构的塑料大棚使用仍较多。

（3）焊接钢结构塑料大棚 焊接钢结构塑料大棚是利用钢结构代替竹木结构，拱架是用钢筋、钢管或两种结合焊接而成的平面桁架，上弦用16mm钢筋或6分管，下弦用12mm钢筋，纵拉杆用9～12mm钢筋。跨度8～12m，脊高2.6～3.0m，长30～60m，拱间距1.0～1.2m。纵向各拱架间用拉杆或斜交式拉杆连接固定形成整体。拱架上覆盖薄膜，拉紧后用压膜线或8号铅丝压膜，两端固定在地锚上（图2-5）。

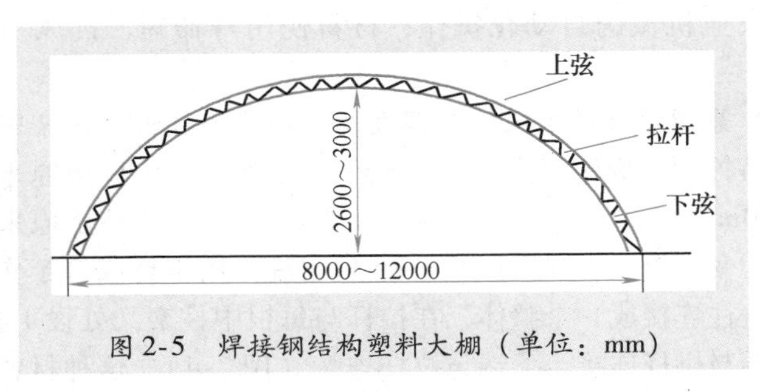

图2-5 焊接钢结构塑料大棚（单位：mm）

这种结构的塑料大棚比竹木结构的塑料大棚承重力大，骨架坚固，无中柱，室内透光性好，而且棚内空间大，作业方便，是比较好的番茄生产棚室。但是，这种骨架材料容易腐蚀，特别是在塑料大棚内的高温高湿环境中，因此需要涂刷油漆防锈，需1～2年涂刷1次，如果维护得好，使用寿命可达6～7年；另外，焊接钢结构有些需要在现场焊接，对建造技术的要求较高。

（4）钢筋混凝土骨架塑料大棚 钢筋混凝土骨架塑料大棚是为了克服焊接钢结构塑料大棚耐腐蚀性差、造价高的缺点而开发出来的。其跨度一般为6～8m，长度30～60m，脊高2.0～2.5m。这种骨架一般在工厂生产，现场安装，这样构件的质量比较稳定。但由于细长杆件容易破损，在运输和安装过程中骨架的损坏率较高，在距离混凝土构件厂较远的地区也采用现场预制，但现场预制的质量不容易保证。

（5）镀锌钢管装配式塑料大棚 镀锌钢管装配式塑料大棚是近几年发展较快的塑料大棚的结构形式，这种材料的塑料大棚继承了焊接钢结构和钢筋混凝土骨架塑料大棚的优点，棚内空间大，棚结构也不易腐蚀，所有结构都是现场安装，施工方便。其拱杆、纵向拉杆、端头立柱均为薄壁钢管，并用专用卡具连接形成整体，所有杆件和卡具均采用热镀锌防锈处理，是工厂化生产的产品。

镀锌钢管装配式塑料大棚跨度4~12m，肩高1.0~1.8m，脊高2.5~3.5m，长度20~60m，拱架间距0.5~1.0m，纵向用纵拉杆（管）连接固定成整体（图2-6）。可用卷膜机卷膜通风、保温幕保温、遮阳网遮阳和降温。这种大棚为组装式结构，建造方便，并可拆卸迁移，棚内空间大、遮光少、有利于作物生长；作业方便；构件抗腐蚀、整体强度高、承受风雪能力强，使用寿命可达15年以上，是目前较先进的大棚结构形式之一。镀锌钢管装配式塑料大棚已形成标准、规范的20多种系列，现介绍番茄生产中应用较多的两种类型。

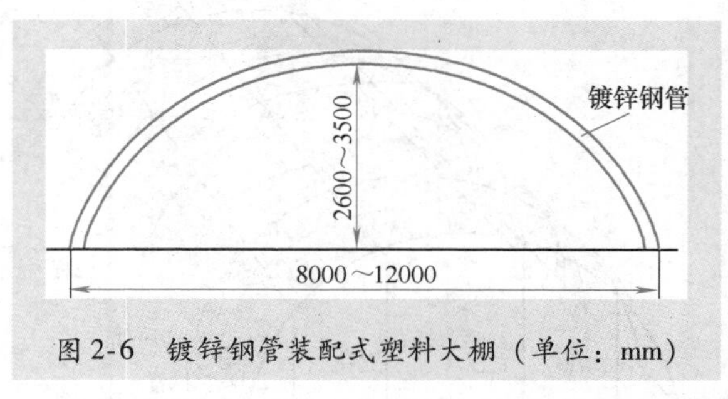

图2-6 镀锌钢管装配式塑料大棚（单位：mm）

1）GP622标准大棚。以直径22mm、厚1.2mm的镀锌薄壁钢管为骨架材料的装配式塑料大棚，跨度6m，脊高2.2~2.5m，肩高1.2m，土地利用率约为80%，使用寿命一般为15~20年。其广泛分布在城市近郊和农村，但是这种大棚高度较低，适合种植有限生长型番茄品种，并且这种大棚夏秋高温季节通风效果较差，造成棚内温度太高，而且抗风载、雪载能力有限（只能抵御厚5cm的积雪），不适合在夏季和深秋季节应用。

2）GP728/GP732提高型塑料大棚。GP728与GP732提高型塑料大棚是针对 GP622 型标准大棚存在的缺点而改进的，其增加了棚体的高度、宽度，提高了风窗的高度、宽度，从而改善了高温季节的通风状况，增强了抗风雪荷载的能力。采用直径 28mm 或 32mm、厚 1.5mm 的镀锌管，跨度 7.0 ~ 9.0m，脊高 3.2 ~ 3.5m，肩高 1.8m，土地利用率为 85%。GP728/GP732 提高型塑料大棚结构牢固，装拆方便，使用寿命长，冬季密封性能好，抗风雪能力强，棚体空间大，可以种植无限生长类型番茄品种。

二 塑料大棚的组成和建造

1. 塑料薄膜大棚的组成

塑料薄膜大棚的骨架是由立柱、拱杆（拱架）、拉杆（纵梁、横拉）、压杆（压膜线）等部件组成，俗称“三杆一柱”。这是塑料薄膜大棚最基本的骨架构成（图 2-7），其他形式都是在此基础上演化而来的。

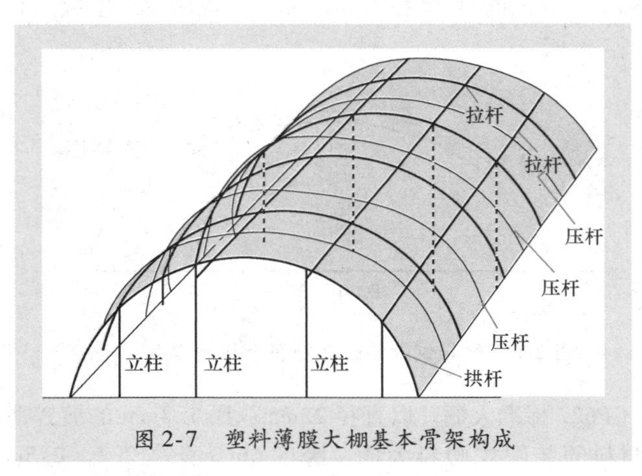

图 2-7 塑料薄膜大棚基本骨架构成

（1）立柱 拱杆材料断面较小，不足以承受风、雪荷载，或拱杆的跨度较大、棚体结构强度不够时，则需要在棚内设置立柱，起支撑拱杆和棚面的作用，以提高塑料大棚整体的承载能力。竹木结构塑料大棚大多设有立柱，材料主要采用直径为 60 ~ 80mm 的圆木，也可用断面为 80mm × 80mm 或 100mm × 100mm 的钢筋混凝土柱。钢筋结构塑料大棚的跨度为 10 ~ 12m 时，也需要设置中间立柱，其断面为150mm×150mm左右。

（2）拱杆 拱杆是塑料薄膜大棚的骨架，是塑料大棚承受风、雪荷载和承重的主要构件，决定了大棚的形状和空间构成，还起支撑棚膜的作用。按构造不同，拱架主要有单杆式和桁架式两种形式（图2-8）。

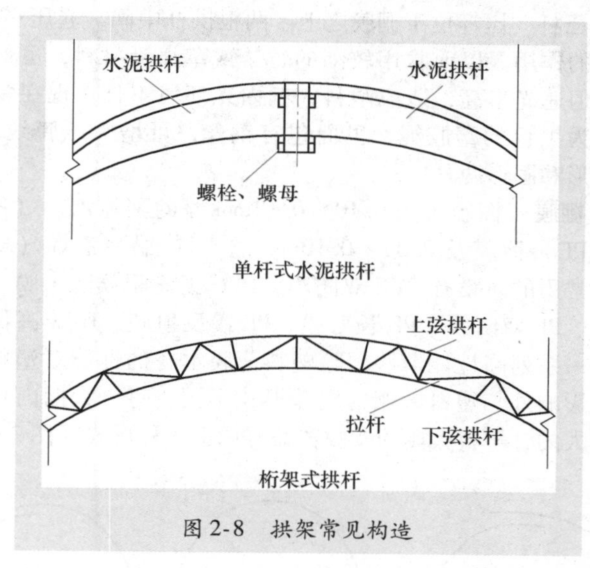

图2-8 拱架常见构造

1）单杆式竹木结构。水泥结构和跨度小于8m的钢管结构塑料大棚的拱架基本为单杆式，称为拱杆。竹木结构塑料大棚的拱杆大多采用宽40~60mm左右的竹片或小竹竿在安装时现场弯曲成形，以竹片制作的拱杆表面光滑、易于弯曲，弯成拱形后具有较高的强度。

钢筋混凝土骨架结构、镀锌钢管装配式结构塑料大棚的拱杆目前基本已由专业工厂制作生产。为了便于制造和运输，其拱杆均由可拆装并且成对的一对拱杆组成，其中间采用螺栓连接或套管式接头承接，连接在建棚现场安装时进行。

2）桁架式拱杆。跨度大于8m的钢管结构塑料大棚，为保证结构强度，其拱架一般制作成桁架式。圆拱形桁架由上弦拱杆、下弦拱杆和拉杆构成。拉杆两端分别与上、下弦拱杆焊接成一体。

（3）拉杆 拉杆是纵向连接拱杆和立柱，固定压杆，保证拱杆纵向稳定，使大棚骨架成为一个整体的构件。拉杆也有单杆式和桁

架式两种形式。单杆式在各种结构塑料大棚应用最普遍。竹木结构塑料大棚的纵拉杆主要采用直径为40~70mm的竹竿或木杆；水泥和钢管结构塑料大棚则主要采用直径为20mm或25mm、壁厚为1.2mm的薄壁镀锌钢管，或壁厚2.1mm、2.6mm的焊接钢管制作。

(4) 压杆 压杆位于棚膜之上、两根拱杆中间，起压平、压实、绷紧棚膜的作用。以前常用较细的竹竿或草绳为材料，虽然材料价格便宜，但遮光率高，造成塑料大棚内光环境不佳。现在常用压膜线，通常为黑色的塑胶绳，里面包有钢丝，可增大压膜线的拉力，一般分扁形和圆形两种。

(5) 棚膜 棚膜可用0.10~0.12mm厚的聚氯乙烯（PVC）或聚乙烯（PE）薄膜及0.06~0.10mm的乙烯-醋酸乙烯（EVA）薄膜，目前常用的薄膜有PVC双防膜、PVC无滴耐候防尘膜、PVC光转化薄膜、PE双防膜、PE长寿膜、PE漫反射膜、EVA高保温无滴长寿膜等一系列高性能薄膜。除塑料薄膜本身的性能对塑料大棚内环境有所影响外，塑料大棚的覆盖形式不同，对于大棚内环境的影响也是很大的，塑料大棚的棚膜覆盖有以下3种形式（图2-9）。

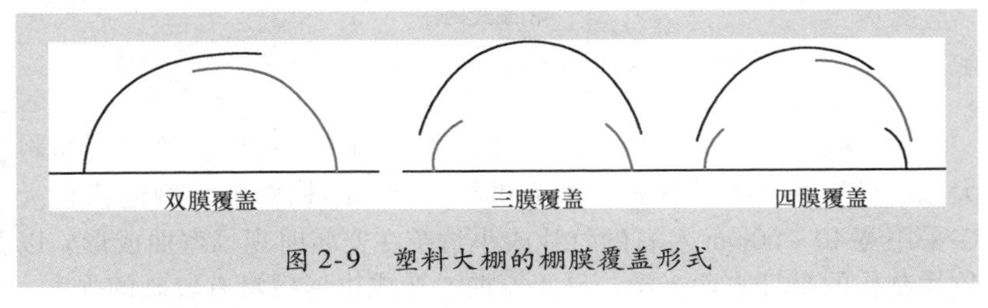

图2-9　塑料大棚的棚膜覆盖形式

1）双膜覆盖。当塑料大棚的跨度较小时，可用两块薄膜进行覆盖，接缝在塑料大棚的顶部。主要是利用揭开顶部的薄膜，利用热空气向上流动的原理进行通风降温。这种形式在内外温差较大的地区效果较好，但当塑料大棚内外的温度相差不大的时候，效果不好，而且如果保护不好，容易漏雨。

2）三膜覆盖。塑料大棚可用三块膜进行覆盖，中间有较大的一块顶膜，两边有较小的两块衬膜，接缝在塑料大棚的两侧。主要是采用揭开两侧的接缝，利用塑料大棚两侧空气流动的原理进行通风降温。这种形式通风面积较大，通风效果也较好，但这种通风形式不利于塑料大棚内高处的降温，造成塑料大棚内温度不均匀，且当大棚内种有较高的作物时，降温效果不好。

3）四膜覆盖。随着对塑料大棚内部环境的不断研究，逐步发展出以四块膜进行覆盖的形式，其类似于前两种覆盖形式的结合。中间覆盖较大的两块顶膜，两边有较小的两块衬膜，通风时可将顶部和两侧的接缝都打开，也可以根据实际情况打开任意接缝，通风效果也结合了双膜覆盖和三膜覆盖两种形式的优点，是目前塑料大棚中较好的薄膜覆盖形式，缺点就是使用的薄膜数量较多，生产管理较为复杂。

（6）塑料大棚的骨架连接 塑料大棚骨架之间的连接，如拱杆与拉杆之间、拱杆与拱杆之间、拱杆与立柱之间，竹木结构塑料大棚采用线绳和铁丝捆绑，铁丝粗度为16号、18号或20号；镀锌钢管装配式塑料大棚和钢筋结构塑料大棚均由专门预定的卡具连接，这些卡具分别由弹簧钢丝、钢板、钢管等加工制造，具有使用方便、拆装迅速、固定可靠等优点。

（7）塑料大棚的门 塑料大棚的门，既是管理与运输的出入口，又可兼作通风换气口。单栋塑料大棚的门一般设在棚头中央，门的大小要考虑作业方便，太小不利于人员进出，太大不利于保温。门框高1.7~2.0m、宽0.8~1.0m。为了保温，棚门可开在南端棚头。气温升高后，为加强通风，可在北端再开一扇门。为防止害虫侵入，风口、门均可覆盖20~24目的纱网，可阻隔害虫侵入。

2. 普通竹木钢混结构塑料大棚的建造

（1）结构设计 首先确定这种塑料大棚的方位为南北向延长，再根据大棚内有无立柱及跨度等技术参数，结合场地状况和生产实际进行结构设计。一般跨度为8~10m，高度随跨度加大而增高，一般中高为2.5~3.0m，高跨比最低要求为0.25，长度在50m以上。骨竹的上弦用16mm的钢筋或25mm的钢管，下弦用12mm的钢筋，斜拉用6mm的钢筋。骨架间距1m，下弦处用5道12mm的钢筋作为纵向拉杆，拉杆上用14mm的钢筋焊接两个斜向小支柱，支撑在骨架上，以防骨架扭曲。

（2）钢架焊接 按照拱架设计图先焊好模具，以16mm的钢筋

或25mm的钢管作为上弦，12mm钢筋作为下弦，弯曲放置在模具中，把6mm钢筋截成20cm长小段作腹杆呈三角形焊接上下弦。一个大棚上的所有钢架按统一标准焊接，所有腹杆均要求在钢架的同一位置，以便穿横拉筋。每个焊点均要求焊两遍，确保焊实。

(3) 大棚建造

1）放线定点。按照规划设计图进行放线，确定拱杆、立柱埋设点的位置，拱杆间距0.8~1.0m，立柱间距2.0~2.5m。

2）安装钢架。钢架大棚每4m左右设置一片钢架，间距和钢架间距要依据大棚净长计算均匀。安装时用叉杆架起钢架与地面两端埋入土中40~50cm。先在两头及中央安装3片标准架，并拉好标准线，然后再安装其他钢架。为了不使钢架倒伏，可预先在顶部紧拉一根拉丝，在安钢架时将钢架顶部与拉丝绑扎。所有钢架安装好后，用紧线器将拉丝拉紧，两头固定在地锚丝上，调平，并将拉丝绑扎固定在钢架下弦下方。风大的地方为了加固大棚，还要在钢架的下弦上也均匀绑扎几根拉丝，防止钢架扭曲变形。

3）绑竹竿。在两钢架间的拉线上方每间隔0.5m左右绑扎一道竹竿，以支撑棚膜。使用直径3cm左右、长5~6m的小竹竿。竹竿绑好后，削掉向外的枝节，并用旧地膜将接头缠好，防止扎破棚膜。

4）埋压膜线地锚。在棚体两侧，每间隔1.5~2m各埋一个地锚，以便绑压膜线。

5）扣棚膜。按通风设计要求预先焊烙好棚膜。扣棚膜时，要先扣下膜、后扣顶膜，拉紧绷直，无皱褶。将棚膜两头卷竹竿固定在地上，两边用土压好踩实。最后绑好压膜线。

3. 镀锌钢管大棚的建造

镀锌薄壁钢管组装大棚，由拱杆、拉杆、棚头、门、通风装置等通过卡膜槽、卡膜弹簧等卡具组装而成。拱杆是由两根直径为25~32mm的拱形钢管在顶部用套管对接而成。纵向用6条拉杆连接，大棚两侧设手动卷膜通风装置。拱杆上覆盖塑料薄膜，外加压膜线。

(1) 结构参数 GP系列钢架大棚由单拱装配而成，分单栋和连栋两种。单栋棚架跨度为6m，拱间距0.6m，长度以30m为基准，

50m 以内任意加长，两侧开天窗。连栋棚架（两连栋）跨度为 12m，开间为 3m，拱间距 1. 0m，长度以 30m 为基准，开天窗和两侧开窗，可以任意连栋。GP 系列钢架大棚骨架参照 JB/T（0288—2001）连栋温室结构标准选择参数。其上部为尖顶圆结构，圆拱屋面；两侧安装 3 条卡槽，两侧肩高以下垂直地面，安装自动或手动机械卷膜，开启度为 1. 2m，门为推拉门，内设遮阳网，遮阳网高度为 2. 0m，两侧窗及天窗安装防虫网，棚内可安装喷灌或滴灌棚室，覆盖 0. 15mm 薄膜。当棚内温度升高和湿度较大时，开启侧窗和天窗，实现空气对流，同时展开遮阳网降低棚内温度。当温度过低时，可关闭侧窗和天窗，并在棚内实现多层覆盖以达到保温的效果。

（2）骨架安装 常用的是 GP622 型钢管大棚，跨度 6m，棚高 2. 5m，肩高 1. 2 ~ 1. 4m，拱杆外径 22mm、壁厚 1. 2mm，拱间距为 1m。安装程序为：定位测量—安装拱杆—安装拉杆—安装棚头—安装棚门—上棚膜。

1）定位。根据棚的规格，在平整的土地上，先拉一条基准线，以勾股定律（直线为4m，横线为3m，斜线为5m）使 4 个角成直角，确定 4 角定位桩，并拉好棚头棚边 4 条定位线。

2）安装拱杆。将拱杆的下端按需插入的深度做好安装记号（一般为 50cm），插入时将安装记号与地表水平线相平即可。在棚纵向定位线上按确定的拱间距（一般为 60 ~ 70cm）标出安装孔，两侧的安装孔位置应对称，用同拱杆直径相同的钢钎在安装孔位置打出所需深度的安装孔，将拱杆插入其内，然后用接管将相对拱杆连接好。拱杆下部间隔地埋设镇墩或地锚。

3）装纵向拉杆和棚形调整。用钢丝夹将纵向拉杆与拱杆在接管处连接好，然后进行拱杆高低调整，使拱杆肩部处于同一直线上，纵向拉杆尽可能直。

4）装压膜槽和棚头。为方便塑料大棚侧向通风，塑料大棚两侧各需安装两道压膜槽，上压膜槽处在接近肩部的下端，下压膜槽离地面 1. 0 ~ 1. 1m，两压膜槽间距 60cm 左右，安装时，压膜槽的接头尽可能错开，以提高棚的稳固性。棚头应在安装纵向拉杆和压膜槽前固定好，作为棚头的两副拱杆应保持垂直。为提高棚头抗风能力，

拱架的高度可比其他拱杆略低（略插得深些），同时安装好棚头立柱。

5）覆膜。先上围裙膜，把薄膜的上端用卡簧固定在下压膜槽上，在棚头处折叠10cm左右，下端埋入土中10cm；再从棚顶扣上大棚膜（注意正反面），先固定一端大棚膜于棚头压膜槽，然后在另一端拉紧，固定另一端棚膜于棚头压膜槽上，再从一端开始横向拉紧对齐棚膜，固定棚膜于上压膜槽；用压膜卡将棚膜的下边固定在卷膜杆上，上好压膜线。

6）卷膜设施使用。在棚膜的两端沿棚头拱管内侧10cm处从底边裁至上压膜槽，然后在棚头拱管向内在上下压膜槽间垫一层1m左右宽的薄膜，上下用压膜槽固定，棚头拱杆处连棚头膜用压膜卡固定在棚头拱杆上。通风口大小由卷膜高低来控制。

7）通风口设计。

① 肩部拨缝通风：将通风口设置在大棚一侧肩部，采用手动通风或用卷膜器操作通风。

② 腰部裙式通风：通风口在大棚两侧腰部，顶部塑料薄膜与腰部塑料薄膜重叠10～15cm。下膜固定，通风时采取将上膜向上揭开的方式拨缝通风。

4. 大棚建造与管理注意事项

建造大棚时要按照技术要求选用合格的建棚材料，大棚的肩部不宜过高，拱度要均匀，要使立柱、吊柱、拱杆、拉杆、薄膜、地锚、压膜线等成为整体结构，不松动、不变形。大风天要精心看护，随时压紧棚膜，及时修补薄膜孔洞及骨架松动部分。降雪时要随时清除棚膜上的积雪，防止压塌大棚。

三 塑料大棚的性能

1. 塑料大棚的温度特点

塑料大棚进行反季节番茄生产，主要是依靠塑料大棚提高温度的特点。适宜的温度给作物提供了合适的生长环境，但是塑料大棚内的气温也受外界的日温及季节气温变化而改变，一般的规律是：棚外气温愈高，棚内增温值愈大；棚外气温低，棚内增温值小；棚内最高气温和最低气温出现的时间比露地晚2h左右。晴天日温差较大，阴雨天日温差小；气温愈高，日温差愈大；气温愈低，日温差愈小。

（1）塑料大棚温度的年变化 塑料大棚温度的年变化与外界季节变化有着密切的关系，在12月下旬至2月中旬因为外界气温低，日照时间短，大棚的昼夜温差多在10℃以上，但很少超过15℃，3～9月昼夜温差可达到或超过20℃。春、秋不同季节的日变化情况，一般来说春季的增温效果比秋季高，温度容易控制，有利于喜温蔬菜的生长。秋季棚内温差加大，温度逐渐降低，并出现冻害。因此，早春大棚内进行定植番茄或秋季延后番茄生产时应根据当地气温变化情况而定，必要时应进行防寒保温、补充加温或遮阳降温等措施。

（2）塑料大棚温度的日变化 大棚内气温在一昼夜中的变化比外界气温剧烈，但也受天气状况影响。晴天时，太阳出来后，大棚内温度会迅速上升，一般每小时可上升5～8℃，13：00～14：00温度达到最高，以后逐渐下降，日落到黎明前大约每小时降低1℃，黎明前达到最低。夜间大棚的温度通常比外界高3～6℃。阴天棚内温度变化较为缓慢，增温幅度也较小，仅为2℃左右。

（3）塑料大棚温度的空间变化 大棚内的气温无论在水平分布还是在垂直分布上都不均匀，并与时间、天气状况、棚体大小有关。在水平分布上，南北向大棚的中部气温较高，东西近棚边处较低。在垂直分布上，白天近棚顶处温度最高，中下部较低，夜间则相反；晴天上、下部温差大，阴雨天则小，中午上、下部温差大，清晨和夜间则小；冬季气温低时上、下部温差大，春季气温高时则小。大棚棚体越大，空气容量也越大，棚内温度比较均匀，且变化幅度较小，但棚温升高不易；棚体小时则相反。

2. 塑料大棚的光照特点

新的塑料薄膜透光率可达80%～90%，但在使用期间由于灰尘污染、吸附水滴、薄膜老化等原因，可使透光率下降10%～30%。大棚内的光照条件受大棚走向、棚型结构与材料以及覆盖材料的不同而产生很大差异。

（1）塑料大棚的走向对光照的影响 塑料大棚总采光面积大，光照条件好，一般平均透过率可达到60%以上。塑料大棚内的太阳

光是由直射光和散射光两部分组成，散射光透过率与温室的建筑方位无关，而直射光透过率与建筑方位有密切关系。

大棚越高大，棚内垂直方向的辐射照度差异越大，棚内上层及地面的辐射照度相差达20% ~30%。塑料大棚可以为东西走向和南北走向两种。在冬春季节以东西延长的大棚光照条件较好，它比南北延长的大棚光照条件为好，局部光照条件所差无几。但东西延长的大棚南北两侧辐射照度相差达10% ~20%。冬季，东西栋温室直射光透过率比南北栋大5% ~20%，进身越长或栋高越低，东西栋的直射光透过率的差异愈显著，纬度越高，东西栋的优越性越显著，东西栋与南北栋直射光透过率的季节变化倾向完全相反，东西栋温室在冬至时直射光透过率最高，而后逐渐降低至夏至时为最低，而南北栋温室正好相反。

(2) 塑料大棚的结构与材料对光照的影响 不同棚型结构对棚内受光照的影响很大，双层薄膜覆盖虽然保温性能较好，但受光条件可比单层薄膜覆盖的棚减少一半左右。

此外，连栋大棚及采用不同的建棚材料等对大棚内光环境也会产生很大的影响。以单栋钢材及硬塑结构的大棚受光较好，仅比露地减少透光率28%。而连栋棚受光条件较差。因此，建棚采用的材料在能承受一定的荷载时，应尽量选用轻型材料并简化结构，既不能影响受光，又要坚固，这样有保护作用且经济实用。

(3) 塑料大棚的覆盖材料对光照的影响 薄膜在覆盖期间由于灰尘污染而大大降低透光率，新薄膜使用2天后，灰尘污染可使透光率降低14.5%，10天后会降低25%，半月后降低28%以上。一般情况下，因灰尘污染可使透光率降低10% ~20%。严重污染时，棚内受光量只有7%，无法正常使用。塑料大棚内湿度较高且薄膜又易吸附水蒸气，在薄膜处凝聚成水滴，使薄膜的透光率减少10% ~30%。因此，防止薄膜污染和凝聚水滴是重要的保护措施。薄膜在使用期间，高温、低温和太阳光紫外线会加速薄膜“老化”，薄膜老化后透光率降低20% ~40%，甚至会失去使用价值。因此，大棚覆盖的薄膜，应选用耐温防老化、除尘无滴的长寿膜，以增强棚内光照强度。

3. 塑料大棚的湿度特点

薄膜的气密性较强，因此在覆盖后棚内土壤水分蒸发和作物蒸腾造成棚内空气中水汽含量增加，如不进行通风，棚内相对湿度可达到100%。根据番茄的种植条件，棚内适宜的空气相对湿度一般白天要求维持在50%~60%、夜间在80%~90%。为了减轻病害的危害，夜间的湿度宜控制在80%左右。

大棚内湿度与塑料大棚的温度和通风状况有着密切的关系，当棚温升高时，相对湿度降低，棚温降低，相对湿度升高。如温度为5℃时，每提高1℃气温，约降低5%的湿度，当温度为10℃时，每提高1℃气温，湿度则降低3%~4%。在不增加棚内空气中的水汽含量时，棚温在15℃时，相对湿度约为70%；提高到20℃时，相对湿度约为65%。

晴天、风天时，相对湿度低，阴、雨（雾）天时相对湿度增高。在不通风的情况下，棚内白天相对湿度可达60%~80%，夜间经常在90%左右，最高达100%。

四 塑料大棚番茄的栽培特点及防护

塑料大棚番茄生产以春、夏、秋季为主。当外界最低气温维持在-3℃以上时，即可用塑料大棚进行春提前或秋延后番茄栽培。华北地区，1~2月可在日光温室中育苗，3月下旬至4月初将幼苗提早定植于塑料大棚内，进行早熟栽培；而夏季在遮阳网或连栋温室内培育番茄幼苗，7月底至8月初定植于塑料大棚内，进行秋延后栽培，使番茄的栽培期延长2~3个月，实现塑料大棚一年两茬番茄生产。东北、内蒙古等一些气温较低的地区在塑料大棚内可进行一茬番茄生产。为了提高大棚的利用率，可采取在棚内临时加温、加设两层幕防寒、大棚内筑阳畦、加设小拱棚或中棚、地膜覆盖以及大棚周边围盖稻草帘等防寒保温措施，延长番茄生长期，增加种植茬次，增加产量。

第三节 日光温室

日光温室主要由前屋面、后屋面和围护墙体三部分组成，它们

简称为日光温室的“三要素”。前屋面是温室的全部采光面，温室所有自然能量的获得都要依靠前屋面；后屋面主要起保温作用；围护墙体则既是承力构件，又是保温材料。温室内可设置一些加温、降温、补光、遮光等设备，使其具有较灵活的调控室内光照、空气和土壤的温湿度、二氧化碳浓度等番茄作物生长所需环境条件的能力，成为当今重要的番茄保护地棚室之一。

一 日光温室的结构与类型

日光温室从前屋面的构型来看，基本分为一立一坡式和圆拱式两类。

1. 一立一坡式日光温室

一立一坡式日光温室是由一立一坡式玻璃温室演变而来。20 世纪 70 年代以来，由于玻璃的短缺，塑料工业的兴起，塑料薄膜代替了玻璃覆盖。一立一坡式日光温室最初在辽宁瓦房店市发展起来，现已辐射到山东、河北、河南等地区。温室跨度 7m 左右，脊高 3.0～3.2m，前立窗高 80～90cm，后墙高 2.1～2.3m，后屋面水平投影 1.2～1.3m，前屋面采光角达到 23°左右（图 2-10）。

一立一坡式日光温室多数为竹木结构，前屋面每 3m 设一横梁，由立柱支撑。这种温室空间较大，弱光带较小，在北纬 40°以南地区应用效果较好。但前屋面压膜线压不紧，只能用竹竿或木杆压膜，既增加造价又遮光。

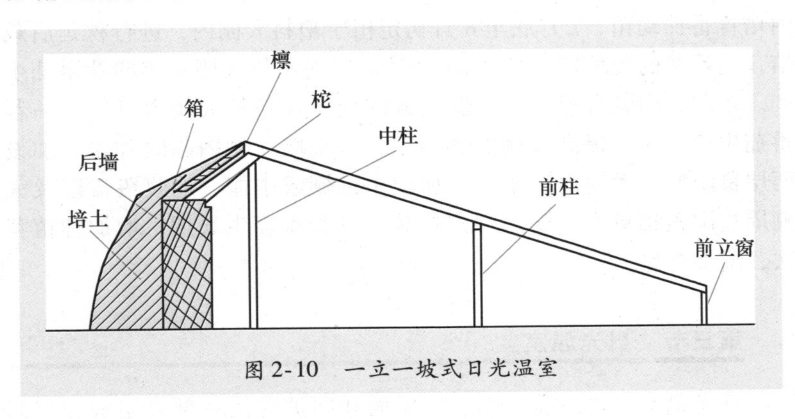

图 2-10 一立一坡式日光温室

20 世纪 80 年代中期以来，辽宁瓦房店市改进了温室屋面的结构，创造了琴弦式日光温室（图 2-11）。前屋面每 3m 设一桁架，桁架用木杆、25mm 钢管或直径为 14mm 钢筋作下弦，用直径 10mm 钢筋作拉花。在桁架上按 30～40cm 间距，东西拉 8 号铁丝，铁丝东西两端固定在山墙外基部，以提高前屋面强度，铁丝上拱架间每隔 75cm 固定一道细竹竿，上面覆盖薄膜，膜上再压细竹竿，与膜下细竹竿用细铁丝捆绑在一起。跨度 7.5～8.0m，高 2.8～3.1m，后墙高 1.8～2.3m，用土或石头垒墙加培土制成，经济条件好的地区以砖砌墙。近年来出现了用使用过的编织袋装土块垒墙的做法。

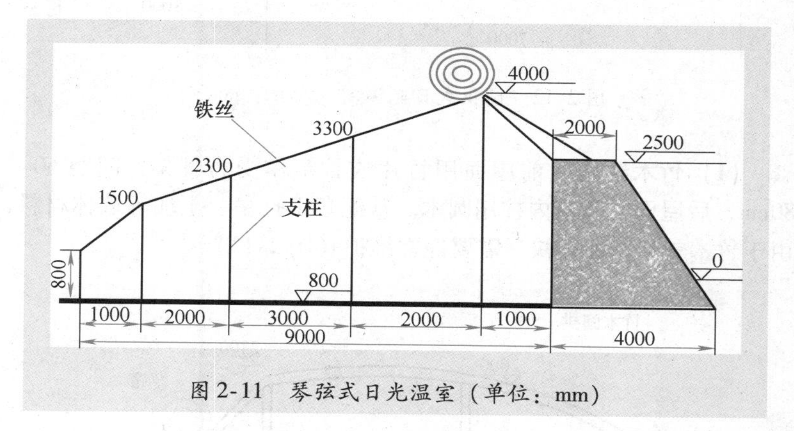

图 2-11　琴弦式日光温室（单位：mm）

这种温室空间大，光照充足，保温性能好，且投资少，操作便利，效益高。

2. 圆拱式日光温室

圆拱式日光温室是从一面坡温室和北京改良温室演变而来。20 世纪 70 年代，木材和玻璃短缺，前屋面用竹片或钢架作拱杆，以塑料薄膜代替玻璃，屋面构型改一面坡和两折式为圆拱形。温室跨度多为 6～12m，脊高 3.5～4.5m，后屋面水平投影 1.3～1.4m（图 2-12）。这种温室在北纬 40°以上地区最普遍。

从建材上又可分为竹木结构、钢竹混合结构、钢筋混凝土结构、钢架结构、镀锌钢管装配式结构等。

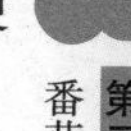

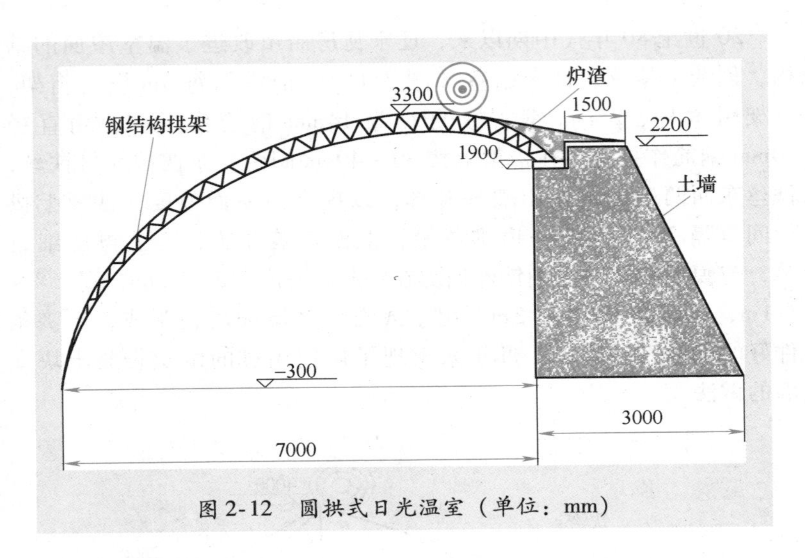

图 2-12　圆拱式日光温室（单位：mm）

（1）竹木结构　前屋面用竹片或竹竿作受力骨架，间距 60 ~ 80cm，后屋面梁和室内柱用圆木。常配套干打垒、土坯等墙体材料，由于竹木骨架腐蚀很快，需要经常维护（图 2-13）。

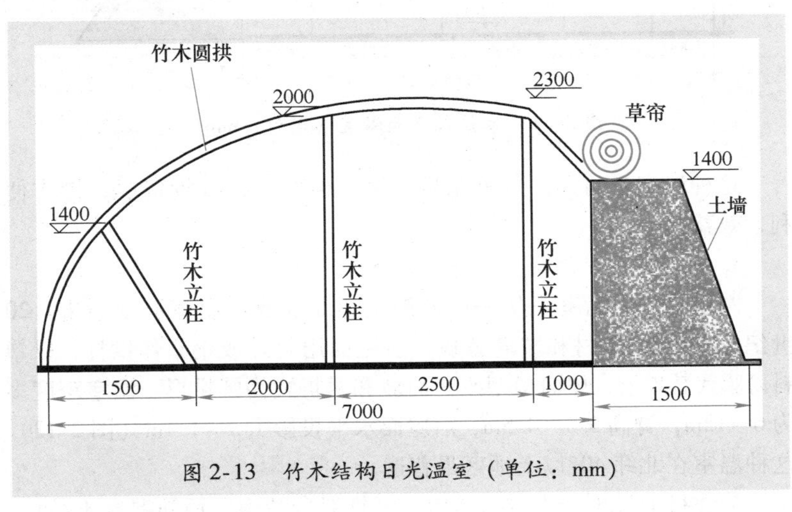

图 2-13　竹木结构日光温室（单位：mm）

（2）钢竹混合结构　透光前屋面用钢筋或钢管焊成桁架结构作

为承力骨架，后屋面与竹木结构相同。为了节省钢材，钢骨架间距3.0～4.0m，中间设三道竹片骨架，这种骨架需要设置后柱，以承受来自后屋面的荷载（图2-14）。

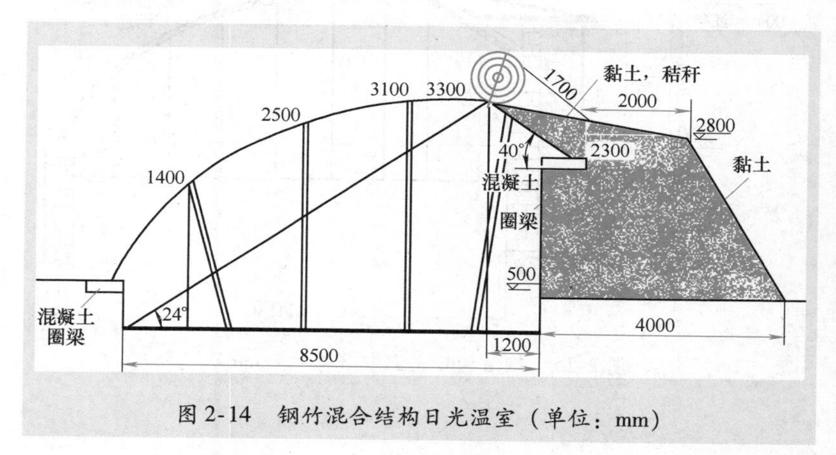

图2-14　钢竹混合结构日光温室（单位：mm）

（3）钢筋混凝土结构　透明前屋面用钢筋桁架，用一根钢筋混凝土弯柱承载前屋面荷载，后屋面钢筋混凝土骨架承重段成直线，室内不设立柱。

（4）钢架结构和镀锌钢管结构　前屋面和后屋面承重骨架做成整体式钢筋（管）桁架结构或用热浸镀锌钢管通过连接纵梁和卡具形成受力整体，后屋面承重段或成直线，或成曲线，室内无柱（图2-15）。

3. 寿光日光温室

寿光日光温室的采光、蓄热、保温性能及机械化程度和各种温室附属棚室改良都有了很大提高。寿光日光温室合理的类型与结构为蔬菜作物正常生长发育，实现高产、稳产、优质提供了良好的棚室环境条件，是产业发展的核心基础，目前寿光日光温室已发展到第6代，其代表是寿光Ⅲ、Ⅳ、Ⅴ、Ⅵ，如图2-16～图2-19所示。

（1）寿光日光温室的构造　日光温室是一种北边为土墙，南边为竹架或钢梁、竹竿相结合的半拱型薄膜覆盖的建筑物，其北墙一般高2.8m左右，底部厚度为4.0～4.5m，顶部厚度为1.0m，南北向宽10～14m，东西向长80～100m，栽培面下沉0.5～0.7m。多重覆盖，薄膜一般采用EVA型薄膜，且每年更换一次，确保透光率都在

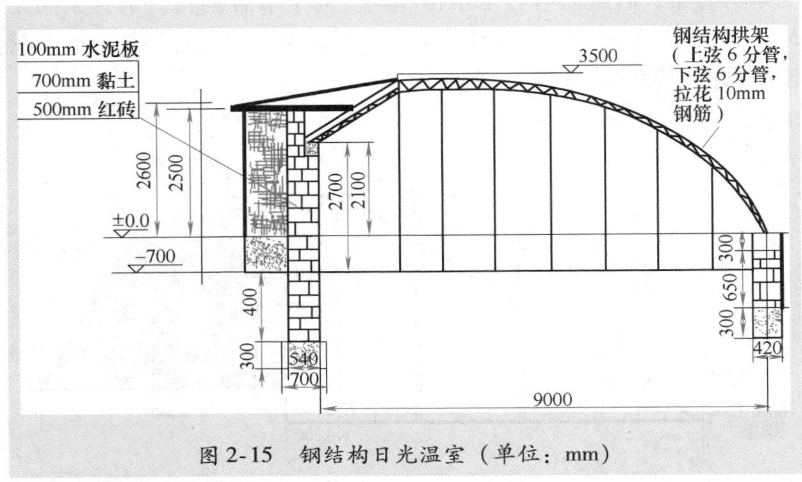

图 2-15　钢结构日光温室（单位：mm）

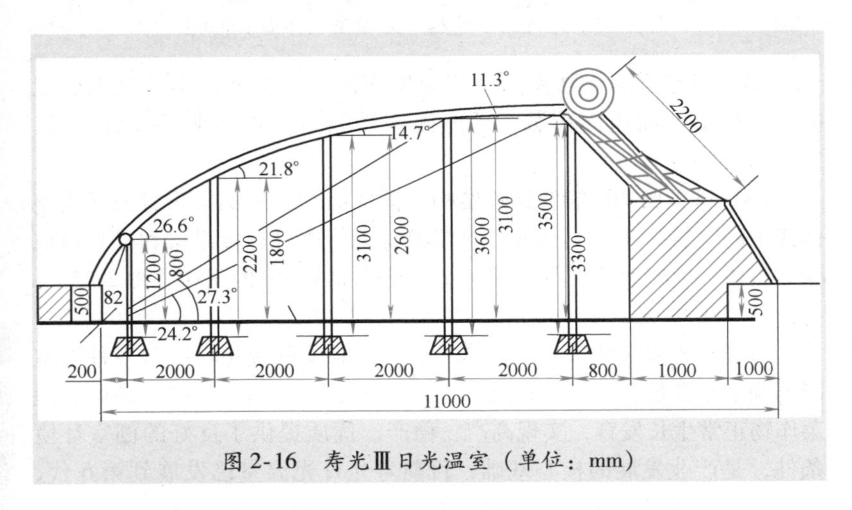

图 2-16　寿光Ⅲ日光温室（单位：mm）

95%以上；草帘厚度 5cm，长度 10m，宽度为 2.5m，外加浮膜。棚内下沉，棚内栽培面下沉 0.5m 左右。

（2）寿光日光温室的特点　一是光能利用率高，升温快，保温性能好，冬季棚内外温差能达到 15℃，最低气温能达到 5℃以上，特别适合喜温型蔬菜的生长；二是空间高大，操作方便。

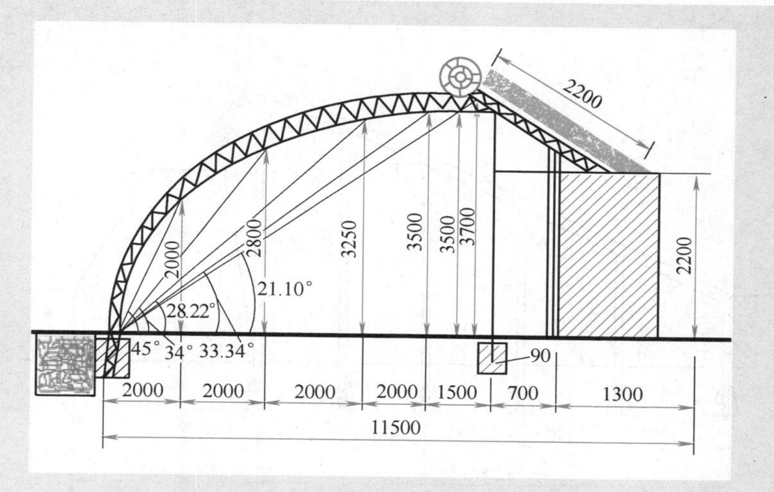

图 2-17　寿光Ⅳ日光温室（单位：mm）

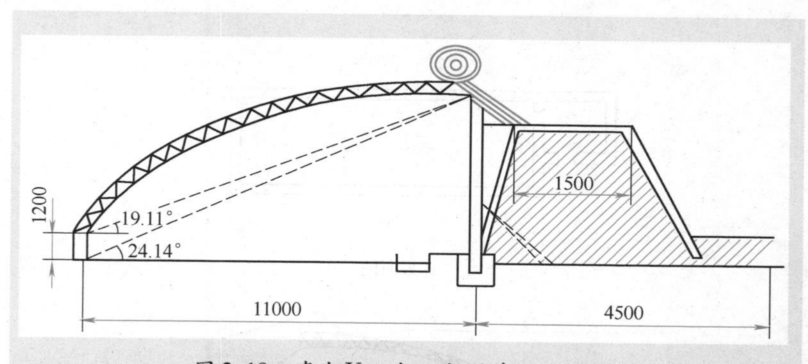

图 2-18　寿光Ⅴ日光温室（单位：mm）

二　日光温室的结构设计

1. 日光温室的几何数据参数

日光温室的几何数据参数如图 2-20 所示。

（1）跨度（*L*）　后墙内侧至前屋面骨架基础内侧的距离。

（2）后墙高（矗）　基准地面至后坡与后墙内侧交点。

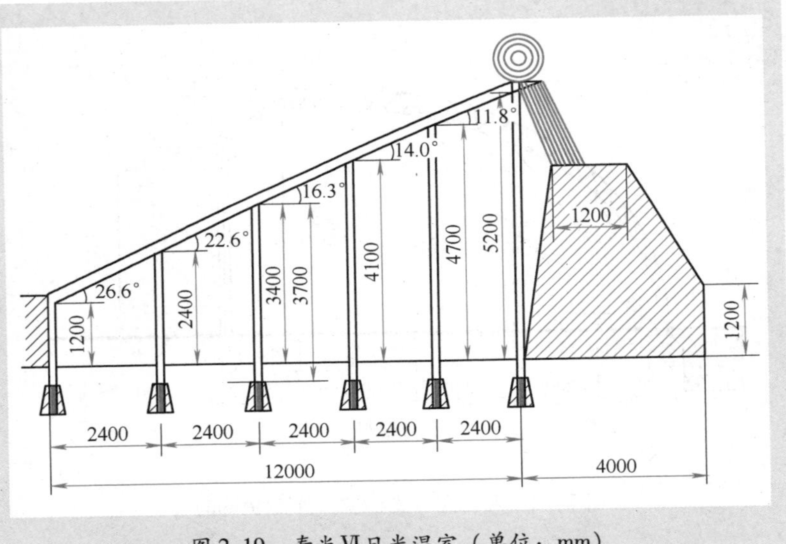

图 2-19　寿光Ⅵ日光温室（单位：mm）

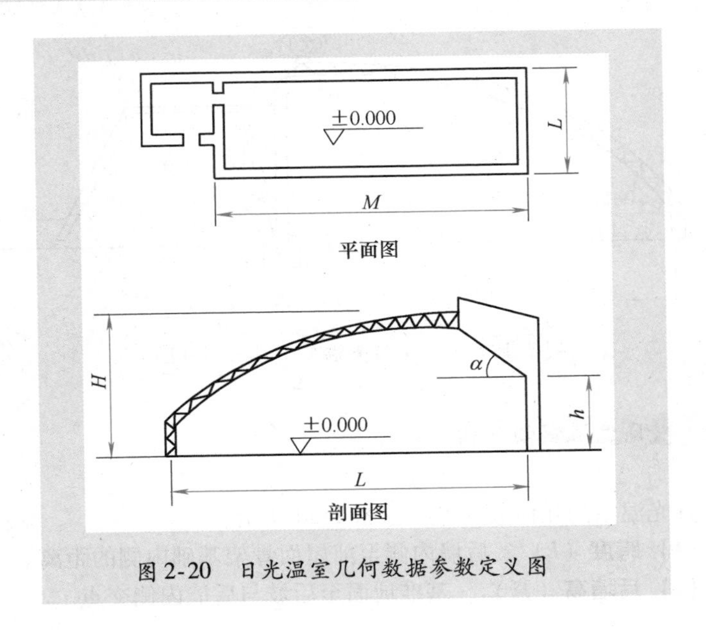

图 2-20　日光温室几何数据参数定义图

（3）温室高度（H）　基准地面至屋脊骨架上侧的距离。

（4）后坡仰角（a）　后墙内侧斜面与水平面夹角。

（5）温室长度（M）　两山墙内侧距离。

（6）温室面积　温室跨度（L）与长度（M）的乘积。

2. 日光温室采光结构设计

（1）温室方位　温室的方位是指温室屋脊的走向。日光温室仅靠前面采光，东西山墙和后墙都不透光，所以一般都是坐北朝南、东西延长，采光面朝向正南以充分采光。在实践中，早晨比傍晚寒冷的地区，或早晨多雾的地区如东北、西北，方位可偏西5°~10°，以便更多地利用下午阳光，称为“抢阴”。某些上午的光质比午后好的地区如北京，温室方位可以偏东5°~10°，以充分利用上午的阳光，又避免了西北寒风的袭击，更有利于作物的光合作用，称为“抢阳”。

（2）采光屋面的角度　采光屋面的角度即采光与地面的夹角。必须保持采光屋面有一定的角度，使得采光屋面与太阳光线所构成的投射角尽量小。当然投射角等于0°，阳光与采光屋面垂直时最理想，因为这时采光屋面对阳光的反射率等于0（图2-21）。射到采光面上的阳光几乎可以全部透进温室中，但是冬季太阳高度角很小，要使采光面与阳光垂直，采光面必须很陡，根据日光温室构造要求，这时北墙约是跨度的2倍，这种结构形式显然是不可能的。根据覆盖材料的特性，当太阳投射角与采光面夹角小于40°时。覆盖材料的透过率变化不大，因此一般设计时要求投射角为35°~40°。结合日光温室的生产管理一般要求温室的前沿底脚附近，角度应保持在60°~70°，中部应保持在30°（图2-22）。

（3）采光面的形状　设计采光面形状时要兼顾以下几点。

①采光性；②便于雨水流失，下雨时雨水不会滞留在棚膜上形成“兜水”；③易被压膜线压紧，有风时不会“兜风”；④离前屋面底脚0.5~1.0m处应有一定的空间，便于工作人员操作，有利于作物生长。在相同的高度、跨度下，圆抛物面组合式屋面透光率最高，一立一坡式和椭圆形最差，圆面和抛物面的居中。圆—抛物面组合式屋面透光率比抛物面和单斜面温室分别高出4.5%和2%。同是跨度为7m、中脊高为3m的温室，冬季一立

一坡式温室透光率为56%，圆弧形的透光率为60%。圆—抛物面组合式屋面顶部附近角度较大，雨水容易流走，不易“兜水”；腰部拱圆弧度较大，易被压膜线压紧，不易“兜风”；而且前底脚附近空间较大，便于操作。

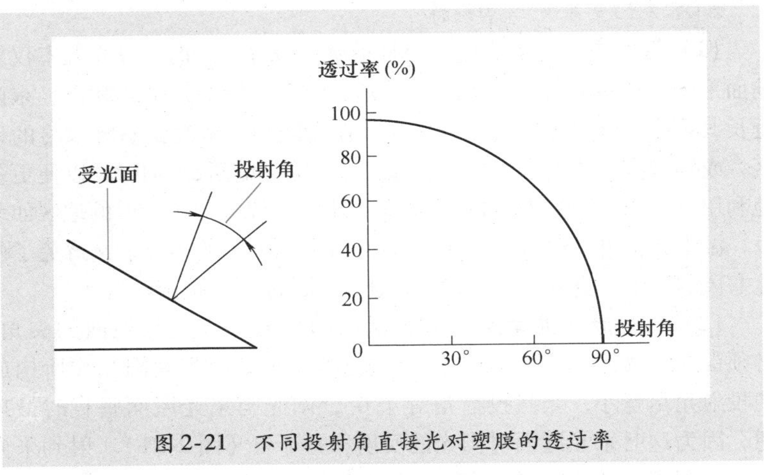

图2-21 不同投射角直接光对塑膜的透过率

图2-22 日光温室采光面与太阳投射角图

(4) 后屋面的仰角和宽度 后屋面应保持一定仰角（后屋面与地面夹角），仰角太小造成遮光太多。后屋面的仰角应视地域而定，但至少应略大于当地冬至正午时的太阳高度角，以保证冬季阳光能照满后墙，增加后墙的热量，一般应保持在35°~45°之间。

（5）后屋面水平投影 后屋面应保持适当的宽度，后屋面宽窄影响温室采光和保温两个方面，后屋面窄一些有利于采光增温，但不利于保温；宽一些有利于保温，但不利于采光增温。因此要兼顾采光和保温两个方面，南方地区后屋面投影可短些，北方地区应长些。根据温室的保温率和增温率与后屋面投影大小的关系，并将保温率和增温率综合成一个热效应指标，结果表明，当后屋面投影为温室跨度的0.20~0.25时，温室的热效应最大。温室后屋面投影应视温室跨度而定，较温暖地区取上述范围的小值，较寒冷地区取大值。

（6）脊高和跨度 由于日光温室前屋面角度已经确定，因此随着温室跨度的增加，温室的脊高可依表2-1选择。

表2-1 日光温室脊高和跨度的选择

跨度/m 脊高/m	2.4	2.6	2.8	3.0	3.2	3.4	3.6
5.5	*	*	*				
6.0		*	*	*			
6.5			*	*	*		
7.0				*	*	*	
7.5					*	*	*
8.0						*	*

（7）结构比 是指温室骨架材料面积与采光面面积之比，要提高温室的透光率就必须降低结构比，因此在有条件的地方可选择刚度大、尺寸小的建材，减少或取消立柱。

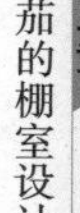

（8）相邻温室的间距 即南北两栋温室的间距。在温室间距设计时，南栋温室后墙根至北栋温室采光面底脚的距离应不小于当地冬至前后正午时的阴影距离。如在北京地区，南北两排温室间距，应不小于温室屋脊高加卷起草苫高度的2倍。

（9）温室长度 温室适当延长，可减少两山墙遮光面积的比例，但如温室过长，又会影响温室的通风，一般温室长度以50~80m为宜。如果需要增加温室长度，要注意结构安全，防止由于地基不均

匀沉降导致的墙体破坏，一般要求墙体设置沉降缝。

在采光设计中还需要选择合适的采光面外覆盖材料，要强调棚膜的透光性、无滴性和保温性。

3. 保温设计要点

日光温室的保温设计与采光设计同样重要，也是日光温室成败的关键因素之一，温室保温设计时需要考虑以下几个方面。

（1）温室跨度 温室跨度小有利于提高室内温度，但土地利用率低，温室跨度太大不容易保温，因此温室跨度应根据当地室外设定的最低温度（表2-2）确定。

表2-2 个别城市日光温室室外设定最低温度

地名	纬度N（°）	温度/℃	地名	纬度N（°）	温度/℃
哈尔滨	46	-29	北京	40	-12
吉林	44	-29	石家庄	38	-12
沈阳	42	-21	天津	39	-11
锦州	41.5	-17	连云港	35.5	-10
银川	28.5	-18	青岛	36.5	-9
西安	34	-8	徐州	34	-7
乌鲁木齐	43	-26	郑州	34.5	-7
兰州	36	-13	洛阳	34.5	-7
呼和浩特	41.5	-21	德州	37.5	-14
克拉玛依	46	-24	济南	36.5	-10

当室外设定温度为-12℃时，选择跨度7.0~8.0m；当室外设定温度为-18~-15℃时，选择跨度6.5~7.5m；当室外设定温度为-18℃时，选择跨度5.5~6.5m。目前一般认为日光温室的跨度以6~8m为宜，若生产喜温的园艺作物，北纬40°~41°以北地区7~8m、40°以南地区8m。

（2）墙体材料与墙体厚度的保温性能 主要应考虑墙体材料的导热性、吸热性和蓄热性，保温性能好的墙体，应是使用吸热、蓄热性好，但导热能力差的材料。

温室墙体随着墙体厚度的增加，保温能力提高，但这并不是说墙体越厚越好。100cm 厚的土墙较 50cm 厚的保温明显；而 150cm 厚的土墙较 100cm 厚的增温幅度不大，也就是实用意义不大。一般来说，在江淮平原、华北南部土墙厚度以 0.8 ~ 1.0m 为宜；华北平原北部、辽宁南部以 1.0 ~ 1.5m 为宜，砖墙以 50 ~ 60cm 为宜，有中间隔层的更好。在确定墙体厚度时可以根据当地设定的最低温度确定墙体必要的热阻值 *R*（表 2-3）。由此 *R* 值和各种材料的导热系数，即可求出墙体的厚度，对于多层复合结构，其总热阻值为各层热阻之和。

表 2-3　日光温室围护结构低限热阻

室外设计温度/℃	低限热阻/（$m^2 \cdot ℃/W$）	
	后墙、山墙	后屋面
-4	1.1	1.4
-12	1.4	1.4
-21	1.4	2.1
-26	2.1	2.8
-32	2.8	3.5

（3）墙体的组成　日光温室的墙体有单一墙体和复合墙体两种。单一墙体是由单一的土、砖或石块砌成。复合墙体一般内层是砖，中间设置夹层，外层为砖、石或加气混凝土。复合墙体中间夹层内填充材料一般有干土、煤渣、珍珠岩、干稻草、锯末等。均比未填任何材料的空心夹层，室内最低气温高。在选择夹层隔热材料时，要考虑其隔热性，考虑材料费用。另外，不要用有机物质作隔热材料，有机物质在高温、高湿下易腐烂，不仅起不到隔热作用，反而有损于墙体的坚固性。

（4）后屋面厚度　后屋面的有无及其厚度影响温室的保温能力。无后屋面的简易日光温室，室内气温可维持在 8.6 ~ 9.7℃之间，最低气温在 0℃左右，10 ~ 20cm 地温为 7.8 ~ 8.6℃；而有后屋面的温室，平均气温可达 12.3 ~ 14.4℃，最低气温 3.0 ~ 3.5℃，10 ~ 20cm 地温为 12.3 ~ 14.4℃。两种温室的差异主要受后屋面的影响。要发挥后屋面的效果，一是要保证后屋面的长度；二是要选用保温材料

如秸秆、稻草、土、煤渣、聚苯板等并保持隔热物疏松、干燥；三是要保证后屋面有一定的热阻值。例如用稻草、玉米秸、麦秸一类材料的，在河南、河北南部、山东等地区，厚度可在30～40cm，在东北、华北北部、内蒙古等寒冷地区，厚度达60～70cm。用其他材料时，其厚度可参考墙体厚度的做法。后屋面也是多层结构的，由室内向室外应有防水层、承重层、保温层和防水层。

（5）前屋面覆盖 前屋面是温室主要的散热面，采用前屋面覆盖可以阻止散热，达到保温目的。目前我国日光温室主要采取在前屋面外侧覆盖保温材料的方式。使用的材料有草苫、纸被等。草苫是最传统的覆盖物，它是由苇箔、稻草编织而成的，其导热系数很小，可使夜间温室热消耗减少60%，提高室温1.0～3.0℃。在寒冷的冬季，常常在草苫下铺垫一层牛皮纸层，称纸被。纸被是由4～6张牛皮纸叠合而成。草苫下加一层纸被，不仅增加了空气间隔层，而且弥补了草苫稀松的缺点，因而提高了保温性。增加一层由4张牛皮纸叠合而成的纸被，可使室内最低气温提高3.0～5.0℃，多层覆盖可使温室保温性能相应提高。纸被保温效果虽好，但投资高、易被雪水、雨水淋湿，寿命短，故不少地方用旧薄膜代替纸被。有的地区用双重草苫，重叠覆盖保温效果好。更有的寒冷地区，如东北、内蒙古，用棉被当覆盖物，可使室温提高7.0～8.0℃，高的达10.0℃。山东等地使用编织袋内装碎石棉、纤维棉作覆盖材料保温效果良好。草苫等传统的覆盖材料保温性能好，但笨重，易污染、损坏薄膜，易浸水、腐烂等，因而近10年来研制出了一类新型的称为保温被的保温材料，这种材料轻便、洁净、防水，而且保温性能不逊于草苫。保温被一般由三层组成，内、外层由塑料膜、无纺布（事先进行防水处理）和镀铝膜等一些保温、防水和防老化的材料组成，中间由针刺棉、泡沫塑料、纤维棉、废羊绒等保温材料组成。目前市场上出售的保温被的保温性能一般能达到或超过传统材料的保温水平。

另一种是室内张挂保温幕，如旧薄膜、反光膜等，白天卷起让阳光射入室内，夜间拉上，阻止散热，一般可使室内温度提高2.0℃，在栽培床面上架设小拱棚，也是一种室内覆盖的方式，可使拱棚内气温提高1.0～3.0℃。

（6）防寒沟 日光温室设置防寒沟是防止土壤热量横向流失、提高地温的有效措施。防寒沟一般设在室外，沟的宽度40～50cm、深度50～60cm，沟内填干草、干土或其他隔热物，可使室内5cm地温提高4.0℃。防寒沟要封顶，防止雨水、雪水流入沟内。

（7）地面覆盖 地面覆盖是提高地温的重要措施。地面覆盖的方法主要是铺设地膜，喷洒增温剂于土壤表面，在土壤中一定深度铺一层稻草、麦秸加马粪、鸡粪等酿热物。根据一些研究，铺一层地膜可使地面最低温度提高0.5℃，喷洒增温剂的提高2.0～2.4℃，增温剂的增温效果在3～20天内增温明显，所以最好每隔30天喷1次。在土中40cm处铺一层10～15cm稻草，可使根层土温提高1.0～3.0℃，铺一层10～15cm厚马粪，增温2.0～4.0℃。铺马粪和稻草都有一定时效，铺后10天内生效，20天达到高峰，以后增温效应减弱。

（8）通风 日光温室通风的目的是除湿、降温，调节室内二氧化碳浓度，排除室内有害气体。常采取的通风方式是"扒缝"通风。上排通风缝设在屋脊附近，放风时可将其扒开，下排通风道设在靠近腰部，放风时可将其扒开。不放风时，风道关闭。这种通风方法可以根据室内外温湿度状况，调节风道口的大小和放风时间，在严寒时既保温，又达到通风的目的，同时不损坏薄膜，是一种较好的通风方法，但覆膜时工艺要求高。另外还有开通风孔、通风口等方法。

（9）进出口 温室山墙一端应设进出口（门），进出口设在东山墙为宜，以防西北冷风侵袭。要设木门，再挂上门帘（草帘、棉帘）以保温，为了防止人出入温室时冷风灌入室内，应在东山墙（即开门的山墙）东侧设一操作间，操作间的门向南，严寒时节最好也挂门帘。

建造温室的时间宜在当地雨季结束，到土壤冻结前半个月这段时间内，温室修建过晚，墙体不易干透，影响温室效应，土墙还会因冻融交替而破损。

三 日光温室的建造

1. 选地规划

选地具备的条件：地形开阔，东、南、西三面无高大树木、建筑物或山坡遮阳。地下水位低，土壤要疏松肥沃，无盐碱化和其他污染。供电、供水便利，道路畅通。

2. 施工时间

土壤解冻后，雨季来临前，或者雨季过后，封冻前15～20天建造完毕，以春季建造最为适宜。

3. 墙体建造

（1）机建土墙 建设时用一台挖掘机和一台链轨推土机配合施工。墙体施工前按规划定点放线，墙基按6m宽放线，挖土的地方按4.5～5.0m宽放线，首先清理地基，露出湿土层，碾压结实，然后用挖掘机在墙基南侧线外4.5～5.0m范围内取土，堆至线内，每层上土0.4～0.5m，用推土机平整压实，要求分5～6层上土，墙高达到2.2m（相对原地面），然后用挖掘机切削出后墙，后墙面切削时应注意墙面不可垂直，应有一定斜度，一般墙底脚比墙顶沿向南宽出约30～50cm，以防止墙体滑坡、垮塌。建成的墙体，要求底宽4.0～4.5m，上宽2.0～2.5m，距原地面2.2m。

（2）土板墙 建前先挖1.5m宽、深0.3～0.4m的地槽，用夯打实。然后用土筑成底宽1.5m、上宽1.2m的土板墙。

（3）砖砌墙 日光温室砖砌墙高度一般为1.8～2.2m，不宜低于1.6m。沿着温室延长方向画线。后墙砖石墙基础最好是用砖或石头砌0.5m高，这样可有效地抗伏雨淋冲水泡，延长温室的使用寿命。内层砖墙24～100cm，外层砖墙厚12cm。保温夹层可填充珍珠岩、炉灰渣等，如图2-23所示。前、后梁均可用水泥或砖建造。后墙水泥梁要求高15cm、宽120cm。前墙水泥梁要求高。

4. 拱架及后坡

温室骨架可采用钢管骨架、氧化镁骨架及竹木结构骨架。对于竹木结构骨架，拱架采用直径3～4cm的竹架或4～5cm宽的厚竹片制成，竹竿长5m，竹片长6m，间隔0.8m左右。设两排前柱，每3.3m一根，支在悬梁上。悬梁与每个拱架之间安装约15cm长的吊柱，把拱架支起固定，这种结构称为悬梁吊柱。悬梁选 8cm 粗、3.5m 长的硬杂木。中柱支撑在后坡前部，应选用粗 10cm 以上、长 2.5m 以上的硬杂木，每隔 3.3m 一根，与前柱在一个平面上。钢管骨架前后墙体的水平高度和垂直距离符合温室拱架安装要求。建造后梁的同时要预设两排埋件，前排埋件距梁前沿 15cm，间距与拱架间距相一致；后排埋件距前排埋件 15cm，埋放在前排两个埋件的中线上。每 1.0 ~ 1.2m 设一道拱架，在温室拱架前、后坡面距屋脊 50cm 处下弦各横拉一道 35mm 的钢绞线，用紧线器绷紧后两端用锚石坠住，并用卡具固定在下弦上，此外，用直径 14mm 的钢筋在拱架前后屋面上设置 8 道拉筋，并用锚石固定在山墙外侧，增强拱架的整体抗压能力。

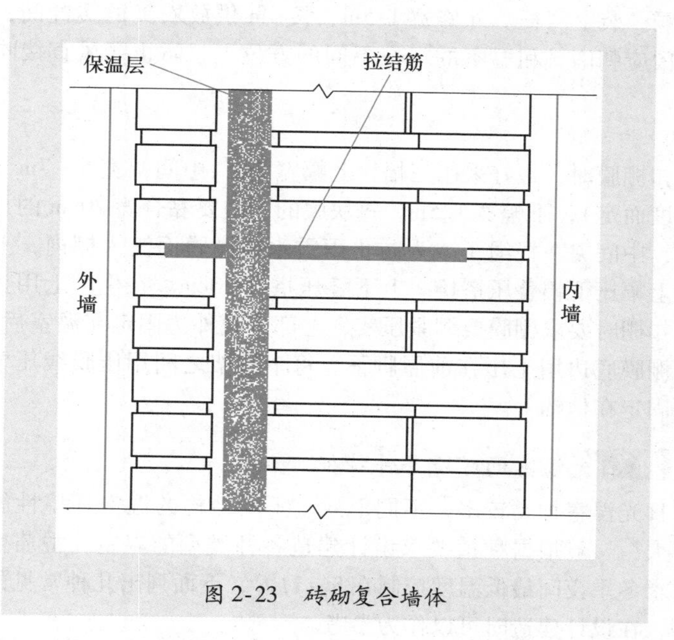

图 2-23　砖砌复合墙体

温室后坡长 1.6 ~ 1.8m，钢拱架的后坡可用木板，也可用石棉瓦做笆板，然后在笆板上放聚苯板或草苫，再铺一层炉渣，最上层抹水泥或抹 2 ~ 3cm 厚草泥进行防水处理。后坡与水平面夹角称后坡仰角，一般为 35° ~ 45°，不宜小于 30°，坡长 1.7m 左右为好。后坡第一层是硬杂木搭在中柱与后墙上，称柁木，数量同中柱。用材选

粗12cm、长大于2m（比后坡长度长0.4m左右）的。柁木上边有4道粗10cm、长度不小于3.5m的檩木，檩子上勒箔，可用玉米秸、秫秸等，箔上边抹两遍扬脚泥。抹第二遍时铺一层废旧塑料。扬脚泥上放一层秸秆，再抹泥或培土，还可铺整捆玉米秸、稻草等，总厚度达0.6m以上。

5. 防寒沟及缓冲间

防寒沟可以阻隔温室内土壤热量向外传导散失。在日光温室前屋脚下挖深0.5~0.8m、宽0.3~0.4m的防寒沟，沟顶四周盖旧地膜再覆土踏实铺上IH薄膜，内填麦草、聚苯板等保温隔热材料。

在温室外侧面修建缓冲间，在侧墙上挖一个高为1.6m、宽80cm的门洞，装上门框。外修宽1.5m、长4m供放农具的缓冲间，缓冲间的门应朝南，和温室的门在不同的方位上，防止寒风直接吹入温室内。

6. 扣棚膜

扣棚膜时，最好采用三幅，上幅宽2m，中间幅宽5~7m（依温室跨度而定），下幅宽1.5m，每块膜的一边要黏合宽20cm的加强固定带，中间夹一根绳子。为防止雨雪水顺棚膜面流入棚内，上棚膜时应上幅压下幅叠压搭接。上下叠压搭接20cm。在生产上用扒缝放风。扣棚时要求棚膜要绷紧压实，上部薄膜外边固定在温室后坡上，下部棚膜底边用土压在前屋脚下。每个拱架之间用压膜线压紧，压膜线固定在地锚上。

四 日光温室的环境条件特征

日光温室种类较多，不同形式、不同结构的温室环境性能差异也较大，一般根据种植要求设计建造各种类型的温室。番茄生产温室要求冬季夜间最低温度控制在8~11℃，下面列出几种常见的温室类型，在设计建造时可以作为参考。

1. 改良琴弦式日光温室

跨度8~9m，后墙用挖土机制成，下底4m，上底2m，脊高3.3~4.5m，拱杆采用网状铁丝分布，四道拉杆，立柱采取10cm×10cm混凝土，或没有立柱。冬季温度较高，夜间一般为10~13℃。

2. 砖墙钢结构日光温室

跨度9m，后墙用100cm红砖墙，脊高3.3～3.6m，拱杆钢结构桁架，间距0.8m，三道拉杆，无立柱，冬季温度较高，夜间一般为8～10℃。

3. 竹木钢架下沉式日光温室

此类型跨度8.5～10.0m，后墙用挖土机制成，下底4m，上底2.5m，脊高3.3～4.5m，拱杆采用钢架，间距4m，钢架中间三道竹竿，四道拉杆，立柱采取10cm×10cm混凝土，冬季温度高，夜间一般为10～13℃。

第四节 连栋温室

连栋温室主要是指大型的，环境基本不受自然气候的影响、可自动化调控、能全天候进行番茄生产的连接屋面温室。连栋温室的主体结构以镀锌钢架和铝合金为骨架，以玻璃、塑料薄膜或硬质塑料板为覆盖材料建成，有屋脊型和拱圆型等形式。内部配置不同控制水平的配套环境调控系统，包括自然通风系统、加温与降温系统、幕帘系统、灌溉施肥系统、二氧化碳调节系统、环流通风系统、病虫害控制系统、补光系统以及计算机自动控制系统等。

连栋温室内部环境调节能力强，为长季节番茄的生产和番茄的周年供应提供了可靠的保障。

一 连栋温室的类型

1. 按覆盖材料来分

连栋温室按覆盖材料可分为玻璃温室、PC板材温室、塑料薄膜温室三种类型。

（1）玻璃温室 一般采用4～6mm厚的普通平板玻璃或浮法玻璃覆盖保温；具有透光好、耐老化、耐腐蚀、不易沉积和容易排去凝结水等优良性能；但抗冲击性能差、易破碎、重量大、投资多，对温室骨架要求高。可采用双层玻璃覆盖、利用专用连接件密封，充气后能获得很好的保温、隔热和隔声性能，且造型美观、造价适中、透光率可达90%～95%，但保温性能比较差，适用于光照较少、

气温较高的地区。

（2）PC板材温室 覆盖材料一般采用6~8mm PC板材，多使用中空板材，四周墙面也可选配其他材料，如玻璃、薄膜等。这种类型的温室保温性强、耐冲击、运营成本低。但透光性较玻璃温室略差，一般透光率可达到85%，且板材易老化，使用3~4年后透光率降低20%左右。

（3）塑料薄膜温室 覆盖材料一般采用双层充气膜，充气后，形成空气夹层，可有效防止热量流失，保温效果好，造价低，经济实用。但覆盖材料承载能力较差，受到较大风载时容易发生破坏。

2. 按骨架结构来分

连栋温室按照骨架结构可分为下列几种类型（图2-24）。

（1）圆拱屋面 这种造型的温室是最常见的类型，其构造简单，施工方便，常用于以单层或双层塑料薄膜为屋面透光覆盖材料的温室，也可用于单层塑料、波纹板材为屋面透光覆盖材料的温室。

（2）双坡单屋面 这种造型源于传统民居，屋面呈人字形跨在每排立柱之间。屋面具有适当的坡度，以利雨雪滑落。这种温室采光好，室内光照比较均匀，结构高大，风荷载对结构影响较大，而且对加热负载的需求也较大。它比较适合于以透光板材（玻璃、多层中空塑料结构板材）为屋面透光覆盖材料的温室。

（3）双坡多屋面 这是一种小屋面双坡面温室，是用得最广泛的一种玻璃温室的结构。由于使用较小屋面（每个屋面宽为3~4m），每跨由两个至四个小屋面组合起来，温室的总高度却得到了限制，从而减少了风荷载对结构的影响，也减少了热负荷需求。但它仍具有最佳的采光效果，这一点对高纬度、短日照地区的温室特别重要。

（4）锯齿型单屋面 这种造型的温室每跨具有一个部分圆拱形屋面和一个垂直通风窗共同组成屋顶。两屋顶之间用天沟连接以便排泄屋面雨水。这种结构的垂直通风窗，可采取卷膜式、充气式、翻转式和推拉式等多种方式，与侧墙通风窗有较大高差，有利于自然通风。设计时要注意使垂直通风窗避开冬季寒风的迎风面，也要使之位于当地高温季节主导风向的下风向，以便利用自然风力产生负压通风。同时天沟应具有足够的泄水能力，防止泄水不及时，溢出到温室内。

（5）锯齿型多屋面 这种造型是锯齿型单屋面的改进型。其目的是增加屋面坡度，改善雪的滑落效果，并增大垂直通风窗的面积，以利于自然通风。同时也使温室建筑物的高度限制在适当范围之内。它比较适合于跨度较大的、薄膜覆盖的自然通风温室。

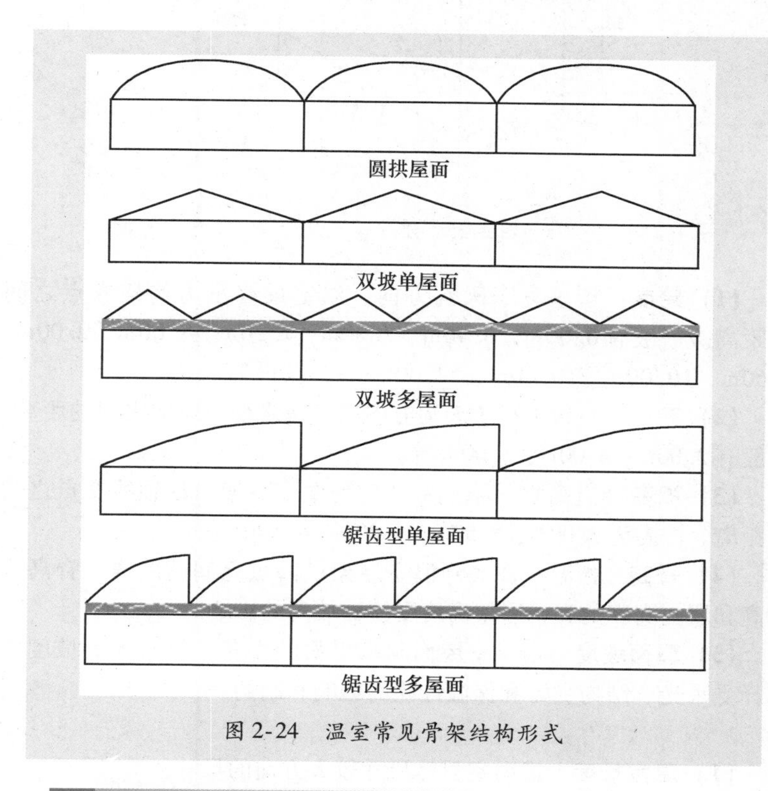

图 2-24 温室常见骨架结构形式

二 连栋温室的数据参数

1. 温室单元的数据参数

温室单元尺寸的主要参数有跨度、开间、檐高、脊高、屋面坡度等（图 2-25）。

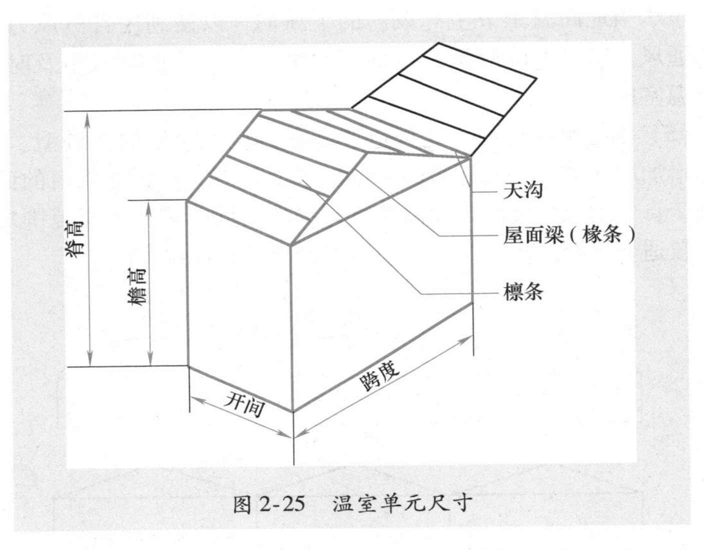

图 2-25　温室单元尺寸

(1) 跨度　指垂直于天沟方向，温室最终承力构架支点之间的距离。一般有 6.00m、6.40m、7.00m、7.20m、8.00m、9.00m、9.60m、10.00m、10.80m、12.00m、12.80m 等。

(2) 开间　是指平行于天沟方向温室最终承力构架之间的距离。一般有 3.00m、4.00m、5.00m 等。

(3) 檐高（肩高）　指温室柱底到温室屋架与柱轴线交点之间的距离。檐高为 3.00m、3.50m、4.00m、4.50m 等。

(4) 脊高　指温室柱底到温室屋架最高点之间的距离。脊高是檐高和屋盖高度的和，屋架高度受屋面坡度的影响。

(5) 屋面坡度　指温室屋面与水平面的夹角。温室屋面坡度的选择受采光、结构受力和保温性能的影响和制约。

2. 温室的总体尺寸

(1) 温室长度　指温室整体尺寸较大方向的尺寸。

(2) 温室宽度　指温室整体尺寸较小方向的尺寸。

(3) 温室高度　指温室柱底到温室最高处之间的距离。

若单从温室通风的角度考虑，则自然通风温室在通风方向的尺寸不宜大于 40m，单栋建筑面积宜在 1000 ~ 3000m^2；机械通风温室进排气口的距离宜小于60m，单栋建筑面积宜在3000～5000m²。对于更大的温室，应采取有效措施以保证温室的加热、通风、降温和物流运输等方面的性能。

3. 连栋温室的朝向

温室的朝向，指的是温室屋脊的走向，也就是天沟的走向。温室的朝向应结合当地纬度及主风向综合考虑。一般来说，我国大部分纬度范围内，温室的朝向宜取南北走向，使温室内各部位的采光比较均匀。若限于条件，必须取东西走向，因为天沟和骨架构件的遮阴作用，常使某些局部位置长时间处在阴影下，得不到充足的光照，从而影响作物正常生长发育。应妥善布置室内走廊和栽培床，或适当采取局部人工补光措施，使作物栽培区得到足够的光照。

三 番茄生产常见的连栋温室类型

1. 文洛型温室

文洛型温室是荷兰研究开发的一种多脊连栋小屋面玻璃温室，单间跨度为6.4m、8.0m、9.6m、12.8m，开间4.0m或4.5m，檐高3.5～5.0m，每跨由2个或3个小屋面直接支撑在桁架上，矢高0.8m（图2-26）。这种温室构架率低，密封性、透光性和工艺质量很好。开窗设置以屋脊为分界线，左右交错开窗，屋面开窗面积与地面面积比率（通风窗比）为19%，若窗宽从传统的0.8m加大到1.0m，通风窗比可增加到23.4%。

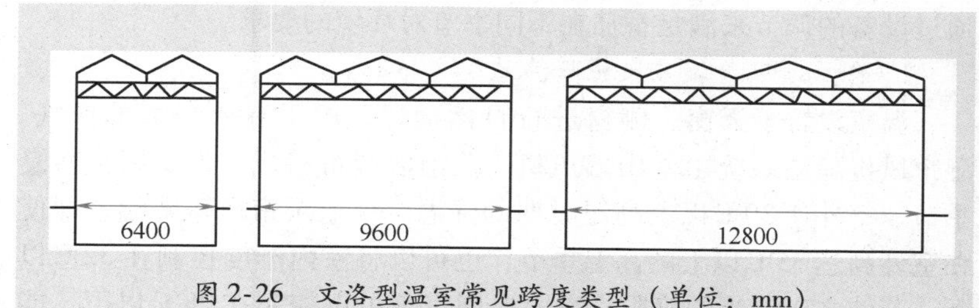

图2-26 文洛型温室常见跨度类型（单位：mm）

2. 卷膜式全开放型塑料温室

卷膜式全开放型塑料温室除山墙外，顶侧屋面均可通过手动或电动卷膜机将覆盖薄膜由下而上卷起，达到通风透气的效果。可将

侧墙和1/2屋面或全屋面的覆盖薄膜全部卷起成为与露地相似的状态，以利夏季高温季节栽培作物。由于通风口全部覆盖防虫网而有防虫效果，我国塑料温室多采用这种形式。其特点是成本低，夏季接受雨水淋溶可防止土壤盐类积聚，简易、节能，利于夏季通风降温。其单栋跨度一般为6.4m、9.5m、8.0m，天沟高度2.8～4.2m，顶高4.2～5.2m，开间3m、4m。如上海农机所研制的GLZW7.5型上海智能温室、GSW7430连栋温室等（图2-27）。

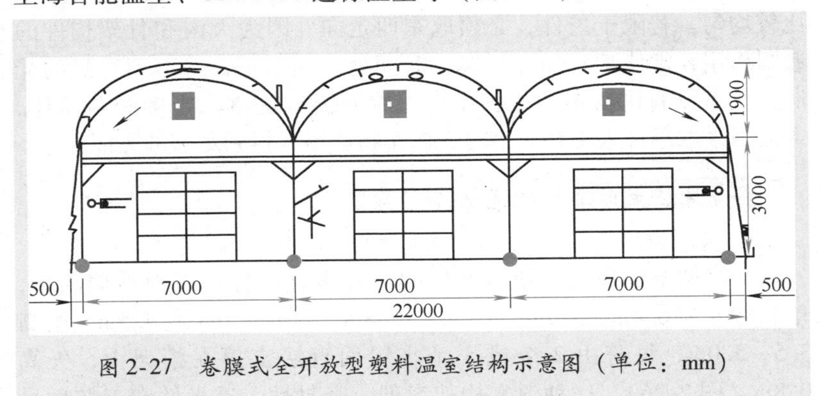

图2-27　卷膜式全开放型塑料温室结构示意图（单位：mm）

四　连栋温室常见的环境控制系统

连栋温室主要依靠各种环境控制设备来满足番茄的长季节生产，通过设备的调节来满足番茄在不同季节对环境的要求。

1. 自然通风与湿帘风机降温系统

温室设置了天窗、侧窗进行自然通风，用于春秋季节的换气。湿帘风机降温系统由南山墙风机、北山墙湿帘组成，主要用于盛夏季节、室外达30℃以上高温时期的降温。采取湿帘风机降温，即使在室外高达35℃以上的高温季节，也可以将室内温度控制在32℃以下，若辅之以适当的遮阳，室内温度完全可以控制在28℃以下，能满足番茄夏季的生长要求。

2. 热水采暖系统

连栋温室采暖系统通常采用热镀锌圆翼型翅片散热器与苗床底部热镀锌钢管散热器相结合的均温布置。以热水为热源，室温下降缓慢，散热均匀，不会对作物产生局部剧烈影响。管道、连接件及阀门采用防锈防腐材料制作。该系统具有热阻小、热效率高、安装方便、耐压高、不易滴漏和防腐能力强等优点，同其他形式采暖棚室相比，采暖性能优越。

3. 内外遮阳系统

连栋温室内外遮阳系统是通过选用不同的幕布或调节幕布的开合来进行，可形成不同的遮阳率，以满足番茄不同生长阶段对阳光的需求。同时在冬季，内遮阳网还可以作为保温幕使用，阻止室内红外线外逸的作用，减少地面的辐射热量散失，从而提高室内温度，降低能耗，大大降低冬季温室运行成本。

第三章
棚室番茄高效栽培品种

自然界番茄种类繁多，按果实大小可分为大番茄、串番茄和樱桃番茄；按果实颜色可分为红果番茄、粉果番茄、黄果番茄、绿果番茄等；按熟性可分为早熟品种、中熟品种和晚熟品种；按果实的主要用途可以分为鲜食品种和加工储藏品种；按抗病程度可分为免疫、高抗、中抗、中感及高感品种。在番茄生产中，要根据栽培方式、棚室类型、品种特性、定植时期以及市场需求等因素进行品种选择。

一 棚室冬春番茄高效栽培品种

适合日光温室秋冬茬、冬春茬和塑料大棚早春茬栽培的番茄品种，应具备品质优良（果实圆整，色泽亮丽，风味好，畸形果、裂果、脐腐果、筋腐果率低）、多抗性（抗病毒病、枯萎病、叶霉病等主要病害）、丰产及耐低温弱光等多项指标。现将农业部和各省已经审定和鉴定的目前生产中推广的主要品种特性介绍如下（摘引农业部及各省有关蔬菜新品种审定鉴定批文目录）。

1. 中研998

北京市农林科学院蔬菜研究中心育成的杂交一代硬果型番茄品种，无限生长类型，植株长势旺盛，不黄叶，抗早衰，丰产性好，连续坐果能力强，可连续坐果17穗以上。果实高圆形，成熟果粉红色，无绿肩，色泽鲜亮，排列整齐，成熟一致，平均单果重250g左右。果实韧性好，硬度高，裂果和畸形果少。高抗叶霉病、灰霉病、早晚疫病等。耐低温性好。

2. 佳粉15号

北京市农林科学院蔬菜研究中心育成的杂交一代番茄品种，无限生长类型，植株生长势强，叶色浓绿。中熟，坐果力强，果易膨大，丰产性好。成熟果粉红色，近圆形，幼果有浅绿色果肩，单果重200g左右，品质优良。高抗叶霉病及烟草花叶病毒病，耐黄瓜花叶病毒病。

3. 佳粉17号

北京市农林科学院蔬菜研究中心育成的杂交一代番茄品种，无限生长类型，叶片稀疏，有利于通风透光，100%植株被有茸毛。中早熟。幼果有绿色果肩，成熟果粉红色，稍扁圆形和圆形，单果重180～200g，畸形果、裂果少，品质优良。高抗烟草花叶病毒病和叶霉病，耐黄瓜花叶病毒病、早疫病和晚疫病，而且对蚜虫、白粉病有比较好的抗性。

4. 繁荣872

北京大地繁荣科技开发中心与国际著名番茄研发小组合作研发的杂交一代硬果型番茄品种，无限生长类型，中早熟，长势健壮，可连续坐果10穗以上。果实圆形、粉红色，色泽亮丽、大小均匀，平均单果重220～300g，品质佳，商品率达95%以上。抗病性强，对叶霉病基本上免疫，对一般病毒病、灰霉病、根腐病有较好抗性，并对根结线虫病有一定抗性，耐TY（番茄黄化卷叶病毒）病毒。耐储运，货架期长达35天以上。抗寒性突出。

5. 雪莉（74-587）

荷兰瑞克斯旺公司培育的杂交一代无限生长类型硬果番茄品种，早熟性好，生长均衡，丰产性好。果实大红色，色泽鲜亮，微扁圆形，大小中等，单果重200～220g，硬度高，耐运输、耐储藏。抗番茄花叶病毒病、斑萎病毒病、黄化卷叶病毒病、黄萎病、枯萎病和根结线虫病。

6. 欧冠

美国圣尼斯公司培育的杂交一代硬果型番茄品种，无限生长类

型，长势旺盛，连续坐果能力强，中早熟。果实粉红色，圆球形，表面光滑，无青肩及青皮，不裂果、不空心，畸形果少，平均单果重240～320g。果皮硬度高，货架期长，极耐储运。耐低温弱光，抗病性强，高抗黄化卷叶病毒病、烟草花叶病毒病、条斑病毒病、早疫病、晚疫病、灰霉病、叶霉病等多种病害。

7. 迪芬尼

瑞士先正达公司培育的杂交一代硬果番茄品种，无限生长类型，植株生长势强，中熟。果实粉红色，圆形，硬度好，单果重220～250g。抗番茄黄化卷叶病毒病、叶霉病、枯萎病、番茄花叶病。

8. 中杂11号

中国农业科学院蔬菜花卉研究所选配的杂交一代番茄品种，无限生长类型，植株长势强，中熟品种，成熟果实为粉红色，果实圆形，无绿果肩，单果重200～260g。果实品质好，可溶性固形物含量5.5%左右，酸甜适中，商品率高。棚室条件下坐果好，畸形果率低。抗病毒病、叶霉病和枯萎病。

9. L-402

辽宁省农业科学院园艺研究所培育出的杂交一代番茄品种。无限生长类型，植株生长势较强，中熟品种。果实扁圆形，粉红色，有绿果肩，果肉较厚，耐储运，果实较大，平均单果重200～300g。高抗病毒病，耐青枯病，较耐低温和弱光。

10. 沈农大粉

沈阳农业大学育成的杂交一代番茄品种。无限生长类型，生长势中等，生育期115天左右，中熟品种。果实深粉色，近圆形，稍带绿果肩，单果重200g左右。果脐小，果面光滑，品质佳，商品性好。抗烟草花叶病毒病和叶霉病，耐灰霉病，适应低温寡照的能力较强。

11. 中杂9号

中国农业科学院蔬菜花卉研究所培育而成的杂交一代番茄品种，无限生长类型，生长势较强，叶量中等，中熟偏早。果实高圆形，粉红色，青果有绿色果肩，果面光滑，果脐及梗洼小，外形美观，单果重180～200g。坐果率高，不易畸形和裂果，品质优，风味好。

抗病性强，高抗烟草花叶病毒病和叶霉病，耐黄瓜花叶病毒病。

12. 卡鲁索（CARUS）

荷兰德鲁特种子公司育成的杂交一代番茄品种。无限生长类型，生长健壮，中熟类型，成熟果实红色，颜色均一，果形好，无裂果。具有较强的耐低温、弱光能力，在冬季温室生产中能良好地开花坐果。抗烟草花叶病毒病、叶霉病、黄萎病及枯萎病。

13. 粉帝

从日本引进的杂交一代番茄品种。无限生长类型，生长旺盛，无早衰现象。果实为高圆形，粉红色，色泽靓丽，口感极佳。畸形果率低，单果重280～320g，硬度高，货架期长，耐储运性强。低温下连续坐果能力强，抗叶霉病、花叶病毒病、枯萎病。

14. 光辉一代

杂交番茄品种，无限生长类型，植株长势强，中熟品种。果实较大，单果重200～300g，球形，大红色，硬度好。抗黄化卷叶病毒病、黄萎病、枯萎病、烟草花叶病毒病、番茄斑萎病毒病以及根结线虫病。

15. 奇达利

瑞士先正达公司培育而成的硬果番茄品种。植株生长势中等，节间短，无限生长类型。中早熟，果实大红色，色泽艳丽，扁圆形，萼片开张，无绿果肩，不易空心，单果重200g左右，果实硬，耐储运。抗番茄黄化卷叶病毒病、叶霉病、枯萎病、黄萎病、烟草花叶病毒病和番茄花叶病毒病。

16. 迪利奥

瑞士先正达公司培育而成的杂交一代硬果番茄品种。植株生长势中等，无限生长类型。中早熟，坐果能力强，果实大红色，果形美观，耐热性好，不易空心，单果重200g左右，果实硬，耐裂能力强，耐储运。抗番茄黄化卷叶病毒病和叶霉病。

17. 保罗塔

瑞士先正达公司培育而成的杂交一代番茄品种，无限生长类型，植株生长势强，坐果能力强，中早熟品种。果实圆形偏扁，大红色，萼片开张，单果重约200g，品质好。果实硬度好，耐储运。高抗叶

霉病、黄萎病、枯萎病和根结线虫病。

18. 玛瓦

一代杂交番茄品种，无限生长类型，中熟，丰产性好。果实扁圆形、大红色，中大型果，单果重200~230g，口味好，果实硬，耐运输、耐储藏。抗番茄花叶病毒病、黄萎病和枯萎病。

19. 浙粉202

浙江省农业科学院蔬菜研究所选育而成的番茄品种。无限生长类型，长势中等，茎秆稍细，叶稀疏，叶片较少。早熟。果实高圆形，青果浅白色，无绿果肩，成熟果粉红色，无棱沟，着色均匀一致，单果重220~250g。果皮厚而坚韧，裂果和畸形果极少。连续坐果能力强，坐果性极佳。耐低温和弱光性好，高抗叶霉病、烟草花叶病毒病，耐细胞肥大病毒病和枯萎病。

20. 合作918

上海长征良种实验场和上海番茄研究所研制的杂交一代番茄品种。无限生长类型，植株直立，生长势强，叶量中等。中早熟。果实近圆形，无绿肩，成熟果粉红色，单果重250g。耐储运，商品率高，可溶性固形物含量4.9%。持续结果性强，成熟均衡，对低温、高温均有较好的耐性，高抗叶霉病。

21. 金棚一号

西安皇冠蔬菜研究所研制成的杂交一代番茄品种，无限生长类型，果实膨大快，早熟性好。春季大棚栽培，从开花至采收约需40~50天。果实粉红色，高圆形，无绿肩，表面光滑发亮，风味、商品性好，单果重200~250g，畸形果少。抗病性好、耐储运、抗热，在较低温度下坐果率高。

22. 绿亨108金樽

北京中农绿亨种子科技有限公司选育的杂交一代番茄品种。无限生长类型，植株生长势极强，叶量中等，中熟。果实高圆形，成熟果粉红色，果肉硬度高，外观及口感好，单果重230~260g。耐低温性好，低温环境下不易产生畸形果、裂果及花疤果，商品率极高。抗烟草花叶病毒病、叶霉病，耐疫病及枯萎病。

23. 威士顿

荷兰瑞克斯旺公司培育的杂交一代番茄品种。无限生长类型，坐果好，转色快，早熟性好，丰产性强。果实红色、微扁圆形，口味好，中大型果，单果重200~230g，果实硬，耐运输、耐储藏。抗番茄花叶病毒病、斑萎病毒病、叶霉病、枯萎病、根腐病、黄萎病和根结线虫病。

24. 曼西娜（73-47）

荷兰瑞克斯旺公司培育的杂交一代樱桃番茄品种。无限生长鸡尾酒型品种，植株生长健壮，早熟性好，果实红色、鲜亮，平均单果重35g以上，果穗排列整齐，每穗可留果8~10个，既可单果采收也可成串采收，口味佳。抗番茄花叶病毒病、叶霉病、枯萎病、根腐病、黄萎病及根结线虫病。

25. 中研988

北京市农林科学院蔬菜研究中心育成的杂交一代硬果型番茄品种。无限生长类型，叶量中等，早熟。果实粉红色，高圆形，上下果整齐均匀，商品性极好，单果重300~400g。果皮厚、硬度高，耐储运。高抗番茄早疫病、晚疫病、灰霉病、叶霉病、筋腐病；对根结线虫病有一定抗性。该品种耐低温性强，低温条件下蘸花畸形果极少，连续坐果能力强，耐高温能力极强，没有空洞果。

26. 圣桃

中国农业大学培育而成的樱桃番茄品种。无限生长类型，植株长势旺盛，叶色浓绿，7~8叶着生第一花穗，每3叶1穗果，每穗可坐果10~20个，单果重约20g，果实椭圆形，幼果浅绿色，成熟果色泽粉红，光滑亮丽，果肉脆甜，风味优美，果肉硬度合适，不易裂果，耐储运，连续坐果能力很强。

27. 绿天使

樱桃番茄品种，无限生长类型，植株生长势旺盛，茎秆粗壮。叶片中等大小，中早熟类型，果实绿色，果皮比较厚，果肉也比较硬，单果重20~30g，品质好，可溶性固形物含量为8%~9%，适宜温室大棚栽培。高抗病毒病、灰霉病、早疫病和晚疫病。

28. 红罗曼

荷兰番茄品种，无限生长类型，植株长势旺盛，每穗可结5~9个番茄。果实长椭圆形，果色亮红，硬度较高，单果重80~110g。

抗低温、弱光能力强，高抗根结线虫病，抗病毒病、白粉病、枯萎病、黄萎病等。

29. 黄罗曼

荷兰番茄品种，无限生长类型，叶片中等大，叶色浓绿，植株长势强。果实长椭圆形，呈明黄色或橙黄色，颜色均匀一致，单果重80～120g，每穗挂果8～12个，硬度高，货架期长达50天左右，连续坐果能力强。对低温、光照的适应性非常好，抗病毒病、黄萎病、枯萎病和白粉病。

30. 金玉玲珑

中国台湾品种，植株较高，生长势强健，坐果能力强，每串可结12～15个果。果实长椭圆形，成熟时果色金黄，单果重12～15g，糖度可达8.5%，果实硬度较高，耐储运。

31. 千禧

樱桃番茄品种，生长强健，早熟，果实桃红色，椭圆形，单果重约20g，糖度可达9.6%，风味佳，不易裂果，每穗结14～31个果，耐储运，高产，抗病性强，耐枯萎病。

32. 蒙特卡罗

早熟品种，无限生长类型，株型紧凑，叶片稀疏。坐果能力强，耐低温、弱光，适合棚室栽培。果实高圆形，未成熟果无绿肩，成熟果粉红色，色泽亮丽。单果重250～350g。果肉厚，硬度高，极耐储运，货架期长。抗番茄花叶病毒病、叶霉病、枯萎病，耐灰霉病、晚疫病。

33. 粉冠

从荷兰引进亲本杂交选育而成，无限生长类型。中早熟品种，生长势强。果实高圆形，粉红色、果肉厚，单果重300g左右。果实品质优良，产量高，耐运输。抗病能力强。

34. 浙杂7号

浙江省农业科学院园艺研究所育成的杂种一代。早熟品种，有限生长类型。果形稍扁，幼果有浅绿肩，成熟果大红色。单果重135～170g，品质好，耐储运。

35. 合作906

早中熟品种，有限生长类型。果色粉红色，果肉厚，品味好。

抗病性强，耐储藏和运输。

二 大棚秋延番茄高效栽培品种

适合塑料大棚夏秋季节番茄品种，应具有较强的耐热性、抗病性、产量高、耐储运、品质好等特点。对高温季节易发生的番茄绿肩、空洞果、不坐果等生理性病害，病毒病、叶霉病、溃疡病、早疫病等侵染性病害有一定的抗性。现将目前生产中的主要栽培品种特性介绍如下。（摘引农业部及各省有关蔬菜新品种审定鉴定批文目录）

1. 百利

荷兰瑞克斯旺公司培育的杂交一代番茄品种。无限生长类型，早熟，生长旺盛，坐果率高、耐热性强。果实大红色，微扁圆形，单果重200g左右，无裂果、无青皮现象，果实质地硬，耐运输，适合出口和外运，商业价值高。在高温、高湿条件下能够正常开花坐果，抗烟草花叶病毒病、筋腐病、黄萎病和枯萎病。

2. 格雷

荷兰瑞克斯旺公司培育的杂交一代番茄品种。无限生长类型，早熟，生长旺盛，坐果率高。果实大红色，色泽鲜亮，微扁圆形，单果重200~220g，质地硬，耐运输。该品种耐热性强，在高温高湿条件下能够正常开花坐果，抗烟草花叶病毒病、叶霉病、斑萎病毒病、黄萎病和枯萎病。

3. 格利

荷兰瑞克斯旺公司培育的杂交一代番茄品种。无限生长类型，生长势较旺，早熟。果实大红色，色泽鲜亮，微扁圆形，中型果，平均单果重200g，质地硬，耐运输，适合出口和外运。抗番茄花叶病毒病、黄萎病、枯萎病和根结线虫病。

4. 百灵

荷兰瑞克斯旺公司培育的杂交一代番茄品种。无限生长类型，长势旺盛，早熟性好。果实大红色，色泽鲜艳，微扁圆形，单果重200~230g。口味佳，质地硬，耐运输，适合出口和外运。抗番茄花叶病毒病、叶霉病、黄萎病、枯萎病和根结线虫病。

5. 印第安

西班牙农业技术集团研究开发的杂交一代番茄品种。无限生长类型，长势旺盛，中熟品种，果实大红色，圆形微扁，果皮光滑，色泽亮丽，大小中等，单果重180～250g，质地硬，货架期49天，极耐运输，口感好。抗高温，连续坐果能力强，高抗病毒病、叶霉病、灰霉病和根结线虫病。

6. 浙粉201

浙江省农业科学院蔬菜研究所育成的番茄品种。植株生长势较强，主茎3穗花序封顶，有限生长类型。早熟性好，果实粉红色，圆球形，果皮厚、裂果少，耐运输，单果重250g左右。抗烟草花叶病毒，耐早疫病。

7. 达尼亚拉(R-144)

以色列引进的硬果番茄杂交一代品种。无限生长类型，生长势旺盛。果实扁球形，果脐有一小酒窝，果色红亮，着色均匀，单果重120～180g。坐果率高，在低温和高温情况下都能够正常坐果，产量高。抗病性强，抗黄萎病、枯萎病和烟草花叶病毒病。也可早春棚室栽培。

8. 科大204

河北科技大学育成的杂交一代番茄品种。无限生长类型，7～8片真叶着生第一花序，中早熟品种。果实扁圆形，青果无绿肩，成熟果粉红色，平均单果重260g左右，硬度中等，品质优良。高抗番茄黄化卷叶病毒病，抗枯萎病、叶霉病和烟草花叶病毒病，较耐低温。也可早春棚室栽培。

9. 中研988

无限生长类型，植株长势强，坐果率高，早熟品种。果实高圆形，粉红果。单果重300～400g，果皮厚、硬度高，耐储运。抗番茄早疫病、晚疫病、灰霉病、叶霉病、筋腐病；对根结线虫病有一定抗性。

10. 佳西娜(74-112)

荷兰瑞克斯旺公司培育的樱桃番茄品种。无限生长类型，植株生长健壮。果实圆形，红色鲜亮，单果重35～40g，果穗排列整齐，每穗留果8～10个，既可单果采收也可成串采收，口味佳。抗烟草花叶病毒病、斑萎病毒病、番茄黄化卷叶病毒病、黄萎病、枯萎病及根结线虫病。也可早春棚室栽培。

11. 红宝石

无限生长类型，植株长势强，株高200cm左右，早熟性好。果实为红色，长椭圆形。硬度高，不易裂果，耐储运，品质好。耐热性强，中抗枯萎病，耐番茄黄化卷叶病毒病及番茄嵌纹病毒病。

三 中小拱棚番茄高效栽培品种

1. 中蔬5号

中国农业科学院蔬菜花卉研究所培育而成的常规番茄品种。植株较高，生长势强，无限生长类型。中熟品种，果形圆正，粉红色，平均单果重156g，裂果轻，丰产性好，品质优良。高抗烟草花叶病毒病，耐黄瓜花叶病毒病及晚疫病。

2. 东农704

东北农业大学培育的杂交一代品种。有限生长类型，生长势强。早熟性好，2～3穗果自行封顶，果实高圆形，粉红色，平均单果重125～160g。整齐度高，不裂果，商品性好。高抗烟草花叶病毒病，耐黄瓜花叶病毒病，抗斑枯病。

3. 中蔬4号

又称鲜丰，由中国农业科学院蔬菜花卉研究所培育而成的常规品种。无限生长类型，生长势强，坐果率高，中熟品种。果实粉红色，圆形，单果重150～200g，果肩绿色，裂果较轻。

第四章 棚室番茄高效栽培育苗

第一节 棚室番茄传统育苗

育苗是蔬菜生产的一个特色，也是多数蔬菜作物栽培过程中的一个重要环节。蔬菜秧苗的生产是根据育苗目的、所具备的棚室、设备条件和技术水平来确定育苗所采取的方式，并建立相应的育苗技术体系，以实现其生产目标，达到预期的效果。根据我国蔬菜育苗技术的演变提高及发展水平，育苗方式可以分为以下三类。

一 普通（传统）育苗

普通育苗方式，完全是人工操作，一般规模较小，一家一户自育自用，也可以规模生产和销售，但比较费工费时。

普通育苗方式，棚室、设备投资较低（以简易园艺棚室为主），育苗成本较低，但由于育苗条件差、棚室简陋，棚室内各部位环境条件差异较大，苗床内秧苗长势不整齐，棚室抵御恶劣环境的能力差，遇极端低温环境，会使育苗失败。幼苗的管理也多凭经验，"看天、看地、看苗"的技术措施难以指标化，使技术的推广受到限制。普通育苗的流程如图 4-1 所示。

普通育苗浸种容器就地取材，碗、茶杯均可。有温度计指示浸种温度；催芽棚室一般在炕头、炉灶边等；育苗棚室为阳畦、酿热和电热温床；采用人工点播、撒播和覆土、浇水打药等作业。

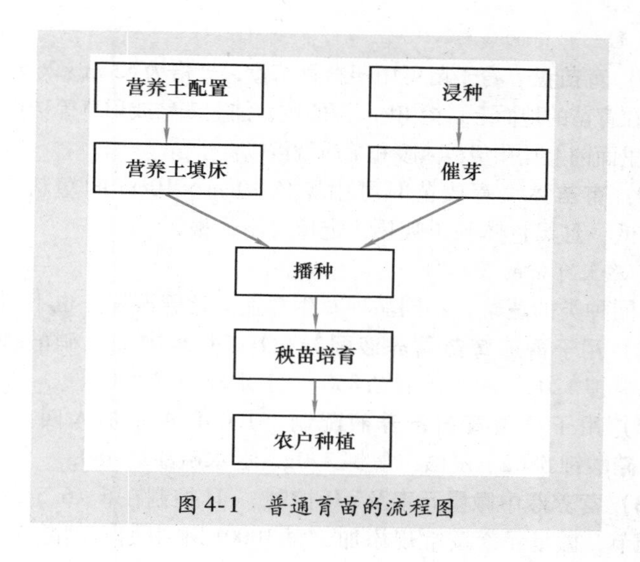

图 4-1　普通育苗的流程图

二 简易无土育苗

温室番茄要达到优质、高产，培育壮苗是关键，我们近几年通过在数千座温棚育苗试验示范，总结完善了这套简易无土育苗新技术。这种育苗技术取材方便，成本低，简便易行，苗壮、苗齐，生长快，根系发达，定植后缓苗快，土传病害轻，早熟丰产。

1. 无土育苗的基质

（1）炭化稻壳＋沙　这种基质是将炭化稻壳 7 份，沙 3 份混合而成。制备炭化稻壳时，先用少许柴草点燃，然后盖上一层稻壳，使其不见明火，待稻壳点片出现褐色和黑色时，在该处再撒施一薄层稻壳，如此反复，直至全部烧成黑色，立即扒开稻壳堆，用冷水泼浇，熄灭点火，防止燃烧成灰。稻壳经燃烧带菌少，含营养元素丰富，有利于减轻育苗病害。

（2）炭化稻壳＋腐熟马粪　炭化稻壳中加 1/3 ~ 1/2（按体积计算）完全腐熟、细碎的马粪。在育子苗或分苗后浇第一次水时，用 25% 多菌灵可湿性粉剂 800 倍液浇灌，以灭各种有害病菌。

2. 无土育苗的容器

（1）育苗盘 育子苗可用塑料育苗盘，规格为62cm×26cm×5cm，也可以在育苗的地面上，挖10cm深的坑，铺上麦秸或稻草等秸秆作为隔热层，里面铺上扎孔塑料薄膜和基质就可以育子苗。

（2）育苗钵 育成苗时可用黑色10cm×10cm的塑料育苗钵，其成本低，且黑色钵利于吸热，定植时不伤根。

3. 无土育苗的营养液

不同种类的蔬菜，不同品种及生育期的营养液配方也不同。

（1）用于番茄育苗营养液配制 1000L水中加入硝酸钾750g、磷酸二氢钾120g、四水硝酸钙850g、七水硫酸镁400g。

（2）用于瓜类育苗营养液配制 1000L水中加入四水硝酸钙850g、硝酸钾580g、磷酸二氢钾370g、七水硫酸镁480g。

（3）营养液中微量元素及pH控制 pH控制在6～6.5之间，用磷酸调节，微量元素按常规添加，每1000L水中加入硼酸3g，硫酸锰2g，硫酸锌、硫酸铜各0.5g，钼酸钠3g，铁元素适量。

4. 无土育苗的管理

（1）播种密度与方法 每盘播种量为番茄3g，茄子4g，辣椒5g，黄瓜5g，基质厚度4cm，然后撒播催出芽的种子，再覆盖1cm厚的基质，浇透清水，盖一层地膜即可。

（2）育苗温度 按常规方法，对喜温的蔬菜要保证夜间温度，以免出现寒根和低温抑制生长现象。

> **【注意】** 预防苗期高温障碍时，一定要加强通风并采取叶面喷水降温、湿帘风机降温等强制降温措施、棚室加盖遮阳网。

（3）营养液使用方法 幼苗出土前，每天上午10：00～11：00浇1次清水，待幼苗出土后，晴天时下午3：00前后浇1次营养液，阴天不浇，如果浇则营养液浓度减半，分苗后至缓苗前每天只浇清水湿润基质，缓苗后开始浇营养液。

（4）分苗方法 将育好的子苗每天在温度高时分苗，育苗钵先装基质，用小竹棒在中间扎眼，然后选一株健壮子苗，放在育苗钵的小眼孔里，盖上基质再浇营养液，注意夜间保温。

（5）无土育苗的苗龄 无土育苗比用土育苗明显缩短苗龄，播种到定植，中熟茄子品种90天，辣椒80天，番茄50～60天，黄瓜播种30～50天即可长到3叶1心，根据苗龄和幼苗生长情况适当及时定植。

5. 定植方法

无土育成的秧苗根系特别发达，在已开好的定植沟中浇满水，不等水渗下就覆土。定植2～3天浇缓苗水，然后扣地膜保湿增温，以后按常规方法蹲苗。

6. 注意事项

1）无土育苗的基质中不能加土，也无需用各种化肥。

2）营养液中营养元素配比要准确，不能时多时少。

3）不要在育苗钵中直播种子，以免因覆盖的基质厚薄不一导致出苗不齐，更不能用土覆盖，以防幼苗出土困难。

4）苗期若能施用二氧化碳和光呼吸抑制剂，则更利于积累养分，培育成壮苗。

三 规模化育苗

随着我国农业结构的调整和蔬菜商品性生产的发展，蔬菜栽培的集约化、规模化、商品化生产已逐渐形成，当蔬菜作物的生产由一家一户向一村一片、一乡一品的集约化、规模化、商品化生产过渡时，对育苗的要求也越来越高。一般规模化经营要求品种一致，苗期长短基本一致，秧苗质量好、大小均匀，能同时供应大量秧苗并要求秧苗生产性能稳定、丰产、优质，而要达到上述要求，一方面要求育苗技术高，另一方面还要求有一定规模的棚室、设备及资金投入，这种条件和规模，非一家一户所能达到的。为了适应生产的需要，由集体投资、带有服务性质的蔬菜育苗基地或育苗中心相继建立，以培育优质商品苗供应农户，解决了传统分散育苗秧苗整齐度差的问题。其流程如图4-2所示。

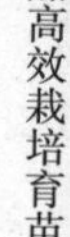

与普通育苗相比，规模化育苗的棚室条件提高，多为性能良好的日光温室或塑料大棚，有的还有加温棚室。采用配合营养基质、营养钵或穴盘、人工播种、嫁接及管理，整个过程全部手工操作，劳动强度大。

规模化育苗方式除具有一定的规模外，还具有比较严格的程序和管理，具有类似于工厂化育苗方式的生产流程和特点，但是从混合基质装钵、盘到培育成苗，基本上无机械化操作，更无自动化设备的使用，所以，这种方式是由普通育苗向工厂化育苗的一种过渡。投资与普通育苗相比，在棚室、设备投资上要高，但与工厂化育苗相比，还低得多，农民也容易接受，在一定时间内它将是我们国家农民育苗的主要方式。

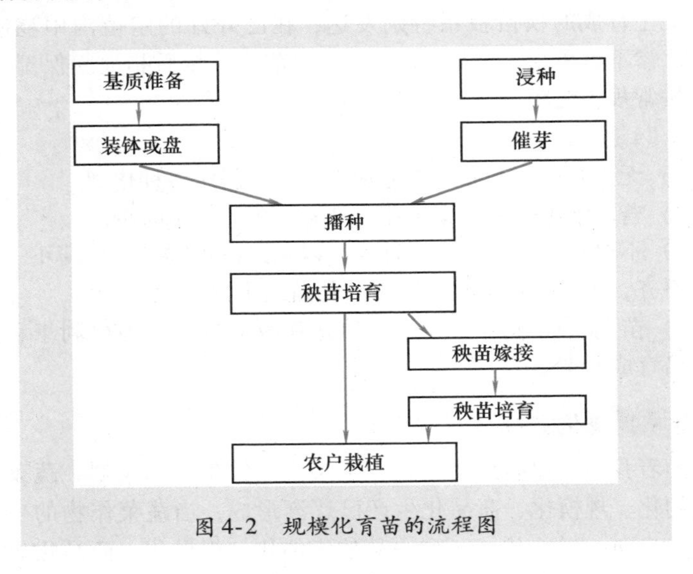

图 4-2　规模化育苗的流程图

四 工厂化育苗

番茄工厂化育苗，是番茄育苗技术发展到目前的最高形式。工厂化育苗，就是要像工厂生产工业产品一样，在完全或基本上人工控制的适宜环境条件下，按照一定的工艺流程和标准化技术来进行幼苗的规模化生产。这种现代化的生产方式具有效率高、规模大、生产出的秧苗质量及规格化程度高等特点。工厂化育苗的生产过程，要求具有完善的育苗棚室、设备和仪器以及现代化水平的测控技术和科学的管理。目前工厂化育苗的方法有营养钵、盘育苗法，营养土块育苗法，试管育苗法和穴盘育苗法四类。

目前，工厂化育苗能真正实现机械化的，只有穴盘育苗技术，其他育苗方法（营养钵育苗、营养土块育苗和试管育苗），还不能完全实现机械化操作。因此，本书重点介绍穴盘育苗技术流程及配套棚室设备。

1. 工厂化穴盘育苗的精量播种生产线

工厂化穴盘育苗的精量播种生产线主要包括基质混拌机、基质自动装盘机、旋转加压刷、精量播种机、基质覆盖机、自动洒水机、苗盘存放专用柜等装置。其功能分别为：

（1）基质混拌机 进行复合基质的混合搅拌，使各基质成分混合均匀，制成理想的复合基质。

（2）基质自动装盘机 自动准确地将复合基质装填到苗盘各孔穴中，并将多余基质自动返回加料斗中。

（3）旋转加压刷 在装填完基质的苗盘各孔穴内基质表面适当加压，以使表面平整。

（4）精量播种机 高速、准确地将种子播入苗盘各穴孔中。

（5）基质覆盖机 在播种好种子的穴盘上面均匀覆盖一定厚度的基质。

（6）自动洒水机 使苗盘各孔穴内均匀喷洒适量水。

（7）苗盘存放专用柜 临时存放播种好的苗盘，当一个柜放满苗盘后，即将专用柜移入发芽室或育苗房进行培育。

2. 穴盘育苗精量播种机类型

穴盘育苗精量播种机主要有两种类型，即真空吸附式播种机和齿盘转动式播种机。真空吸附式播种机是利用真空原理，当真空抽气时，种子被吸附在吸嘴上或吸盘上，送气时种子自动脱落，并通过塑料软管管道将种子准确地送入苗盘的播种穴里，自动连续作业，一次播种一行或一次播种一盘。

3. 穴盘育苗场地的规划

目前我国蔬菜生产仍以一家一户为主，机械化水平不高，农民的观念还有差距，工厂化育苗还存在着一定的问题。因此，实事求是、因地制宜地做好育苗中心的规划是很有必要的，育苗中心规划应注意以下几个问题：

一是育苗场占地面积不应太小，第一期配套育苗温室（或大棚）面积为8000～10000m^2为宜。

二是育苗场以向用户提供成株苗为主，开始起步阶段年产苗（商品苗）量不应少于400万株。根据经验，赢利平衡点大约是300万株，

供应1000~1500亩菜田用苗。

三是精量播种机选型不宜过大，以便于降低设备购置费、提高棚室利用率。目前，精量播种机可选用美国布莱克公司和汉密顿公司生产的真空吸附式播种机，或国产ZXB-360型和ZXB-400型播种机。目前，韩国及欧洲的很多国家在中国都有精量播种机出售，生产者可根据生产规模和投资情况进行选用。

四是育苗场温室的选型应注意节能问题。规模化生产最好选用大型连栋温室，在北方寒冷地区也可以选用结构较好的节能日光温室进行育苗。温室内的育苗床架，在非专业育苗中心不宜采用固定式，这样可使育苗温室既能育苗又能兼顾蔬菜生产。

4. 摆盘

将播种后的穴盘放在育苗床或移动苗床上，摆盘时要轻拿轻放，摆放整齐。摆满后先用水浇透，再覆盖地膜或小拱棚，以增温保湿。白天温度控制在25~30℃、夜间温度不低于15℃；当有10%的幼苗开始顶土时要立即降低温度，白天温度控制在20~25℃、夜间温度为13~15℃，以防幼苗徒长。穴盘苗一般7~9天出全苗，注意每天检查出苗率。

5. 播后管理

播种后需保持较高温度，白天维持在25~30℃、夜间15~18℃为宜。当夜温偏低时，可考虑用地热线加温或临时加温措施，以免影响出苗。番茄种子有70%出苗时及时揭掉覆盖物并适当降低温度，白天20~25℃、夜间12~15℃，白天适当通风，降低空气相对湿度。冬季育苗要尽量提高育苗床的光照强度，可架设日光灯和张挂反光幕增加光照，遇连续阴雨天气，可进行人工补光。在幼苗长出2片真叶后，可以把穴盘间拉开10cm的距离，以利于通风透光，控制幼苗徒长。基质养分含量较高，可满足番茄幼苗的生长需要，因此，工厂化穴盘育苗一般不需追肥，但幼苗进入花芽分化期后，如果叶色浅、叶片薄、幼苗茎细弱时，可在浇水时补充肥料，配方为10g尿素加15g磷酸二氢钾兑水15kg。遇长期阴雨雪天气，天晴后及时喷洒0.5%葡萄糖，以增加植株营养，防止植株过度衰弱。

用72孔育苗盘一次成苗的需在第1片真叶展开时，抓紧将缺苗孔补齐。也可先将种子播在288孔苗盘内，当番茄苗长至1~2片真叶时，移至

72 孔苗盘内，这样可提高前期温室有效利用率，减少能耗，但费时费力。

6. 商品苗标准

商品苗标准视穴盘孔穴大小而异，选用 72 孔苗盘育苗标准为：株高 13～15cm，叶片肥厚健康，叶色深绿，根系发白，须根多。

五 嫁接育苗

番茄嫁接是采用野生番茄或抗病品种作砧木，将番茄栽培品种嫁接在砧木上的一项技术。嫁接后的番茄根系发达，具有抗病性强、生长势强等优点，可有效防治根结线虫病、青枯病等土传病的发生，产量提高 30%～40%，增产、增收效果显著。目前已普遍应用于棚室越冬茬、冬春茬和全年一大茬番茄生产中。

1. 砧木及接穗选择

砧木品种要选择抗病性（枯萎病、根结线虫病等）强、与接穗亲和力好、根系发达、生长势强、对接穗果实品质影响小、种子繁殖系数高的品种。目前生产中主要以野生番茄和茄子砧木为主。接穗品种要选择适合栽培茬口、抗病性强、耐低温弱光、连续坐果能力强、商品性好、适合当地市场需求的番茄品种。

2. 播种

（1）种子处理 嫁接番茄育苗应比正常育苗提前 8～10 天。砧木和接穗种子可采用温汤浸种、药剂消毒等方法进行处理，具体方法参见本章第一部分普通育苗。

（2）播种 砧木可采用穴盘育苗或营养钵育苗，接穗种子可直接播在苗床或穴盘内。采用劈接法时，接穗应比砧木晚播 5～7 天，或者在砧木苗长出 1 片真叶时播种；采用针接或套管嫁接时，接穗可与砧木同期播种，或晚播 1～2 天。

1）穴盘育苗。将配制好的、含水量为 50%～60% 的育苗基质装入黑色 PVC 标准 72 孔穴盘中，用木条将穴盘表面刮平，去除多余基质。装盘时每 8～10 盘为 1 摞，稍用力下压，使每个穴盘孔下沉 0.8～1.0cm。将砧木种子播在每个穴孔中央，再将穴盘摆放到育苗床上。接穗播种可选用 128 孔穴盘。

2）营养钵育苗。将准备好的营养土或育苗基质装入营养钵，装钵时要注意上松下实，并在上面留 2cm 的空间，以便浇水。装好后

将塑料钵摆在做好的苗床上，每个钵之间均要求靠紧，浇足水。砧木种子播种于营养钵中，每钵1粒，覆营养土或基质，厚度1.0～1.5cm，然后覆盖塑料薄膜增温保湿。

3）苗床育苗。将接穗种子点播在4cm×8cm苗床中，不再进行移苗假植。

（3）播种后管理

1）温度管理。生产中要采取变温管理，尽量依靠加温设备保障植株苗期所需温度。一般在播种至齐苗期间，白天要保证温度为25～30℃、夜晚温度15～18℃，此时一般不通风；在出齐苗后至分苗前，白天温度控制在20～25℃、夜晚温度10～15℃，尽量以提早揭苫、延迟盖苫来增加受光时间；在分苗后至缓苗期间，白天温度控制在25～30℃、夜晚温度15～20℃；在缓苗后至定植前，白天温度控制在20～25℃、夜晚温度12～16℃；在定植前7天，要进行炼苗，白天温度保持15～20℃、夜晚温度8～10℃，逐渐加大通风量。

2）水分管理。播种时浇透水，揭膜后要保证基质不缺水。在苗期展叶至1叶1心期间，要适当控水，水分为最大持水量的65%～70%；在2叶1心后，浇水量适当加大，水分为最大持水量的70%～80%。白天酌情通风，降低空气相对湿度，在5叶1心至成苗期间，水分为最大持水量的60%～65%。也可以从育苗畦四周灌水，让穴盘内基质从盘底圆孔吸水。

3）光照管理。番茄为喜光作物，充足的光照是培育壮苗的必要条件。要注意前后、中间与四边互相挪动位置，育苗盘或营养钵最好在育苗期间移动1次。

在砧木和接穗生长过程中，由于品种、天气变化等原因，造成砧木、接穗生长速度差异较大时，应采取调节水分、温度、施肥量等方法，促使其生长速度一致，符合嫁接需要。

3. 嫁接

（1）嫁接准备工作

1）嫁接工具。双面或单面刀片、嫁接夹、清水、杀菌药剂、接穗盘（篮）和保湿纱（棉）布、拱条、农用塑料膜、遮阳网等。

2）嫁接材料。提前一天清除砧木苗床内的弱苗、病苗和杂草，给砧木和接穗喷一次杀菌剂，如果苗床干旱，还要淋1次透水。嫁接前一天用50%多菌灵可湿性粉剂800倍液喷砧木、接穗，并将苗床浇透水。嫁接时，用75%酒精消毒刀片采集接穗置于接穗盘，并用湿布保湿。

（2）嫁接方式 当砧木、接穗有5～6片真叶时即达到了嫁接的最佳时期。嫁接应选择在气温20～28℃的晴天无风天气进行，而且要等到植株上露水干后再嫁接。目前，番茄嫁接一般采用劈接法、针接法和套管接法三种。

1）劈接法。砧木、接穗苗茎粗度接近或砧木稍大些。一般在砧木高5～10cm处用刀片水平切掉上部，保留2～3片真叶，然后在其茎中间垂直切入1.0～1.5cm。接穗保留上部2～3片真叶，从两侧斜切成1.0～1.5cm长的楔形，随即插入砧木的切口中，砧木与接穗茎的一边对齐后，用嫁接夹固定。

2）针接法。砧木、接穗苗茎粗度较一致。在接穗和砧木长出2～4片真叶、下胚轴直径2mm左右时为嫁接适期。嫁接部位比较灵活，选择子叶下部、子叶上部、1片真叶处均可。嫁接切口所选用的角度比较灵活，可采用平切或斜切，一般采用斜切法。嫁接时选砧木和接穗粗细一致的苗，砧木保留2～3片真叶，用刀片在苗的节间斜削，去掉顶端，形成角度为30°～45°、长1.0～1.5cm的斜面。接穗保留2～3片真叶，用刀片斜削去掉下端。要求嫁接针沿接穗切面的中心轴线插入1/2，余下的1/2直接插入砧木，接穗的切口角度和砧木一致，以保证伤口结合紧密。嫁接针要求大小适当、不易生锈、有一定的刚性且廉价，可用金属针。针接法嫁接效率最高，具有操作简便，对砧木、接穗茎粗度要求不严格等优点，即使是徒长苗，也可通过嫁接得到调整。

3）套管接法。套管接法适用于较小的幼苗，当接穗和砧木都具有2片真叶、株高5cm、茎粗2mm左右时为嫁接适期。嫁接时，在砧木和接穗的子叶上方约0.5cm处呈30°角斜面切一刀（用刀片顺手将砧木、接穗自下往上斜切），将套管的一半套在砧木上，斜面与砧木切口的斜面方向一致，再将接穗插入套管中，并使其切口与砧木切口紧密结合。嫁接过程中要注意切面卫生，以防感染病菌，降低成活率。由于套管能很好地保持接口周围的水分，阻止病原菌的侵

入，有利于伤口的愈合，因此能提高嫁接成活率。且幼苗成功定植后，塑料套管随着时间的推移，尤其是露地栽培的风吹日晒，会很快老化、掉落，无须人工去除。若购买不到专用套管，也可用自行车气门芯或塑料软管，只需剪成1cm左右长、两端呈平面或30°的斜面即可（套管两端的方向应一致）。

如果接穗种子很贵，为节省种子，可采用一苗接两株的嫁接技术。此技术的要点是把砧木种子分两批播，即第一批在接穗播种前5~7天播，第二批在接穗播种后7~10天播；嫁接第一批时接穗要保留2片真叶，利用再生腋芽嫁接第二批砧木。

4. 嫁接后管理

番茄嫁接苗从嫁接到嫁接苗成活，一般需要10天左右的时间。这段时间应注意温度、湿度和光照的管理，对提高嫁接成活率非常关键。

（1）温度管理 在嫁接后的前3天，白天温度为25~27℃、夜间温度17~20℃，地温20℃左右；3天后逐渐降低温度，白天温度23~26℃、夜间温度15~18℃；10天后撤掉小拱棚进入正常管理。

（2）湿度管理 嫁接苗成活阶段即是从嫁接开始到心叶明显生长。此阶段要特别把握好湿度管理：在嫁接后的前3天小拱棚不能通风，湿度必须在95%以上，小拱棚的棚膜上要布满雾滴。若湿度不够，可采取地面补水的方法提高湿度。嫁接3天以后，必须把湿度降下来，要保证小拱棚内湿度维持在75%~80%。每天都要进行通风排湿，防止苗床内长时间湿度过高造成烂苗。不要让水滴抖落在苗上。苗床通风量要先小后大，通风量以通风后嫁接苗不萎蔫为宜，嫁接苗发生萎蔫时要及时关闭棚膜。在通风时间上，要先早、晚，渐至中午，当嫁接苗不再出现萎蔫时，即可撤掉小拱棚，全天通风进行正常管理。

（3）光照管理 嫁接后前3天要求散射光照。白天用遮阳网覆盖小拱棚，避免阳光直射小拱棚内。上午10：00到下午4：00都要进行遮阳，早、晚适当见光。嫁接后4~6天，见光和遮阳交替进行，中午光照强时遮阳，同时要逐渐加长见光时间，如果见光后叶片开始萎蔫就应及时遮阳。以后随嫁接苗的成活，中午要间断性地见光，待植株见光后不再萎蔫时，即可去掉遮阳网。

5. 嫁接苗成活后管理

嫁接10天后嫁接苗即可成活，去掉小拱棚转入正常管理。待接口愈合牢固后去除嫁接夹，用嫁接管固定的，可任其自行脱落。及时抹除砧木上萌发的枝芽。注意温度不要忽高忽低，预防苗期病害的发生。要适当降低温度，防止徒长，白天温度控制在23~25℃、夜间温度10~15℃。水分管理，以穴盘或营养钵表土见干见湿为原则，选择晴天上午适量浇水，水量不宜过大。定植前5~7天，要加强通风，减少水分、增加通风和光照时间，进行炼苗，使嫁接苗适应定植后的田间环境。当嫁接苗长有6~7片真叶时，即可定植。

6. 嫁接苗壮苗标准

嫁接伤口愈合良好，株高15~18cm，茎粗2.5~3mm，生长健壮，节间短，4~5片真叶，叶片肥厚健全，叶色深绿。根系白色，须根多，根坨紧实不松散。嫁接苗定植时要注意接口距离地面10cm以上，后期培土也应该防止掩埋接口，避免接穗发根入土、降低防病效果。

六 苗期常见病虫害防治

除徒长等生理性障碍外，番茄苗期经常发生的病害主要有猝倒病、立枯病、晚疫病、病毒病等，虫害主要有蚜虫、白粉虱、美洲斑潜蝇等。生产上应加强栽培管理，把好消毒防病关，做到综合治理病虫害，育好壮苗，为夺取丰产打下良好基础。防治以物理防治及高效、低毒的化学防治方法为主，以生物防治为辅，保证产品品质和安全性。

七 番茄穴盘育苗的关键技术及对策

番茄穴盘育苗的关键技术包括以下几个方面。

1. 穴盘的选择

穴盘是工厂化穴盘育苗的重要载体，必不可少。按取材不同分为聚苯泡沫穴盘和塑料穴盘两种。由于轻便、节省面积的原因，塑料穴盘的应用更为广泛。一般塑料穴盘的尺寸为54cm×28cm，一张穴盘可有50孔、72孔、128孔、200孔、288孔、400孔、512孔。一般瓜类如南瓜、西瓜、冬瓜、甜瓜多采用20孔，有时会采用

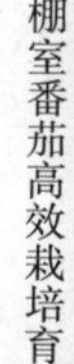

50孔；黄瓜多采用72孔或128孔；茄科蔬菜如番茄、辣椒苗采用128孔和200孔；叶菜类蔬菜如青花菜、甘蓝、生菜、芹菜可采用200孔或288孔。穴盘孔数多时，虽然育苗效率提高，但每孔空间小，基质也少，对肥水的保持差，同时植株见光面积小，要求的育苗水平要更高。

2. 基质的选择和配比

穴盘育苗顾名思义是利用穴盘容器来培育种苗，其优点为种苗移植成活率高且生育恢复生长快速。每株种苗的根系拥有独立的生长空间，要提高单位面积内的育苗数量及降低种苗运输的重量，穴盘内的每一孔格必须尽量缩小，也限制了根系生长的空间。有限的介质容量降低了对水分和养分的缓冲能力，因此根系的生长环境与传统苗床生长环境有很大的差异，常不适合采用一般的土壤，必须以人工调制的介质来育苗。适合穴盘根系生长的栽培介质应具备以下特色。

一是保肥能力强，并避免养分流失。

二是保水能力好，能供应根系发育所需养分，避免根系水分快速蒸发。

三是透气性佳，使根部呼出的二氧化碳容易与大气中的氧气交换，减少根部缺氧情形发生。

四是不易分解，利于根系穿透，能支撑植物。过于疏松的介质，植株容易倒伏，介质及养分容易分解流失。根据这些特点，穴盘育苗主要采用轻型基质，如草炭、蛭石、珍珠岩等。草炭的持水性和透气性好，富含有机质，而且具有较强的离子吸附性能，在基质中主要起持水、透气、保肥的作用；蛭石的持水性特别出色，可以起到保水作用，但蛭石的透气性差，不利于根系的生长，全部采用蛭石容易沤根；珍珠岩吸水性差，主要起透气作用。三种物质的适当配比，可以达到最佳的育苗效果，也可以根据不同地区的特点，调整配比，如南方高湿多雨地区可适当增加珍珠岩的比例，西北干燥地区可以适当增加蛭石的比例，达到因地制宜的效果。一般的配比为草炭:蛭石:珍珠岩＝3:1:1。基质的主要性能如表4-1所示。

表 4-1　不同育苗基质的特性

特性	蛭石	珍珠岩	东北草炭	加拿大草炭
密度/（kg/m^3）	170	110	400	124
选用规格/mm	1~3.5	3~5	1~2	1~2
持水量（%）	420~476	<100	450	>800
透气性	一般	很好	好	好

特性	玉米芯	锯木屑	蘑菇废料	棉籽壳	土
密度/（kg/m^3）	365	159	618	106	949
选用规格/mm	2~3.5	1~2.5	1~2	3~5	1~2
持水量（%）	272	362	185	285	135
透气性	好	较好	较好	很好	一般

综合地选择，加拿大草炭是非常出色的，不仅持水性好，而且透气性也特别的优秀。另外，常用的进口草炭还有美国的阳光（Slmgro）、伯爵（Berger）、德国的克拉斯曼（Klasman）等。国产草炭也不错。进口草炭与国产的东北草炭相比较，进口草炭一般都经过较好的消毒，不易发生苗期病害，而且进口草炭的 pH 与 EC（基质中可溶性盐含量）均已经过调节，可直接应用于生产，使用非常方便，更重要的是进口的育苗专用草炭，经过特殊的处理，添加了吸水剂，也加入了缓释的启动肥料，因此育苗效果极好，出苗率和种苗叶片大小、颜色均比国产草炭有明显的优势。但进口育苗专用草炭的价格是国产的数倍之多，一般的生产者难以承受，只是作为高档作物育苗或出口种苗生产时使用。

3. 穴盘育苗对水质的要求

水质是影响穴盘苗质量的重要因素之一，由于穴格介质少，对水质与供给量要求极高。水质不良对作物将造成伤害，轻则减缓生长、降低品质，严重时导致植株死亡，不同的水质评价可参照表 4-2 的标准。

表 4-2 穴盘育苗水质评价标准

指标	很好	好	尚可	差	极差
EC/（mS/cm）	<0.25	0.25～0.75	0.75～2	2～3	>3
pH	5.5～6.5	5.5～6.5	6.5～8.4	>8.4	>8.4

4. 播种和催芽

穴盘苗生产对种子的质量要求较高，出苗率低，造成穴盘空格增加，形成浪费，出苗不整齐则使穴盘苗质量下降，难以形成好的商品。因此，蔬菜穴盘育苗通常需要对种子进行预处理。日本SAKATA、TFAKII和荷兰的一些公司，种子质量非常优秀，很多品种的出苗率可达98%以上，且已经经过包衣，可以不必经过种子处理直接播种，效果也好。一般的种子可采用先浸种催芽再播种的方法，可形成非常整齐的种苗，发挥穴盘育苗的优势。种子处理的方法包括精选、温汤浸种、药剂浸（拌）种、搓洗、催芽等。

5. 苗床管理

工厂化穴盘育苗的水肥管理是育苗的重要环节，贯穿于整个育苗过程。穴盘育苗供水最重要的是均匀度，一般规模较小的育苗场以传统人工方式浇灌，此法给水均匀但费工、费时且施肥困难，成本高。目前，专业化的育苗公司多采用自走式悬臂喷灌系统，可机械设定喷洒量与时间，洒水均匀，无死角、无重叠区，并可加装稀释定比器配合施肥作业，解决人工施肥的困难。在大规模育苗时，穴盘苗因穴格小，每株幼苗的生长空间有限，穴盘中央的幼苗容易互相遮蔽光线及湿度高造成徒长，而穴盘边缘的幼苗通风较好而容易失水，边际效应非常明显，尤其是在我国东西部等干燥地区。因此，维持正常生长及防止幼苗徒长之间，水量的平衡需要精密控制。穴盘苗发育阶段可分为四个时期：第一期，种子萌芽期；第二期，子叶及茎伸长期（展根期）；第三期，真叶生长期；第四期，炼苗期。每个发育生长时期对水量需求不一，第一期对水分及氧气需求较高，以利发芽，相对湿度维持在95%～100%，供水以喷雾粒径1.5～8mm为佳；第二期水分供给稍减，相对湿度应降到80%，使介质通气量增加，以利根部在通气较佳的介质中生长；第三期供水应随苗株成长而增加；第四期则限制给水以健化植株。除对四期进行水分管理外，在实际育苗供水上有几点注意事项：一是阴雨天日照不足且湿度高时不宜浇水；二是浇水以正午前为主，下午3：00后绝不可灌水，以免夜间潮湿使幼苗徒长；三是穴盘边缘苗株易失水，必要时进行人工补水。

工厂化穴盘育苗，由于容器空间有限，需要及时地补充养分。目前，有许多市售的水溶性复合化学肥料，具有各种配方，皆可溶于灌溉水中进行施肥，十分方便。在穴盘育苗上经常选用氮、磷、钾含量为20-20-20、20-10-20、14-0-14、15-0-15、25-15-20、15-10-30等的完全复合肥料，依不同作物、不同苗龄交替施用，若以营养液方式高频度施用，其含量在25～35mg/L之间。子叶及展根期可用复合肥氮、磷、钾含量为20-5-20或20-20-20的复合肥料50mg/L，真叶期用量可增为125～350mg/L，成苗期目的在健化苗株，应减少施肥，增施硝酸钙［$Ca(NO_3)_2$］。常见肥料的使用含量如表4-3所示。

表4-3　穴盘育苗生产常用肥料配比

肥料类型	用途	含量/(mg/L)	常用配比（倍）	备注
20-10-20	种苗早期	50	4000	与14-0-14交替使用
	种苗后期	100～150	1500～2000	与14-0-14交替使用
14-0-14	种苗早期	50	2800	与20-10-20交替使用
	种苗后期	100～150	1000～1400	与20-10-20交替使用
10-30-20	种苗	100	1000	—

施肥管理需使育苗介质应以离子含量与电导率适宜为原则（表4-4），但一般栽培时易施肥过量，所以要定期测定EC，EC愈高表示介质中营养要素浓度愈高，幼苗会产生盐害凋萎，或抑制幼苗正常生长，必须用清水大量淋洗介质，把多余盐分洗出。另外，很多商品介质已添加肥料，使用前应先了解成分。

表 4-4　育苗期养分管理的适当介质酸碱度和离子含量（一般标准）

指标	pH	EC/(ms/cm)	氮/(mg/L)	磷/(mg/L)
萌芽期	5.8～6.5	0.75～1.2	40～70	10～15
成苗期	6.2～6.5	1.0～1.5	60～100	10～15

指标	钾/(mg/L)	钙/(mg/L)	镁/(mg/L)	
萌芽期	35～50	50～75	25～35	
成苗期	50～80	80～120	40～60	

6. 穴盘苗的矮化技术

蔬菜穴盘苗的地上部及地下部受生长空间限制，往往造成生长形态徒长细弱，成为穴盘苗生产品质上最大的缺点，也是无法全面取代土播苗的主要原因，故如何生产矮壮的穴盘苗是育苗业者努力追求的方向。一般可利用控制光线、温度、水分等方式来矮化秧苗。生长调节剂虽然能很好地控制植株高度，但为绿色食品和有机食品生产所限制，不宜提倡。

（1）光线　植物形态与光线有关，植物自种子萌发后若处于黑暗中生长，易形成黄化苗，其上胚轴细长、子叶卷曲无法平展且无法形成叶绿素，植物接受光照后，则叶绿素形成，叶片生长发育，且光线会抑制节间的伸长，故植物在弱光下节间伸长而徒长，在强光下节间较为短缩。不同光质亦会影响植物茎的生长，如能量高、波长较短的红光会抑制茎的生长，红光与远红光影响节间的长度。因此，在穴盘育苗生产上，要考虑成本，不宜人工补光，但在温室覆盖材质上，必须选择透光率高的材料。

（2）温度　夜间的高温易造成种苗的徒长。因此，在植物的许可温度范围内，尽量降低夜间温度，加大昼夜温差，有利于培育壮苗。

> **【注意】** 预防苗期低温障碍，应提高苗床温度，定植前进行低温锻炼，采用地膜覆盖保温、临时加温等措施。根据天气预报，低温来临前于傍晚喷洒巴姆兰丰收液膜剂 250 倍液或 27% 高脂膜乳剂 80～100 倍液。

（3）水分 适当地限制供水，可有效矮化植株并且使植物组织紧密，将叶片水分控制在轻微的缺水状态下，使茎部细胞伸长受阻，但光合作用仍正常进行，如此便有较多的养分蓄积至根部，用于根部的生长，可缩短地上部的节间长度，增加根部比例，对穴盘苗移植后恢复生长极为有利。

（4）常用的生长调节剂 有B9（比久）、矮壮素、多效唑、烯效唑等；另外，农药粉锈宁的矮化效果也很好，但不宜应用于瓜类，否则易产生药害。B9的化学成分容易在土壤中分解，因此，通常使用叶面喷施，使用含量为1000～1300mg/L。矮壮素的使用含量是100～300mg/L，多效唑一般使用含量为5～15mg/L，烯效唑的使用含量是多效唑的1/2。

7. 穴盘苗的炼苗

穴盘苗由播种至幼苗育成的过程中水分或养分几乎充分供应，且在保护棚室内幼苗生息良好。当穴盘苗达到出圃标准，经包装储运定植至无棚室条件保护的田间，面对各种生长逆境，如干旱、高温、低温、储运过程的黑暗弱光等，往往造成种苗品质降低，定植成活率差，使农户对穴盘苗的接受力降低。如何经过适当处理使穴盘苗在移植、定植后迅速生长，穴盘种苗的炼苗就显得非常重要。

穴盘苗在供水充裕的环境下生长，地上部发达，有较大的叶面积，但在移植后，田间幼苗在阳光直晒及风的吹袭下叶片水分蒸散速率快，容易发生缺水情况，使幼苗叶片脱落以减少水分损失，并伴随光合作用减弱而影响幼苗恢复生长能力。若出圃定植前进行适当控水，则植物叶片角质层增厚或脂质累积，可以反射太阳辐射光，减少叶片温度上升，减少叶片水分蒸散，以增加对缺水的适应力。

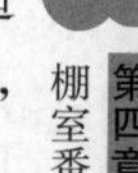

夏季高温季节，采用荫棚育苗或在有水帘风机降温的棚室内育苗，使种苗的生长处于相对优越的环境条件下，这样一旦定植于露地，则难以适应田间的酷热和强光，在出圃前应增加光照，尽量创造与田间比较一致的环境，使其适应，可以减少损失。冬季温室育苗，温室内环境条件比较适宜蔬菜的生长，种苗从外观上看，质量非常优良，但定植后难以适应外界的严寒，容易出现冻害和冷害，成活率也大大降低。因此，在出圃前必须炼苗，将种苗置于较低的

温度环境下3～5天，可以起到理想的效果。

八 番茄工厂化穴盘育苗技术

番茄，又称西红柿、洋柿子，原产于南美洲的秘鲁、厄瓜多尔、玻利维亚，属茄科植物，喜温不耐寒，也不耐热。种子适宜的吸胀温度是15～30℃，发芽适温是28～30℃，种子发芽最低温度为10℃；苗期生长适宜温度为白天20～25℃，夜间10～15℃为宜，温度为35℃停止生长，1℃时有冻害；根系生长适温为20～22℃，番茄喜充足的光照，幼苗期需要的适宜光照强度在2万lx以上，光照补偿点为2000lx，并喜欢肥沃疏松、透气性好的基质，pH以5.5～7.0为宜。

1. 番茄直播苗穴盘育苗技术

（1）穴盘的选择 穴盘的选择与苗的大小密切相关。育2叶1心的苗可选用288孔穴盘；育3叶1心的苗可选择200孔的穴盘；育4～5叶苗选用128孔穴盘；育6叶以上的种苗或带蕾定植的大苗可选用72孔穴盘。一般在夏季育苗可选用288孔或200孔的穴盘，在冬季或早春为了提早上市的早熟栽培可选用72孔或50孔的穴盘，以培育大苗定植。

（2）基质的配备 每1000盘标准288孔苗盘备用基质2.8m^3，128孔苗盘备用基质3.8m^3，72孔苗盘备用基质4.65m^3，韩国的72孔苗盘备用基质3.3m^3。国产基质可以选择熊猫牌草炭或黑龙江华美草炭效果较好。非专业化生产可以用锯木屑、压碎的玉米芯代替，但育苗的效果不如草炭。基质的配比按草炭:蛭石:珍珠岩＝3:1:1，夏季适当减少珍珠岩的用量。每立方米可用100g多菌灵进行消毒，同时加入优质进口复合肥1.3kg或氮、磷、钾含量为20-20-20的育苗专用肥1kg。基质的配备要点是各成分要充分混合均匀。播种时基质的干湿程度是捏可成团，松手后轻轻拨动即可散开。

（3）播种与催芽 根据当地的需要选择合适的品种。播前进行种子处理，检测发芽率，选择种子发芽率大于90%以上的籽粒饱满、发芽整齐一致的种子。播前用温汤浸种法浸泡，夏季播前用10%磷酸三钠处理20min，然后用清水将种子上的药液冲洗干净，风干后播种。穴盘育苗对种子的质量要求高，发芽率低的或种子活力差的种子不宜使用。穴盘育苗时，为了得到整齐一致的种苗，有时也采用先催芽，待种子露白时挑出播种的方式，这样种苗大小均匀，且空穴少，基质利用率高，成本降低。播种时基质装盘要松紧适宜，太松则浇水后基质下陷，太紧则影响种苗生长。播种深度1cm左右，播种后覆盖蛭石，厚度为0.5～1cm，浇透水放入催芽室内催芽。

（4）催芽 催芽室温度管理指标为白天25℃，夜间20℃，3天左右，当种子开始拱土时，就要及时地将苗盘摆放进育苗温室。这时可适当控制基质中的水分，保持在饱和持水量的70%左右。同时降低温度，尽量使白天保持在20～25℃，夜间10～15℃，并开始充分见光，否则易发生徒长。

（5）苗床管理 夏季高温季节以降温为主，尤其防止夜间高温，使幼苗长高。如果连续夜间温度过高，可采取控制水分的方法，防止夜间徒长。另外，夏季浇水以清晨为主，下午或傍晚避免浇水。冬季夜温偏低时，可考虑采用加温棚室调节温度，保持夜温不低于13℃。3叶1心后可以适当降低温度，控制水分，进行炼苗，但最低温度不能低于10℃。

（6）分苗与拼盘 在真叶刚刚开始展开时，应尽快进行分苗和拼盘。将空的穴格补齐，同时检查每穴中的苗数，多于1株的应进行分苗。

（7）病虫害控制 番茄苗期的病害主要有灰霉病、立枯病、枯萎病、病毒病等。虫害主要有菜青虫、潜叶蝇等。

灰霉病可用50%速克灵1500倍液，扑海因1500倍液，万霉灵1200倍液，木霉素500倍液，75%百菌清800倍液喷洒防治。

立枯病可用敌克松600～800倍液进行灌根，农用硫酸链霉素5000倍液喷洒防治。

枯萎病可用甲基托布津800倍液或50%多菌灵500倍液防治。

病毒病可用病毒灵1000倍液或病毒A 1000倍液喷洒防治。

菜青虫可用抑太保、除尽、万灵喷洒防治。潜叶蝇可用阿维菌素、潜克、灭蝇胺喷洒防治。蚜虫和白粉虱，可用10%吡虫啉可湿性粉剂、乐果乳剂、功夫乳油、丁硫克百威、阿维菌素、“绿浪”，

还可用灭蚜乳油加上发烟剂进行熏烟，效果比直接喷药好。

（8）成品苗标准规格 不同季节及不同孔穴穴盘存在差异，春季商品苗标准视穴盘孔穴大小而异，选用72孔苗盘的，株高18～20cm，茎粗4.5mm，叶面积90～100cm^2，达6～7片真叶并现小花蕾，需60～65天苗龄；128孔苗盘育苗，株高10～12cm，茎粗2.5～3mm，4～5片真叶，叶面积25～30cm^2，需苗龄50天。夏季育苗选用200孔苗盘，苗龄需20天，株高13～15cm，茎粗3mm，叶面积30～35cm^2。

（9）商品苗销售 商品苗达到上述标准时，可以通知客户发苗。发苗时将穴盘放入特制的纸箱中，每箱可以放三层，每层之间用垫板隔开。定植时再将苗取出，成活率可达100%。

2. 番茄嫁接苗穴盘生产技术

番茄嫁接苗是近年来日本等农业技术发达国家成功用于蔬菜生产的一项技术。通过这一技术，可以将对于环境适应性较差的优质栽培品种，嫁接在对不良环境适应性极强的野生番茄上，利用野生番茄在适应性方面的优势，使栽培品种长势更强，同时有效地克服了多种番茄病害，所生产出的嫁接种苗抗褐色根腐病、枯萎病、根腐枯萎病、根结线虫病和烟草花叶病毒。因此，较成功地解决了番茄连作障碍问题，从而大大缓解了土壤缺乏、难以轮作生产的问题。另外，野生番茄与栽培番茄亲和力好，熟练工的嫁接成活率可达98%左右，容易实现工厂化操作。目前日本约90%的番茄生产使用的是嫁接苗。本书主要介绍采用斜切嫁接法进行工厂化番茄嫁接苗的生产技术。

（1）砧木的选择 目前国内外报道的砧木品种较多，归纳起来主要有两大来源：一是从国外直接引进的；二是从野生番茄中筛选出来的，主要品种有LS-89、耐病新交1号、影武者、斯库拉姆2号等，不同砧木有不同的品种特性，用何种砧木要根据栽培者要解决哪一方面的问题来选择。

（2）栽培基质的配制 为培育出高质量的幼苗，育苗期如果有条件的话一般选择进口草炭，如美国的阳光、加拿大的发发得、德国的克拉斯曼表现都很不错，这些基质透气性好，持水能力强，并加上相应的启动肥料，不仅出苗率高，而且种苗叶片、根系生长状况明显优于国产基质。如进行出口生产，则必须进行严格的基质高温消毒后方可使用。基质可选用加拿大进口的发发得育苗专用草炭或美国的阳光育苗专用草炭，配制比例为草炭:蛭石:珍珠岩比例为3:1:1，同时，每立方米基质中可加入100g多菌灵或200g百菌清进行消毒，并用氮、磷、钾含量为20-10-20的肥料将EC调节至0.75mS/cm左右。

（3）砧木接穗的播种与培育 番茄嫁接苗的育苗天数一般夏季25天左右，冬季45天左右。砧木、接穗的具体播种时间应根据具体的嫁接方法来确定。番茄的嫁接方法有很多，这里主要介绍斜切接的嫁接方法。斜切按要求砧木与接穗的茎粗细一致以利于嫁接成活。一般砧木各方面的抗性比较强，生长较旺盛。所以，接穗应提前2天播种，包衣种子可以不进行处理，未包衣的种子，采用温汤浸种后再进行播种。砧木和接穗均直接播于128孔穴盘中，放入28℃左右黑暗的催芽室中进行催芽。

种子出土后要充分见光，防其徒长，促使其茎秆粗壮；子叶展开后喷800倍液甲基托布津进行苗期病害的预防；育苗期间温度管理标准为白天温度在25～28℃，夜间温度为15～18℃。待接穗长到2～2.5片真叶，子叶与真叶之间茎长大于1cm时即可进行嫁接，嫁接前喷一遍广谱性杀菌剂以预防嫁接时感染。

（4）嫁接过程 嫁接选择专用的嫁接套管，番茄的套管要求为内径2.0mm，管长15mm，壁厚1.2mm，材料为有一定弹性的透明塑料，一般多为日本进口的。嫁接应在不透风的环境中进行，嫁接前操作台、嫁接刀、人手等都应进行消毒。嫁接时砧木在子叶上方0.3cm处，嫁接刀与砧木呈30°角向下切断，套上套管，套管底部正好抵住子叶，然后在接穗第一片真叶下0.3cm处。呈30°角与砧木呈相反的方向切下接穗，插入套管，使两者充分贴合。操作过程如图4-3所示。

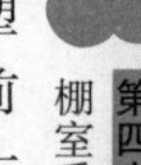

（5）嫁接后管理 嫁接后的番茄苗放在黑暗、高湿的环境中，温度在24℃左右，湿度为99%以上，在高湿的环境中最好用烟熏灵熏一次以防病害发生。2天后移入遮光温室，遮光率在70%左右，白

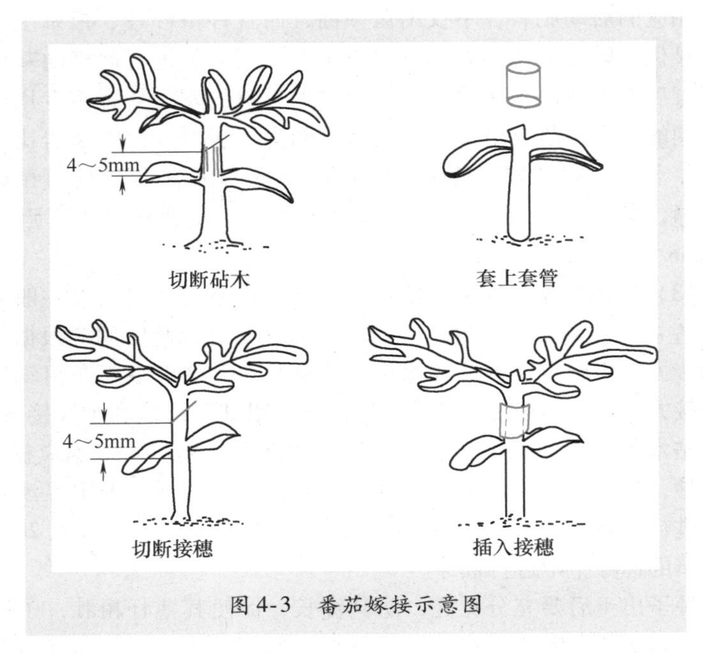

图 4-3　番茄嫁接示意图

天 25℃，夜间不能低于 18℃，湿度为 95% 左右，光照 4000～5000lx，4～6 天后伤口即可愈合。伤口愈合后逐渐移入正常光照区内，按常规管理即可。正常条件下，熟练工人嫁接的成活率在 98% 左右。当番茄苗达到商品苗标准时，通过水肥和温度控制炼苗 3～4 天后，即可交付使用或发货。

（6）病虫害防治　番茄嫁接苗的病虫害防治同直播苗。

第二节　棚室番茄苗期正常生态指标

一　苗期生育诊断

在真叶出现以前幼苗的生育可根据子叶的形态来判断。正常健壮的形态是：子叶宽厚而平展，叶脉粗壮隆起，色泽新绿，下胚轴长约 3cm。子叶细长且下胚轴较长是徒长的表现，主要是因为温度高尤其是夜温过高，或光照不足，或营养土湿度过大所引起。如果下胚轴过短而子叶较小可能是由于低温、干旱抑制生长所致。因此，在管理上要随时观察幼苗生长形态，注意温度和水分的调控，要保持一定的昼夜温差。当土壤板结、播种覆土不足或覆土过于干燥时，易在出苗时造成“戴帽顶壳”现象，此时可适当浇水，并覆细潮土。

到定植时幼苗具有6～9片真叶。从侧面看应是长方形。株高20～50cm，节间紧凑，茎上下粗细均匀。这时第一花序的花蕾应该具有相当大小，如果茎越往上越粗，上部的叶片叶柄较长，从侧面看苗呈倒三角形，说明幼苗处于徒长状态。如果叶色浓绿，植株从侧面看呈正方形，节间较短，说明幼苗处于生长抑制状态。

在幼苗花芽分化期，如果夜温偏高、湿度大，加上氮肥过多，会造成秧苗节间长度显著拉长、苗茎变细、叶片变薄、叶片黄绿色呈徒长现象，其第一穗花的分化期延迟，花数减少，开花时落花率高。如果秧苗的真叶小，叶色黑绿或紫绿，是育苗期温度过低，叶绿素在长期低温下，形成颜色深的花青素所致。这种花青素对幼苗的生理活动有毒害作用。秧苗的真叶小，叶色灰黄色，是由于苗期土壤干旱或缺肥的原因造成的。叶色黄、叶面发皱、幼苗矮小、根系变成锈色，是施肥过多或土壤含盐浓度过高所致。叶片颜色浅黄、直立性强，是光照不足的表现。番茄在低温环境中第一花序的节位低，花数增加，但温度过低，花芽分化不正常，畸形果增加。

定植时壮苗应具备标准：8～9片真叶，第一花序露出或开放，茎粗0.5cm以上，高度20cm以下，节间长度适中，上、下节间茎粗细一致，叶片掌形，叶柄粗短。

二 不正常幼苗及预防措施

徒长苗：表现为茎纤细柔弱、节间长、叶片大而薄、叶色浅绿、叶柄较长、子叶脱落早、根细小、花芽瘦小、花数少。徒长苗定植后缓苗慢，易发病和落花落果。造成徒长苗的原因有：苗床内温度过高特别是夜温过高；氮肥偏多；水分充足；湿度过大；光照不足。防治的主要措施是增强光照，控制浇水量，降低湿度，注意适当通风，防止床温过高，也可喷施0.2%的矮壮素溶液。

老化苗又称僵化苗。形态上正好与徒长苗相反，这种苗矮小、茎细而硬，节过短，叶小，根系老化、新根少而短、颜色暗，生新

根难，花芽分化不正常。定植后生长慢，开花结果晚，前期花易落。僵化苗一般是由于夜温和地温偏低、苗龄过长、肥料不足、床土干旱、伤根等原因造成。

三 定植后形态诊断

定植后秧苗成活的标志是：早晨叶尖有水珠，顶端绿黄而嫩，生长点附近有茸毛伸长。

定植缓苗后植株很快就进入开花期，正常植株形态是：开花的花序距离植株顶端20cm左右，开花的花序以上有显蕾的花序和正在发育的花序，花序生长紧凑，花梗粗短而壮。开放的花应该花朵肥大，花色浓而鲜艳。

番茄花的正常形态：同一花序内开花整齐，花器大小中等，花瓣黄色，子房大小适中。徒长株花序内开花不整齐，往往花器及子房特大，花瓣浓黄色；老化株开花延迟，花器小，花瓣浅黄色，子房小。花蕾瘦小，花梗纤细，往往是由于高温、光照不足或营养缺乏所致。

从植株形态上来看，茎粗细适当，节间长度由下向上逐渐增大，叶柄粗短，各个小叶较大略似掌状，叶身大，叶脉清晰，叶片先端较尖。进入果实膨大期后正常的植株呈塔形。生长点部位和下面正在发育伸长的叶片构成一个近似的等边三角形，这是正常的生殖生长形态。如果上部茎较粗，顶端嫩叶弯曲，顶芽和下面的新叶构成不等边三角形，小叶叶柄较长，是营养生长过旺的营养生长形态。

如果开花节位上移到顶端附近，茎细、叶片小，植株顶端呈水平形，这是由于低温、干燥、缺肥所造成的极端生殖生长形态。在生产中经常可以看到花序顶端又长出新叶或新梢的情形，这是由生殖生长转向营养生长的表现，称为花序返青。其诱导的外部原因有高温、低温、干燥、氮肥过多等。发生花序返青时，要早期摘除，以促进花蕾的发育。

如果茎粗、节间长、开花节位低，是多水多肥、光照不足等条件造成的徒长现象，其果实多畸形果、空洞果，果实生长缓慢。

顶端黄化、坏死，是缺硼、缺钙引起的。如果叶片呈黑绿或紫绿色，叶片小，植株矮小，节间短，落花落果严重，是棚温太低所致。如果叶片大而薄，节间长，茎细，是棚温过高造成的徒长现象。当植株生长过旺，底部光照不足，加上密度太大，则第一、第二花序易落花落果。

叶片小、黄而皱，植株矮小是施肥过多，发生烧根现象引起的。植株生长旺盛，叶片上有黄色锈点，是氮肥过多造成的。

第三节　棚室番茄苗期容易发生的问题

一　番茄出苗不齐的原因

冬春季番茄育苗过程中易出现出苗不整齐的情况，究竟是什么原因所致呢？据经验证明主要有以下几种情况：

一是出苗的时间不一致，早出土的和晚出土的相差好多天。这可能是由于种子的成熟度不一致，新老种子混杂及催芽过程中翻动不均使发芽有早晚，造成了生长有差异。

二是同一苗床内有的地方出苗过多，有的地方则很少。这主要与播种技术和苗床管理有关，是由苗床内各部位的温度、湿度和空气状况不一致而造成的。

三是播种床深度高低不同，播种后覆土不均也会造成出苗不齐。盖土过厚的地方水分多，但土温低、透气性差，幼苗出土过程中穿过土层所需的时间也长，所以出苗晚；盖土过薄，土温高，床土易干，也不利于出苗。

另外，在传统育苗方式的床土中局部地方因有蝼蛄或蚯蚓等活动，使一部分刚发芽的种子或刚出土的幼苗受到伤害而死亡，也会导致出苗不齐。

二　番茄嫁接育苗一般要点

番茄嫁接是近年来采用的一项栽培技术。番茄经嫁接后，具有抗病、抗旱、耐瘠薄、耐低温、长势好、结果期长、早熟高产等优点。

1. 嫁接方法

番茄嫁接是用茄子作为砧木，番茄为接穗。采用去芽顶接法——先将茄子苗距地面 7 ~ 9cm（茎的最粗部位）处剪去，然后用

双面胡须刀片在砧木横切面的中间垂直切深 2cm 的切口，再剪长 5 ~6cm 的番茄接穗，将其下端削成楔形（长短与砧木切口相当）后，立即插入砧木切口。如果接穗比砧木细，必须使接穗靠在砧木切口的一边，使二者茎秆边缘的形成层对准密合，最后用塑料薄膜条绑扎好，或用嫁接夹夹住嫁接部位即可。

2. 嫁接时间

茄子嫁接番茄一年四季均可育苗嫁接。具体嫁接时间应视育苗早晚和砧木、接穗的生长情况而定，当砧木（茄子定植后）和接穗（番茄育苗后）都展开 5 ~6 片真叶时即可进行嫁接。

3. 品种及管理

采用的接穗、砧木品种不同，其效果差异很大。至于选择什么品种，各地应因地制宜。选择砧木的原则是：要选用根系发达的晚熟品种。接穗可依据各自栽培条件和市场情况而定。为了发挥其生长优势，可采用降低栽培密度等方法栽培。

三 早春如何育壮苗

早春茬番茄育苗常遇上低温和连续的雨雪天气，这常使育苗难度加大，若管理不当易出现出苗不齐、冻害、闪苗、病苗、弱苗等不健壮苗。如何避免或减少不正常苗的发生呢？菜农朋友需要从以下四方面入手。

1. 防播后不出芽或出芽不齐

其原因有二：一是播种后气温、地温偏低，种子可能暂时不出芽、不发芽，这时应采取增温措施并加强棚室保温性能，以保证幼苗正常出土；二是播种时苗畦过干，喷水不足，水分被下部干土吸掉，形成“搁干”现象。所以播后 5 ~7 天不发芽就应找原因进行及时补救。

2. 防冻害

番茄幼苗冻死或冻坏，主要是受到 0℃以下低温影响，使种子细胞间隙结冻，压挤细胞受机械损伤而产生冻害，引起局部干枯或死亡。预防办法：①留意天气预报。冷空气来时，晚上在小拱棚上加盖稻草防寒保温，白天揭开稻草利于采光升温。②培育壮苗和炼苗。可在催芽时采用变温处理，提高芽势；当幼苗出土达到 80% 左右时，适当加大昼夜温差进行“炼苗”，建议掌握日温25～28℃，夜温15～18℃即可；适当控水进行蹲苗，此时注意苗床土壤湿度不可过大，以手抓成团撒落成末为标准。

3. 防闪苗

“闪苗”是由于环境条件突然改变而造成的叶片凋萎、干枯现象。这种现象在整个苗期都可发生，以定植前后最为严重。闪苗与苗质、温度、空气湿度都有关系。例如，幼苗在苗畦内长期不进行通风，苗畦内温度较高、湿度较大、幼苗生长幼嫩，这时突然通风，外界温度较低，空气干燥，幼苗会因突然失水出现凋萎，导致“闪苗”。避免“闪苗”首先要培育壮苗，幼苗要经常通风，叶片厚实、浓绿的，一般不会出现“闪苗”现象。

【注意】 如果幼苗出现凋萎现象，应该先揭起育苗棚上的覆盖物，把通风口的方向设在背风一侧，正确掌握通风时间和强度。随气温升高通风量逐渐加大，保证苗床温度保持在适宜范围以内，然后立即把育苗棚上的覆盖物盖好，短时凋萎还能恢复，这样反复揭盖几次使幼苗适应露地气候，最后再完全撤掉育苗棚上的覆盖物。

4. 防幼苗猝倒或死亡

番茄在育苗过程中经常会出现猝倒死亡现象。发病多在小苗2～3片真叶时，在苗茎与地面接触的地方失绿变浅，出现水浸状，以后病部收缩变细成线状，经太阳晒后，幼苗便折倒死亡。引起幼苗死亡的病害有早疫病、晚疫病、猝倒病、立枯病等，害虫咬断茎死亡的多是因地老虎、蛴螬、金针虫等地下害虫危害所致。

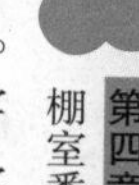

【预防办法】①播种前，将适量百菌清等杀菌剂和阿维菌素、辛硫磷等杀虫剂施入苗畦或营养土中。②保持畦内适度干燥。畦面半干半湿，空气湿度较低，幼苗不徒长，根系发达，一般不会死苗或倒苗。

第五章
棚室番茄高效栽培技术

第一节　棚室番茄季度性高效栽培

一　棚室早春番茄高效栽培

1. 早春小拱棚番茄高效栽培技术

该茬番茄是在早春利用小拱棚短期覆盖实现春提前栽培的一种方式。虽然定植期较露地早春番茄栽培只提前15～20天，但采收期能提早20～30天，早熟效果非常明显，比露地栽培经济效益高；同时与日光温室和塑料大棚相比，其生产成本低。关键是通过采取综合技术措施，提早番茄成熟期和上市期，如选用早熟品种、采取地膜覆盖与草帘多层覆盖、采取保花保果措施、采用果实催熟等技术措施以达到早熟栽培的目的。

（1）品种选择　宜选择耐低温、耐弱光、抗病、高产、品质优的早熟品种。如中疏4号、中疏5号、东农704等。

（2）定植　定植前1个月扣棚烤地。依据小拱棚覆盖畦面的宽度做垄，一般多采用4m薄膜覆盖2.5m的畦面，小拱棚内定植3垄6行番茄。

定植时间不宜过早，也不宜过晚。定植过早地温低，易伤害根系，缓苗期长；定植时间晚，早熟效果差。各地应根据本地的气候条件适期定植。一般在当地终霜前15天，小棚内10cm地温稳定在8～10℃，气温8℃以上时定植。定植应选择无风晴朗天气进行，定植时在垄上开沟，然后沿沟浇小水，并按25cm株距摆苗后起土封垄，扫平垄面，覆盖地膜。

（3）田间管理

1）环境调控

① 温度管理。定植后拱棚应密闭保温，以促进缓苗。缓苗后，通过适当通风降低棚温，使棚内白天气温保持在20～25℃之间，午后要早闭棚保温。此期间，若出现“倒春寒”天气，应及时加盖草帘进行防寒保温。当白天气温达到20℃以上时，可以揭开棚膜使秧苗充分见光，接触外界环境。夜温高于10℃时，夜间可以不再盖膜，直至晚霜结束后，当日平均温度稳定到18℃以上时则可以撤除棚膜，转入露地生长。

② 肥水管理。缓苗7～10天后结合浇水追施一次催苗肥，每亩追施复合肥8～10kg，然后进行蹲苗。当第一穗果开始膨大时，结合浇水每亩追施磷酸二氢钾10～15kg、尿素8～10kg。当第一穗果发白转红、第二穗果膨大时，每亩追施复合肥10kg，以后每隔7天左右浇1次水。注意追肥浇水要均匀，否则易出现空洞果或脐腐果。在盛果期，还可叶面喷施0.2%～0.3%磷酸二氢钾或0.2%～0.3%的尿素，防止植株早衰。

2）植株调整。有限生长类型品种采用改良单干整枝，无限生长型品种采用单干整枝，留2～3穗果打顶。采取“人”字架，并及时绑蔓。果实采收后，应把下部老叶打掉。为防止落花，除加强管理外，可在每天上午8：00～9：00，对将开的花和刚开的花，用25～30mg/kg的番茄灵喷施，使用时要注意严格掌握浓度和方法。

> ⚠【注意】 提高地温，加强光照且延长时间，加强水肥管理，加强棚室保温性，选好棚膜，可预防番茄中下部叶片发黄。

（4）采收 小拱棚番茄一般于5月中旬开始收获，为早熟上市也可在转色期采收，可提前1周时间上市。

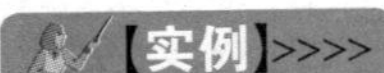

这种栽培模式开始于20世纪80年代，盛行于90年代前后期。目前在西北地区还比较盛行，主要优点是建棚材料可以就地取材，建棚施工比较方便，菜农很容易接受。一般开春2月上旬育苗，3月下旬开始定植，5月中下旬开始收获上市。这茬番茄一般留4~5层果，亩产一般4000~5000kg，经济效益还是比较可观的。在全国大部分地区，特别是大中城市郊区的种植面积还有一定比例。

2. 早春大（中）棚番茄栽培技术

塑料大（中）棚春提早栽培是在温室内育苗、大（中）棚内定植、4月下旬至7月之间供应市场的一种高效栽培模式，是番茄反季节栽培的重要方式之一，栽培面积较大，与同茬的小拱棚栽培相比，由于其棚体较高大，因此操作起来更方便，收获期可以延长，总产量较高，生产效益好。

（1）品种选择 应选择耐低温、耐弱光、抗病性强、高产优质的中早熟品种。如金棚一号、繁荣872、佳粉15号、佳粉17号、中杂11号、L-402、浙粉202、中研988等。

（2）培育壮苗 育苗需在日光温室或塑料大棚内进行，最好采用营养块或穴盘育苗，播种期应根据当地气候条件、定植期和壮苗标准而定。一般南方地区在12月上中旬播种，北方地区稍晚，可延后1个月左右。详细育苗技术参考第四章内容。

（3）定植

1）定植前准备工作。为提高棚内的土壤温度，定植前20~25天覆盖塑料薄膜烤棚。覆膜前将有机肥运入棚内，依据土壤肥力，每亩施入优质有机肥5000kg以上、硫酸钾复合肥25~30kg、过磷酸钙25~30kg，其中2/3的肥料撒施后深翻30~40cm，耙平。定植前7~10天整地做畦，一般畦高15~20cm、宽1~1.2m，然后畦中央开沟并将剩余的1/3肥料沟施后整平，同时覆地膜提高地温。

2）定植时期。定植期取决于苗龄和棚内的小气候条件。番茄塑料大（中）棚春提前栽培的壮苗标准是：日历苗龄一般为 35～45 天，生理苗龄株高达 15～20cm，叶片 5～6 片，茎粗 0.5cm 以上。当棚内 10cm 地温稳定在 10℃左右，即可定植，定植期越早越好。一般南方地区多在 2 月中下旬定植，华北地区多在 3 月中下旬定植，东北地区多在 4 月下旬定植。

3）定植密度。生产中多采用大小行栽植方式，一般大行距 70cm，小行距 50cm。早熟品种株距 25cm，每亩栽 5000 株左右；中熟品种株距 33cm，每亩栽 4000 株左右。定植深度以土坨与畦面相平为好。

（4）田间管理

1）温湿度调整。定植后可加盖小拱棚，密闭 4～5 天，进行防寒保温，促进缓苗，白天气温维持在 25～30℃之间，夜温 15～18℃，10cm 地温 10～15℃。当午间最高气温超过 30℃时，应立即通风排湿。土壤墒情适宜时，进行中耕松土，提高地温。缓苗后，随外界温度的升高，逐渐加大通风量，延长通风时间，棚内白天温度维持在 20～25℃之间，夜温 13～15℃，空气湿度 60%～65%，并适当蹲苗，防止徒长。

第一穗果膨大至拉秧，外界气温不断升高，光照逐渐增加，大棚管理的重点是加强通风，降低棚温，防治病虫害。第一穗果膨大至盛果期之前，外界气温不稳定，既要防止出现高温高湿，造成徒长，也要防止出现“倒寒流”；温度最好控制在白天气温 23～27℃，夜温 13～17℃，昼夜温差 10℃，10cm 地温在 20℃左右，空气相对湿度维持在 45%～60%之间。盛果期外界温度较高，逐渐加大通风量，但不能过猛，以防闪苗。5 月中旬左右，外界温度稳定在 15℃以上时即可昼夜大通风，为避免环境条件急剧变化和雨水侵袭，当外界环境适宜时仍保留塑料薄膜，以防裂果和植株早衰。

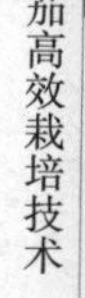

2）肥水管理。定植初期须控制浇水，降低空气湿度，防止番茄茎叶徒长，促进根系发育。若土壤过于干旱，可在定植后 3～4 天穴浇 1 次缓苗水。并通过连续对大行间进行中耕措施保持土壤湿度，一般中耕 2～3 次，每次间隔 5～7 天。

第一花序坐果后，果实长至核桃大小时浇 1 次水，随水冲施 1 次

速效肥，每亩施尿素 10～15kg、磷酸二氢钾 15kg。以后每隔 8～10 天浇水 1 次，直到拉秧前 1 周；浇水须在晴天上午进行，采取膜下暗灌的方法，始终保持地面湿润即可。第二、第三花序坐果后每亩再各追施三元复合肥 25kg 左右，同时再浇水 2 次。盛果期时，再补充追肥 2～3次，也可叶面喷施 1% 的过磷酸钙或 0.3% 的磷酸二氢钾。

（5）植株调整

1）整枝。塑料拱棚番茄春提前栽培在生产上多选用早熟有限生长类型品种。采用双干整枝法，以使番茄提早成熟，增加效益。现在生产上应用最广的整枝方式为单干整枝、多穗单干整枝和连续摘心换头整枝。

① 单干整枝。保留主干结果，其他侧枝及早疏除，留 3～4 穗果，在最后一个花序前留 2 片叶摘心。该方式用苗多，单株产量有限，但适于密植，前期产量高，总产也较高，适于早熟栽培。为增加单株结果数，也可保留果穗下的一个侧枝，结一穗果摘心，成为改良单干整枝。

② 多穗单干整枝。每株留 8～9 穗果，2～3 穗果成熟后，上部8～9 穗已开花，即可摘心。摘心时花序前留 2 片叶，打杈去老叶，以减少养分消耗。为降低植株高度，生长期间可喷 2 次矮壮素。

③ 连续换头整枝。主要有以下 3 种做法。一种是在主干上保留 3 穗果摘心，留其下强壮侧枝代替主干，再留 3 穗果摘心，共保留 6 穗果。第二种是进行 2 次换头，共留 9 穗果，方法与第一种基本相同。第三种是连续摘心换头，当主干第二花序开花后留 2 片叶摘心，留下紧靠第一花序下面的一个侧枝作为主干，第一侧枝结 2 穗果后同样摘心，共摘心 5 次，留 5 个结果枝，结 10 穗果，每次摘心后都要扭枝，使果枝向外开张 80°～90°，以后随着果实膨大，重量增加，结果枝逐渐下垂，每个果枝番茄采收后，都要把枝条剪掉。该法通过换头和扭枝，降低植株高度，有利于养分运输，但扭枝使植株开张度增大，需减小栽培密度，靠单株果穗多、果个大提高产量。除应保留的侧枝之外，其余侧枝当长至 2～3cm 时及时打掉。

2）打杈、摘心。整枝后应及时去除多余的侧枝，当侧枝长至

3～5cm 时及时打掉，一般每隔 4～5 天打杈 1 次。留 3～4 穗果进行摘心。生长后期（果穗转色时），可把基部的老叶疏除，以减少养分消耗，改善通风透光条件，减轻病害发生。

3）吊蔓与搭架。为便于操作，塑料大棚内最好采用吊蔓方式。传统的番茄吊蔓方式是将吊绳的上端固定在拉设好的吊绳钢丝上，下端拴在番茄植株上。这种吊蔓方法常会出现随着茎秆变粗，坐果增多的现象，吊绳往往会"勒"进番茄茎秆内，影响养分及水分的正常运输，甚至勒断茎蔓，影响植株正常发育。新的吊蔓方法是：在对应已拉设好吊绳钢丝的下方，再在距地面 20cm 处，顺种植行拉一根钢丝。吊蔓时将吊绳上端固定在吊绳钢丝上，下端成 45°～60°、斜向拉紧固定在下面的钢丝上。然后把番茄茎蔓直接盘绕在吊绳上，无须再拴在茎秆上。这样不仅可以避免勒伤茎秆，而且在落蔓时，操作起来也很方便，并且能尽量满足番茄喜半匍匐生长的习性，更利于挖掘番茄的高产潜力。缓苗后及时吊蔓，在每行番茄上方南北向拉一条 10 号铁丝，每株番茄用一根吊绳捆缚并将植株吊起，吊绳下端用可在铁丝上移动的活动挂钩挂在铁丝上。随着植株生长，不断引蔓、绕蔓于吊绳上。当植株顶部长至上方铁丝时，及时落蔓，每次落蔓 50cm 左右。

4）保花保果。春季塑料大（中）棚内温度过高或过低，空气湿度过大，肥水管理不当，密度过大等，是造成番茄落花落果的重要因素。因此，春季采用大（中）棚栽培番茄最好提前使用生长调节剂来保花保果。开花期可用 30～50mg/kg 的番茄灵（PCPA）喷花。若有条件，可以采用熊蜂授粉提高坐果率。实践表明，经熊蜂授粉的番茄花，授粉充分，产生的种子多，从而能够分泌促进果实生长的植物激素，使得番茄果柄自然膨大，不易脱落，生长速度快，增产幅度可高达 15%～35%；同时可以改善番茄果实品质，一方面彻底解决了用生长素类化学物质促进坐果所带来的激素残留问题，另一方面使得番茄果实含糖量提高，口感好，果形匀称，商品果率提高。

【小窍门】>>>>

提高番茄优质果率

种植番茄要想取得较高的经济效益，除了取得高产量外，还要有较高的果实质量、无残次果、果实亮丽、果头整齐等，这些也正是取得较高经济效益的关键。首先多蘸花少留果，其次摘除花穗上开花最早的第一、第二个花或果实，最后成熟前促着色，提高果实表面光度。

5）留果及摘叶。大果型品种每穗花保留3~4个果，中果型品种每穗花保留4~5个果，其余连花带果全部摘除；为利于果实转色，同时增加通风透光，避免病害的传播，当每穗果实进入转色期时把果穗下的叶片摘除。

（6）番茄套袋技术　可选用聚乙烯塑料薄膜袋进行番茄套袋，促进番茄果实成熟，提高番茄商品品质和经济效益。喷施1.5%的葡萄糖溶液，可提高番茄口感和外观品质。

但是不同季节最好使用不同材质的袋，如冬春季节首选白膜袋，次选紫膜袋；春夏季节首选紫膜袋，次选白膜袋；在番茄蘸花后7~10天坐果时（即幼果直径为1~2cm）进行整穗果实套袋，可促进番茄早熟、提早转红，提高果实表面洁净程度，并可通过阻隔果实与农药的直接接触，降低农药残留，是目前提高番茄品质的一项重要措施。

（7）采收　大（中）棚春茬番茄一般在4月下旬开始采收，为提早上市，应根据不同需要，确定适宜的采收期。采收后需长途运输1~2天的，可在转色期采收，此期果实大部分呈白绿色，顶部变红，果实坚硬，耐储运，品质较好。采收后就近销售的，可在成熟期采收，此期果实1/3变红，果实软化，营养价值较高，生食最佳，但不耐储运。

近年来，硬果型番茄栽培面积逐渐扩大，由于其储运期较长，番茄转红后采收期可持续10~20天，番茄品质显著提高。

【小窍门】>>>>

延长番茄结果期

第一茬番茄收获后，可采用压秧法、剪株法、移栽法使番茄再次开花结果，以提高经济效益。

【实例】>>>>

这种栽培模式主要开始于20世纪90年代中后期，一般南方地区于12月开始育苗，北方地区于1月中下旬开始育苗。育苗一般要在温室或加热育苗棚里面进行，比如陕西地区，好多地市郊区菜农，一般于12月初开始育苗，2月底到3月初开始定植。一般每亩定植3500株，留果4~5层，4月下旬开始采收上市。一般亩产5000kg以上，7月中下旬采收完毕。

3. 早春大棚多层覆盖早熟番茄栽培技术

（1）品种选择 建议选择耐低温、耐弱光、抗病性强、丰产、果实综合性状好的品种。

（2）培育适龄壮苗 品种的熟性和育苗方式不同，适宜的苗龄也不一样。早熟品种，温室无土育苗需40天左右；中晚熟品种的适宜苗龄比早熟品种多5~10天。具体的播种期可根据当地春季塑料大棚栽培番茄的适宜定植日期推算，即定植期减去适宜苗龄所得出的日期就是适宜播种期。播种后，温室内气温白天控制在28~30℃之间，夜间不低于20℃，5cm深的土层温度维持在25℃左右。第一片真叶长出时，为防止幼苗徒长，要合理调控昼夜温差。

（3）适时移栽 大棚番茄栽培生长期较长，产量高，基肥必须施足。移植时间应力求做到适时偏早，不要失去大棚早熟栽培的意义。一般大棚内夜间最低气温稳定在10℃以上，土温稳定在12℃以上时即可移栽。种植密度根据品种而定，早熟品种每亩3000株，中熟品种2500株，晚熟品种3000株。

（4）移栽后的管理 移栽初期以防寒保温为主。缓苗后白天大

棚内气温保持在25~30℃之间，最高不超过35℃，夜间保持在13℃以上。随着外温升高，加大放风量，延长放风时间，早放风，晚闭风。进入5月中旬以后就要开始放风，尽量控制温度，白天不超过26℃，夜间不超过18℃。

移栽初期必须控制浇水，防止番茄茎叶徒长，促进根系发育。第一花序坐果后，每亩追施全营养元素水溶肥20kg左右，灌1次水。当表土稍干后进行浅划锄。第二、第三花序坐果后再各浇1次水。灌水要在晴天上午进行，灌水后要加强放风，降低棚内空气湿度。棚内湿度过大易发生各种病害。

（5）整枝 大棚春季番茄整枝一般采用单干整枝法，无限生长型品种可留5~6穗果摘心，有限生长型品种可留4穗果摘心，及时摘掉多余的侧枝。结合整枝绑蔓，摘除下部的老叶、病叶，并进行疏花疏果。

为防止落花落果，在花期加强温度、水分管理的同时，进行人工辅助授粉（振动植株或花序），或直接采用番茄灵或2,4-D等坐果激素处理花。

（6）采收 大棚春季番茄的采收期由于气候条件、温度管理、品种的不同而有差异。一般从开花到果实成熟，早熟品种40~50天，中熟品种50~60天。果实进入转色期后要及早摘除下部老叶，增加田间透光率，促进果实着色。

大棚多层覆盖特早熟是长江流域的一种主要栽培形式，一般在10月中下旬育苗，1月下旬定植，第二年2月下旬至4月采收供应市场。其主要栽培技术是：定植密度大，每亩种植5000株左右，留2~3穗果后摘心，栽培前期采用多重覆盖进行保温。其他栽培技术可参照早春大（中）棚番茄栽培技术。

4. 二氧化碳施肥技术

秋冬季气温降低，温室通风量减小，通风时间缩短，特别是12月至第二年2月间，容易造成二氧化碳长时间亏缺，影响番茄植株的光合作用，进而影响番茄的生长和产量。为此，在不影响植株正常生长的情况下，应尽量延长通风时间，使温室内二氧化碳得到一定的补充。此外，在晴天揭开草苫后30min进行二氧化碳施肥技术，使室内二氧化碳含量升至 900 ~ 1500mg/kg，2h 后进行通风。试验表明，施用二氧化碳的番茄坐果数比对照区增加 15% ~20%，产量增加 20% ~30%，含糖量提高 18%，有机酸提高 19%，这已成为提高番茄产量和品质的一项重要措施。

目前二氧化碳施肥主要有以下 4 种方式。

（1）液体二氧化碳施肥法　通常装在高压钢瓶内，打开瓶栓可直接释放，较易控制施肥量和施肥时间，使用安全可靠，但成本较高。

（2）燃料燃烧法　可使用二氧化碳发生机进行施肥，该机械容积较小，应用方便，易于控制，主要以天然气、煤油、丙烷、液化石油气等为燃料，严格按使用说明操作即可；另外，也可将燃煤炉具进行改造，增加对烟道尾气净化的处理装置，滤去其中的有害成分后输出纯净的二氧化碳，该装置以焦炭、木炭、煤球、煤块等为燃料，原料成本低。

（3）化学反应法　利用强酸与碳酸盐反应产生二氧化碳进行施肥，硫酸—碳铵法是目前应用最多的一种类型。具体做法是：温室东西向每隔 5 ~7m 挂一塑料桶，桶用铁丝吊在温室骨架上，桶口上沿高于番茄生长点 10 ~20cm，先在桶中加入 4kg 水，然后取 2kg 98% 的浓硫酸，将浓硫酸缓缓倒入桶中，并不断搅拌，注意浓硫酸具有强腐蚀性，使用时要注意安全。然后将碳酸氢铵用塑料袋包裹，每袋 350g，塑料袋底部用 8 号铁丝扎 3 ~4 个小孔，每个塑料桶中放 1 包，使其底部的碳酸氢铵刚好浸在硫酸中，这样硫酸与碳酸氢铵可缓慢反应逐渐放出二氧化碳，以每包碳酸氢铵在 1.5 ~2h 内反应完为宜。一般加入 1 次硫酸可使用 2 ~3 天。注意阴天碳酸氢铵用量应减半，而且若放入碳酸氢铵后发现无气泡产生，说明硫酸已经用完，需另行加入。

（4）外置式生物反应堆法　采用秸秆发酵法增加棚室内二氧化碳含量，成本低，效果好，是目前番茄冬春茬生产中采用的一项新技术。每次秸秆用量 1500kg、菌种用量 3kg、麦麸 45 ~60kg，番茄全生育期内用 3 ~4 次。具体做法是：在温室进口的山墙内侧，距山墙 60cm，选择 230cm ×（500 ~700）cm 的土地做发酵池，在地面中部挖一个船形槽作为通气道（兼做储液池），上宽 100 ~120cm、下宽 60 ~80cm、高位 40cm 深、低位 120cm 深，长度根据温室规格而定，

应略短于温室的跨度，并在船形槽的中部安装放风机。整个沟体可用单砖砌垒，水泥抹面、打底，也可将土夯实后铺设较厚的塑料薄膜（不漏水），然后在储气池内每隔50cm横放1根小水泥杆（或木棍），在杆上纵向每隔20cm拉1道固定铁丝，就可进行铺放秸秆，第一层最好放长秸秆，如玉米秸、高粱秸等，厚度40~50cm，把激活菌种（方法与内置式生物反应堆相同）量的18%左右均匀撒在秸秆上；第二层铺30cm，激活的菌种用量比第一层略多；然后每30cm厚的秸秆撒一层激活的菌种，共5层。上层用细碎秸秆覆盖激活的菌种以防阳光照射。最后淋水，要求均匀，湿透秸秆，水量以下部储气池中有一半积水为宜。然后把准备好的塑料薄膜覆盖在上面，塑料薄膜上要打孔，把3根长1.5m左右、内径10cm的塑料管壁扎若干个气孔，插入反应堆两端和中间秸秆层中，便于通气，利于菌种繁殖。在预留好的风机通道口垒风机底座，上面安装风机，接上两相电，套上气袋。建堆后，头10天内可用储气（液）池中的水循环向反应堆淋水1次，以后可用井水补充，7~8天向反应堆补1次水。外置反应堆一般使用50~60天，秸秆消耗60%，此时应及时补充秸秆和菌种，补秸秆1500kg、菌种3kg，浇水湿透后，用直径10cm尖头木棍打孔通气，然后盖膜。反应堆上的料加水后第二天就要开机抽气（最迟不可超过加水后第四天），即使阴雨天，也要开机抽气，苗期每天5~6h，开花期7~8h，结果期每天10h以上。气袋上扎送风孔，要求离风机远的地方孔越多，工具是燃烧的粗蚊香，每个种植行不少于6~8个孔。如果停电几天，通电后要把反应堆产生的气排放到棚外，防止有害气体熏苗。秸秆反应堆的浸出液和沉渣含有丰富的养分，也可作为肥料使用。

按1份浸出液兑2~3份的水，喷施叶片和植株，每月3次，也可结合浇水进行冲施；将沉渣收集起来，可作为追肥或底肥用。此外，内置式秸秆反应堆也可增加日光温室内二氧化碳含量。

二 棚室秋延番茄高效栽培

1. 大（中）棚秋延番茄高效栽培技术

秋延后生产是番茄反季节生产的重要方式之一，北方供应期为9~11月，南方供应期为10~12月，此期果菜类价格较高，市场销售和生产效益较好。但其苗期正处于高温、多雨、干旱、强光和虫源（主要是蚜虫、白粉虱）较多的季节，不仅对幼苗生育不利，而且极易发生病毒病，特别是近年来番茄黄化卷叶病毒病对这茬番茄的危害较大；另外，其后期的低温寡照对果实的膨大和转色也十分不利，若遇寒流很容易出现冻害。因此，该茬番茄的栽培技术特点是前期防雨、降温，后期防寒、保温。

（1）品种选择 宜选用既耐高温，又耐低温的丰产抗病（特别是高抗病毒病）优良品种，如百利、百灵、格雷、格利、浙粉201、科大204、达尼亚拉、中杂9号、金棚一号等。

（2）育苗 各地应根据当地早霜来临时间确定播种期。一般单层塑料薄膜覆盖棚以霜前110～120天为播种适期。若播种过早，苗期正遇高温雨季，病毒病发生率高；播种过晚，生育期不足，顶部果实不能成熟。华北地区多在7月上旬播种，如北京地区以7月10日前后为宜，东北地区以6月中下旬为宜，河南、山东等地以7月中下旬为宜。苗龄以25～30天为宜。采用营养钵或穴盘育苗，苗期要降温防止徒长，用防虫网防虫预防病毒病。

（3）定植 一般定植苗龄以25天左右为宜，当幼苗具有3～4片真叶时即可定植。各地秋季大棚栽培番茄的适宜定植期不尽相同，华北地区多在8月上旬定植，长江流域在8月中旬定植。栽培有限生长型品种或单株只留4～5穗果，每亩栽3000～4000株左右。栽培无限生长型品种，单株留3穗果，每亩栽4000株左右。定植时最好选择阴天或傍晚定植，并及时浇水，以利于缓苗。

（4）田间管理

1）环境调控。

① 温湿度调控。定植后至第一穗果进入膨大期，外界温度偏高、雨水较多，大棚管理的重点是降温、防雨、促缓苗、防徒长、保花保果。昼夜将大棚四周的塑料薄膜全部掀开，无雨的天气，大棚上部的放风口也要全部打开，尽量加大通风量，还应在棚顶用遮阳网或喷泥浆等方式遮阴、降温，使棚内外温湿度基本相同，防止高温烧苗。

第一穗果进入膨大期后（大约白露以后），外界气温开始降低，

此时要注意大棚的保温措施，进行提温催果壮秧，逐渐减小通风量，白天适当放顶风，夜间把塑料薄膜盖严，使棚内气温保持在白天气温25~30℃，夜间15~18℃。当外界气温下降到15℃以下时，除中午开小口放顶风外，下午要适当提前落膜关棚。当棚内夜温低于5℃时，易发生冻害，应及时采收拉秧。生育期晚的应在棚内夜温降至10℃左右时加设保温棚室，如搭保温天幕、棚外围草苫等方式尽量保温防冻。

② 肥水管理。定植后缓苗水不宜过大，以湿透垄的土壤耕层为宜。第一穗果实开始迅速膨大前，严格控制浇水，连续中耕松土2~3次，进行蹲苗。此时植株因管理不当出现徒长现象时，应及时喷洒药剂控制徒长。第一穗果实长至核桃大小时，结束蹲苗，进行第一次浇水追肥，一般每亩追施复合肥或磷酸二铵10kg。以后每坐住一穗果结合浇水追1次肥。浇水一般间隔7~10天，每次浇水量不宜过大，且浇水后要加强通风，尽可能降低棚内空气湿度，以防低温高湿诱发早疫病、叶霉病、灰霉病等病害的发生，当植株上所有果实均坐住后，应减少或停止浇水，以促进果实成熟。

2）植株调整。根据植株生长发育情况，及时吊蔓、整枝、打杈、绑蔓及摘心。有限生长类型的品种多采用改良式单干整枝方式，每株留4~5穗果实后摘心；无限生长类型的品种采用单干整枝方式，每株留2~3穗果实后摘心。当第一穗果转色时，将其以下叶片全部打掉，增加通风透光，减少养分消耗，促进果实发育。生长前期因气温高，易引起落花落果，应及时喷、蘸生长调节剂进行保花保果。可采用聚乙烯塑料薄膜袋进行套袋，提高番茄品质。

【知识拓展】

大棚秋延番茄栽培技术规程

20世纪80年代中期以来，我国大棚温室面积迅速扩大，结构性能不断改进提高，采光保温技术取得重大突破，配套栽培技术也日趋完善。目前，我国北纬41°以南地区进行冬季番茄生产，已实现周年供应上市，亩产量可达10~13吨，一般可获得5万元左右的效益。

（1）品种选择和播种期　秋冬茬番茄是秋天播种，秋末冬初收获，生育期限于秋冬季，采收期短，应选择抗病毒、大果型、丰产、果皮较厚、耐储藏的抗黄化卷叶病毒病优良品种（如齐大力、瑞星五号等)。播种期以6～7月为宜。

(2) 苗床准备　秋冬茬番茄育苗期处在雨季，必须选择地势较高、排水良好又通风的地方，还需要有遮雨遮阴设备，有利于降温、防暴晒，避免发生病毒病。最好设置1.5～2.0m高的中棚，覆盖透光率低的旧薄膜，四周卷起，形成防雨遮阴棚，或应用遮阳网遮阴。在棚内做成1～1.5m宽的育苗畦，施腐熟农家肥20kg/m^2，翻10cm深，耙平畦面。

(3) 种子消毒和浸种催芽　用1%磷酸三钠溶液浸种20min，捞出，用清水洗净后，浸泡4～5h再进行催芽。

(4) 播种方法　在畦面按10cm行距开浅沟，沟内浇少量水，把催出小芽的种子点播于沟中，用耙搂平畦面，覆土1.5cm厚，立即在畦面浇透水。

(5) 苗期管理　秋冬茬番茄一般不移植。由于温度高，幼苗生长快，播种20天左右，长出3～4片叶时即可定植。出苗前要保持床面湿润，出苗后适当控制水分。若幼苗有徒长趋势，用0.05%～0.1%的矮壮素喷洒，防止徒长。幼苗出土后7天喷1次防治蚜虫、粉虱类害虫的药剂，防止蚜虫传播病虫害。每亩定植2500～3000株为宜。

(6) 定植后的管理

1) 设置反光幕。为了提高节能型大棚温室的光照强度，在温室覆盖薄膜时或幼苗缓苗后，在温室北侧设置反光幕，有利于改善室内光照条件，提高温室温度。

2) 调控棚内温度和湿度。当白天外界的最高气温低于25℃，夜间温度达到15℃左右时，开始覆盖薄膜。秋冬茬番茄温室栽培恰好在外界气温由高逐渐降低的秋冬季节，因此，温室内温度的调节也要随着外界气温的变化和番茄不同生育阶段对温度的需求而灵活掌握。温室内温度的调控主要是通过提前或推迟揭盖草苫或保温被的时间、变换通风方式及增减通风量来实现。大棚温室栽培番茄的温度控制，一般白天掌握在25～28℃，最高不宜超过30℃，夜间控制在15～17℃，清晨最低温度不宜低于8℃。番茄不同生育阶段所需求的温度略有差异，一般开花期比掌握的标准略低1～2℃，果实发育期略高1～2℃。番茄生长、开花结果，需要比较干燥的空气，因此，

在保证番茄正常生长发育的基础上，如果温室内空气湿度过大，会影响植株的正常生长发育，同时也易滋生和蔓延各种番茄病害。通过改善通风、浇水、喷药等措施，使温室内空气相对湿度保持在50%～60%为好。

3）肥水管理。番茄也和其他茄果类蔬菜一样，在果实迅速膨大期以前，植株以营养生长为主；当植株进入果实发育期以后，营养生长和生殖生长同时进行。根据这个生长发育特点，前期应适当控制灌水和追肥，中、后期可适当增加肥水，并经常保持土壤湿润，防止忽干忽湿，一般每隔8～10天浇水1次，每次浇水要适当控制，不宜大水漫灌。实施灌水、追肥操作应选择在晴朗天气里进行，灌水后还要适当加大通风量，降低温室内空气湿度，防止病害发生。

（7）采收与储藏　当外界气温降至5℃左右时，应将棚内的番茄果实全部收获。该茬番茄至拉秧前，一般只能采摘到占总产量60%～80%符合商品要求的红熟果实，对于尚未红熟的果实，用剪刀将整个果穗剪下，储藏后再供应市场。

【实例】>>>>

陕西省宝鸡市陈仓区虢镇太公庙蔬菜示范区，于1996年开始至今，一直大面积推广大棚秋延番茄种植模式。一般6月中下旬开始育苗，7月下旬开始定植，9月中旬开始采收上市，11月下旬采收完毕。一般亩产5000kg以上，经济效益也很可观。

2. 日光温室秋延番茄栽培技术

该茬为北方秋冬季番茄栽培的重要形式之一。前期利用秋季充足的光照和温度条件培养健壮植株，并形成果实。市场供应期正值元旦、春节和早春蔬菜供应淡季，价格高，栽培效益好。但番茄前期生长正值高温多雨季节，须注意加强苗期管理，防止幼苗徒长，避免发生病毒病；后期寒冷季节，光照弱、温度低，影响果实膨大和着色，须注意增强光照和防寒保温。为此，生产上关键是要抓好以下几点。

（1）品种选择 应选择抗病毒病、耐寒、耐弱光、生长快、高产、优质的品种，如保罗塔、光辉、卡鲁索、繁荣872、合作918、中杂9号、中研998、浙粉202、金棚一号等。

（2）培育壮苗 播种期应根据当地气候条件和市场情况，并考虑与大、中棚秋茬番茄和日光温室冬春茬番茄相衔接，避开大棚秋番茄的产量高峰，上市时为深秋、冬季、新春佳节，填补冬季市场供应的空白，因此播种、定植时期晚于大（中）棚秋延后番茄栽培。北方地区一般在7月上中旬播种育苗。

育苗阶段由于气温高，雨水频繁，光照强，植株生理代谢旺盛，易徒长，易感病毒病，因此，苗床应选择地势高、排水方便的场地，还要有遮雨、遮阴和防虫设备，有利于降温防暴晒，避免病毒病的发生。最好苗床上方设置高1.5～2.0m的中棚，覆盖遮阳网和旧薄膜，四周卷起，形成防雨遮阴棚。

（3）定植 定植时间为8月中下旬至9月上旬。定植前15天深翻晒垡，结合深翻施足有机肥作底肥，最好以提高土温、增加土壤透气性的马粪、鸡粪、秸秆肥为主，每亩施5000kg左右，并增施过磷酸钙25kg。定植前一周扣好无滴膜，密闭闷棚，进行高温消毒。定植前1天苗床浇大水，以利起苗。定植时定植沟内沟施磷酸二铵，每亩施40kg左右，并与土充分混匀，然后摆苗、培土、浇水、盖土。采用大小行定植，大行距70cm，小行距50cm，株距30～35cm，每亩栽3500～4000株。密闭温室，利用晴日烤棚3～4天，以杀死棚内的病菌和害虫。在畦内两侧定植番茄苗。有条件地区可制作内置式生物反应堆，可改善果实品质，提高产量。

定植密度因品种、整枝方法不同差异较大。对于中熟、中晚熟的品种，实行单干整枝，一般株距30～35cm；若实行双干整枝，一般株距40～45cm。

（4）定植后的管理

1）环境调控。

① 温湿度管理。定植后密闭温室，保温促缓苗，白天温度控制在28～30℃，夜间15℃左右。10月下旬以后凡是有霜的天气应关闭

风口，保持白天20～25℃，夜间10～15℃。结果期以后，白天18～23℃，夜间前半夜13～15℃，后半夜7～10℃。11月中、下旬以后进入深冬季节，要设法保温、增温，将日光温室四周封严，可覆盖塑料地膜并适时加盖草苫；12月上旬，要在温室上加盖双层草苫。试验证明，使用内置式秸秆反应堆技术的地温将增加2～3℃。2月上、中旬以后，随外界气温回升、日照时间延长和光照强度增加，应通过中午和下午的通风及适时盖苫控制温度，白天25～28℃，夜间前半夜温度保持18～20℃，后半夜10～12℃。同时，此期随着浇水量和植株蒸腾量的增加，温室内空气相对湿度很高，因此一定要注意通风排湿，适当延长通风时间和加大通风量，相对湿度最好不高于60%。进入4月中下旬，正常天气情况下，外界气温已适合番茄生长发育的需求，可以昼夜通风，但要注意天气的变化，预防“倒春寒”，做好覆盖和防寒保温准备。5月下旬进入夏季，维持番茄的适宜温度，室内最高温度不超过32℃，防止植株早衰，使结果期一般持续到6～7月。同时，在管理上还要在风口处设防虫网做好防虫工作，下雨时及时覆盖棚膜做好防雨工作。

② 光照管理。该茬番茄的结果期由当年的12月上中旬一直可持续到第二年的6月，栽培时间长达9～10个月。经历秋、冬、春、夏四季，栽培难度较大。管理上要根据光照条件的变化，灵活进行光照调节。深冬季节，在不影响植株正常生长的温度条件下，争取早揭晚盖，增加光照时间。最好于温室后墙处张挂反光幕，增加温室内反射光照，改善温室中后部的光照条件。如遇到阴天或雪天，即使白天下小雪时，也要拉开草帘，并注意及时清扫棚膜积雪，争取散射光和短时的强光照。特别注意的是当连续的阴雨雪天骤晴时，应拉开一半草苫，如果还有植株叶片萎蔫现象时，应立即盖苫，至叶片恢复正常或太阳光线变弱时再拉起草苫，否则将使番茄叶片失水而造成严重损伤，甚至因极度萎蔫导致全株死亡。4月以后，随温度升高，要逐渐加大通风口使阳光直接射入室内。进入5月，逐渐将裙膜掀起，直至全部掀起，改善温室内光照条件。

③ 肥水管理。定植时浇大水，促进缓苗。幼苗成活后，进行中耕培土1～3次。中耕培土后覆盖地膜，冬季进行膜下暗灌，以降低

室内空气湿度。10月中旬第一穗果坐住后结合膜下暗灌浇水，每亩冲施复合肥10～15kg。之后随外界温度降低，应控制浇水，需水时可选连续晴天进行膜下暗灌浇小水，随水补充少量肥料。2月中旬天气开始转暖，番茄进入盛果期，选晴天进行大追肥，于畦两侧掀起地膜，开沟，每亩追施腐熟鸡粪1000kg或发酵豆饼200kg，磷酸二铵、硫酸钾各20kg。水以漫过施肥沟即可。土壤稍见干后，培土将施肥沟填平并覆盖地膜。之后每8～10天浇1次水，采取明暗交替浇水方式，一般隔两次膜下暗灌浇1次明水。结合浇水每隔1次冲施1次肥，每次每亩用磷酸二氢钾15kg或尿素10kg。3月中、下旬结合冲肥每亩加施硫酸钾20kg，以满足植株生育后期对钾肥的需要。另外，生长后期，需每隔5～7天叶面喷施0.3%磷酸二氢钾或0.3%尿素混合液，以保障后期产量。

④ 二氧化碳施肥技术。在深秋和冬季，特别是12月至第二年2月，采用二氧化碳施肥技术可促进植株生长，显著提高番茄产量和效益。在晴天太阳照进日光温室后，开始施用二氧化碳，使室内二氧化碳含量升至900～1500mg/kg，维持1.5～2h，然后进行通风。目前日光温室番茄越冬长季节生产中常用内置式和外置式秸秆反应堆相结合的方式提高二氧化碳含量，也有采用化学反应法、燃料燃烧法或施用液体二氧化碳法提高室内二氧化碳含量的。

2）植株调整。番茄定植半个月后，应用绳子吊蔓。番茄开花前不打杈，开花后将侧枝全部去掉。打杈不能过早，以杈长至3cm长时为宜。日光温室越冬长季节番茄生长期长，植株生长高大，为了使其连续结果应注意整枝方式。目前可采用单干整枝法、连续摘心法和盘秧法三种方式。

① 单干整枝法。单干整枝适合无限生长类型的品种，要求密度大而苗多，后期坐果率较低。

② 连续摘心法。连续摘心是利用番茄腋芽成枝快、开花早、果实成熟速度快的特点，采用引发侧枝和对侧枝连续摘心换头的方式进行整枝。连续摘心是当主茎长出2～3穗花时，在上面留2片叶摘心，作为第一基本枝；第1穗花下长出的侧枝保留，待长出2～3穗花时，上面再留2片叶打顶，作为第二基本枝，再从第二基本枝第1花穗下长

出的侧枝留作第三基本枝，留2~3穗花时再摘心，如此往复。连续摘心法可以提高果柄承重力，增加叶片数，降低株高，适合长季节栽培。

③ 盘秧法（落秧法）。越冬长季节栽培番茄生育期长，无限生长的植株持续生长，高度不断增加，可以采取盘秧法（落秧法）降低植株高度。要待前期果实成熟并且采摘后，下部叶片也已经打掉时，将下部茎干直接盘绕于地面或盘绕于支架上。支架可利用竹竿或铁棒做成，距离地面15~30cm即可。

（5）采收 越冬长季节番茄栽培，如果栽培品种果实硬度较小，当有一半以上的番茄果实表面70%转色即可采摘上市，采摘要在头一天晚上进行，摘后放到22~24℃的环境中密封保存，第二天上市时番茄基本都会变红。如果栽培的番茄品种果实硬度高，耐储运，货架期较长，可以在果实完全转色后采摘上市，提高番茄产量和品质。番茄第1穗果应适当早摘，否则易引起植株早衰。

【提示】 加快番茄果实转色

生产中，因特殊情况而提早拔园或环境异常导致已近成熟的果实无法正常转色。此时则需要采取人工方法促进果实加快成熟，一般有如下几种：酒精催熟、加热催熟、温水处理。

【知识拓展】

日光温室秋延番茄栽培技术规程

（1）品种选择和播种期　秋冬茬番茄是秋天播种，秋末冬初收获，生育期限于秋冬季，采收期短，应选择抗病毒、大果型、丰产、果皮较厚、耐储藏的抗TY优良品种（如齐大力、瑞星五号等）。播种期以6~7月为宜。

（2）苗床准备　秋冬茬番茄育苗期处在雨季，必须选择地势较高、排水良好又通风的地方，还需要有遮雨、遮阴设备，有利于降温防暴晒，避免发生病毒病。最好设置1.5~2.0m高的中棚，覆盖透光率低的旧薄膜，四周卷起，形成防雨遮阴棚，或应用遮阳网遮阴。在棚内做成1~1.5m宽的育苗畦，施腐熟农家肥，每平方米20kg，翻10cm深，耙平畦面。

（3）种子消毒和浸种催芽　用1%磷酸三钠溶液浸种20min捞

出，用清水洗净后，浸泡4~5h再进行催芽。

（4）播种方法　在畦面按10cm行距开浅沟，沟内浇少量水，把催出小芽的种子点播于沟中，用耙搂平畦面，覆土1.5cm厚，立即在畦面浇透水。

（5）苗期管理　秋冬茬番茄一般不移植。由于温度高，幼苗生长快，播种20天左右，长出3~4片叶即可定植。出苗前要保持床面湿润，出苗后适当控制水分。若幼苗有徒长趋势，用0.05%~0.1%的矮壮素喷洒，防止徒长。幼苗出土后7天喷一次防治蚜虫、粉虱类害虫的药剂，防止蚜虫传播病虫害。每亩定植2500~3000株为宜。

（6）定植后的管理

1）设置反光幕。为了提高节能型大棚温室的光照强度，在温室覆盖薄膜时或幼苗缓苗后，在温室北侧设置反光幕，有利于改善室内光照条件，提高温室温度。

2）调控棚内温度和湿度。当白天外界的最高气温低于25℃，夜间温度达到15℃左右时，开始覆盖薄膜。秋冬茬番茄温室栽培恰好在外界气温由高逐渐降低的秋冬季节，因此，温室内温度的调节也要随着外界气温的变化和番茄不同生育阶段对温度的需求而灵活掌握。温室内温度的调控主要是通过提前或推迟揭盖草苫或保温被的时间、变换通风方式及增减通风量来实现。大棚温室栽培番茄的温度控制，一般白天掌握在25~28℃，最高不宜超过30℃，夜间控制在15~17℃，清晨最低温度不宜低于8℃。番茄不同生育阶段所需求的温度略有差异，一般开花期比掌握的标准略低1~2℃，果实发育期略高1~2℃。番茄生长、开花结果，需要比较干燥的空气，因此，在保证番茄正常生长发育的基础上，如果温室内空气湿度过大，会影响植株的正常生长发育，同时也易滋生和蔓延各种番茄病害。通过改善通风、浇水、喷药等措施，使温室内空气相对湿度保持在50%~60%为好。

3）肥水管理。番茄也和其他茄果类蔬菜一样，在果实迅速膨大期以前，植株以营养生长为主；当植株进入果实发育期以后，营养生长和生殖生长同时进行。根据这个生长发育特点，前期应适当控制灌水和追肥，中、后期可适当增加肥水，并经常保持土壤湿润，防止忽干忽湿，一般每隔8~10天浇水1次，每次浇水要适当控制，不宜大水

漫灌。实施灌水、追肥操作应选择在晴朗天气里进行，灌水后还要适当加大通风量，降低温室内空气湿度，防止病害发生。

【实例】>>>>

这种栽培模式一般在保温效果不太好或使用时间很久的日光温室采用，一般9月上旬开始育苗，10月中下旬开始定植，留果6~8层，第二年2月下旬开始采收上市，6月上旬采收完毕，一般亩产7000kg以上。有些种植经验丰富的菜农，亩产可以达到10000kg以上。比如，陕西省宝鸡市凤翔县横水镇东白村菜农宁建忠、宁福亮等，从2000年开始至今，由于他们种植技术比较全面扎实，番茄亩产一直高产稳产在10000kg以上，经济效益相当可观。

三 棚室冬春番茄高效栽培

1. 大棚冬春番茄高效栽培技术

冬春茬番茄栽培和秋冬茬正好相反，前者是随着外界气温由低渐高进行种植，而后者是随着外界气温由高渐低进行种植。比较起来，冬春茬的栽培技术难度大一些，多数时间是在低温、弱光照的冬季进行。因此，如何充分利用太阳光能和节能型大棚温室的棚室，提高和保持番茄生长发育的适宜温度和光照强度，是冬春茬番茄栽培能否获得优质高产的关键。

（1）品种选择 应选择在低温弱光条件下坐果率高、果实发育快、果个较大、商品性好的品种。生产实践证明，无限生长类型抗TY的品种，如瑞星五号、齐达利等品种比较适宜。

（2）适宜播种期 冬春茬番茄适宜的播种期在9月中下旬到10月上旬。一般要求1月上旬外界天气转冷（冬季）前完成苗期培育，因为这段时间大棚温室的温度和光照等可以调控在最适宜的范围内，利于培育茎秆粗壮、花芽分化和花芽发育良好的适龄壮苗。

大棚温室如果进行长期栽培，番茄9月中旬播种，一般可在2月上旬开始采收，头茬在4月中旬结束。换头再生后，第二茬在5月上旬开始采收，6月上旬结束，第三茬7月上旬采收。

（3）培育适龄壮苗 培育壮苗主要是控制徒长，促进花芽分化。番茄9月育苗，外界气温白天较高，晚上偏低，这时的温度管理白天一定要降温，以最高不超过25℃为宜，夜间要注意低温，以12℃为宜，一般不低于10℃，不高于15℃。

苗期尽量增强光照。苗床要选择在温室内光照充足、温度好的位置。播种一定不要过密。幼苗移植时的营养钵一定要大，其直径要大于10cm。随着幼苗长大，苗与苗之间的距离要拉大，严防叶片互相遮挡，这是能否培育出壮苗的关键。

苗期水分不要过大，但又不要干旱，苗期尽量不灌水。营养土配制一定要高标准，既要营养充足，又要透气保水性好。营养袋或营养钵摆放时，要把其下部的土壤翻松。这样灌水量过大时，水分会渗入地下；浇水不及时，幼苗可吸收下面土壤的水分，不至于造成严重干旱。番茄播种后40天左右，幼苗达到6叶1心，出现第1花穗时即可定植。

（4）定植前的准备 冬春茬番茄栽培的定植期正值严冬季节，为了提高大棚温室的温度，前茬作物应尽可能提前拉秧，清洁田园，修补薄膜，并对温室构件和土壤进行化学消毒，以减少病菌。与此同时，还要增施优质、腐熟的农家肥，深耕细翻，使粪土充分掺匀；整地起垄前，每亩再沟施30kg复合肥，然后按垄距110～120cm做垄，垄高15～20cm，垄面要平整；密闭温室，以提高温室内空间和土壤温度，保证幼苗定植后有较高的成活率。

（5）定植 冬春茬番茄一般每株留2～3穗果实，多采用单干整枝，因此，每亩栽植的株数以2300～2500株为宜。

幼苗健壮与否对番茄的产量影响极大，因此，除了在育苗期间要根据番茄生长发育的需求调节好温度、湿度外，在定植前还要进行严格选苗，尽可能选择生长健壮、整齐的幼苗，淘汰弱苗、劣苗。

（6）定植后的管理

1）温度管理。番茄幼苗定植后，温室应继续密闭5～6天，创造高温、高湿的环境条件，加快缓苗速度。如果幼苗在中午出现萎蔫现象，应及时采用回苫的方法进行短期遮阴以利于缓苗。缓苗后开始放风，以降温降湿，一般在晴天的中午进行，以温室内最高气温不超过30℃为宜，最好控制在25～28℃，夜间的气温，前半夜应维持在14～16℃，后半夜可降低至8～12℃。当植株进入果实发育盛

期时，温室内的气温应适当升高1～2℃。

2）光照的调节。冬春茬温室栽培番茄的季节，外界光照时间短、强度弱，往往达不到番茄正常生长发育所需要的光照强度。因此，应通过改进栽培技术措施使番茄植株尽可能多地接受外界自然光照的时间和强度。前茬蔬菜作物拉秧后，应及时更换塑料薄膜，最好使用透光率高的无滴薄膜，并要经常清扫薄膜上的灰尘及杂物，保持温室洁净，增加外界自然光的透光率。整地做垄时，可做成宽窄行，尽可能加大垄与垄之间的距离。采用钢丝架吊绳的方式进行绑蔓，以充分利用温室的空间。在番茄果实进入转色期时，还要及早摘除每一果穗以下的老叶、黄叶、病叶，以改善植株行间的通风透光条件。同时可在温室的北侧设置反光幕，可明显提高植株光合作用。

3）水肥管理。定植后到开花坐果前是壮秧蹲苗阶段。定植缓苗后，及时浇一次缓苗水，水量不宜过大，浇水后及时中耕。当第一穗果长至核桃大时蹲苗结束。番茄蹲苗不能过度，如遇干旱要及时补给水分。蹲苗可实现植株茎粗、节短、叶繁茂、花朵大、色深黄。进入结果期要及时供应肥水，保持土壤相对湿度80%～85%，浇水时掌握浇果不浇花的原则。第一穗果开始膨大时，结合浇水追催果肥，每亩施入高性全水溶肥及多肽复合肥20kg左右。以后在第一穗果采收时，每亩施肥20kg。在番茄盛果期，结合喷药叶面追施0.5%～1%的磷酸二氢钾混合丰收1号、云大120等，喷施2～3次，对促进植株健壮、延迟衰老、提高果实品质和产量有较好的作用。

4）植株调整。包括整枝、打杈、摘心、打叶、吊蔓、疏花疏果等。单干整枝法只保留主轴，叶柄内长出的侧枝全部摘除。在单干整枝的基础上，保留第一花序下的侧枝，结1穗果摘心。连续摘心整枝法就是当主干第二花序开花后用同样的办法摘心，留侧枝。

5）药剂蘸花。冬春茬番茄开花结果前期，温度偏低，光照不足，花粉发育不正常，影响正常授粉受精，导致落花落果。生产上常用激素处理花朵，促进果实膨大，提高坐果率。常用2，4-D蘸花，使用含量为15～20mg/L。待一穗花有3～4朵开放时，用毛笔蘸药涂花柄或花序梗部。为了防止重复蘸花，可在激素溶液中加一点红色广告色作标记。

➲【提示】预防番茄膨果慢，应科学搭配施肥，加强棚内环境调控，创造合理水、肥、气、热条件，摘叶不能过重，茎蔓不能受伤，果柄不能弯折。

（7）采收 冬季番茄果实转色慢，各种生理性病害也相当严重，此时要加强温湿度调控，合理补充营养，并适当增加通风透光条件，保证果实正常转色。

2. 日光温室冬春番茄栽培技术

该茬栽培外界环境温度是由低到高变化，育苗期和营养生长期是在低温、弱光的冬季，因此，如何充分利用太阳光和节能日光温室的棚室，提高和保持适宜番茄生长发育的温度和光照强度，是冬春茬栽培番茄能否获得优质高产的关键。

（1）品种选择 应选择耐低温和弱光、抗病、适合本地区种植的高产品种。北方地区主要栽培品种有中研998、繁荣872、雪莉（74-587）、欧冠、迪芬尼、卡鲁索、光辉、保罗塔、迪利奥、奇达利等。

（2）培育壮苗 育苗一般在塑料大棚或温室内进行，采用苗床、营养块或穴盘育苗。播种期由苗龄、定植期、上市时期及栽培区域等确定，华北地区在12月上旬育苗，东北地区在1月育苗。苗龄35～45天。

（3）定植前准备

1）整地做畦。定植前15天左右，盖好棚膜，提高室内温度。定植前1周左右整地施入基肥，每亩施有机肥4000～5000kg、磷酸二铵25～30kg和硫酸钾10～15kg。整地后，做成宽80～90cm、高15～20cm高畦，畦距50～60cm，也可做成宽窄行，宽行行距60～80cm，窄行40～60cm。畦面中间可留20cm的小沟作膜下灌水的暗沟，注意沟的宽窄深浅要求一致。定植前2～3天每平方米用硫黄4g和锯末8g点燃，密闭熏蒸一昼夜，对温室空间进行消毒，放风后再进行定植。另外，每亩可用50%多菌灵可湿性粉剂1.5～2.0kg撒入畦面，进行土壤消毒。

2）制作内置式秸秆反应堆。定植前10天建好，每亩秸秆用量

4000～5000kg、麦麸 120～200kg、饼肥 100～150kg、菌种 8～10kg。按 1kg 菌种加 20kg 麦麸比例，把菌种和麦麸干着拌匀，然后加水，1kg 麦麸加水 0.8kg。菌种的激活：将所需麦麸与菌种充分混合，加水 200kg 左右，在常温、透光、透气条件下发酵 48～72h，前 24h 堆积，然后平摊厚度 30cm，等到长出菌丝（即白毛）后即可应用。制作时首先在栽培畦下开沟，沟宽 30～40cm、沟深 25～30cm，沟长与行长相等，所挖土壤分放两边，然后填入秸秆，填平踏实的秸秆厚度 30cm，沟两头秸秆露出 8cm，方便氧气进入；填完秸秆按每沟的饼肥、菌种用量，将其均匀撒在秸秆上，用锨轻轻拍振一遍后，将起土回填于秸秆上，秸秆上土层厚度保持 20cm，全部做完后，在大行间浇大水湿透秸秆，隔 3～4 天，用直径 3～5cm 的木棍或铁棍打三排孔，孔深以穿透秸秆层为准，等待定植。

3）定植过程。当番茄幼苗株高 15～20cm，具 5～6 片叶，第一花序现大蕾时即可定植。定植时期华北一般在 11 月上旬，东北地区多在 2 月底至 3 月初。最好选择晴天上午进行。如宽窄行单干整枝法，大行距 60cm，小行距 50cm，株距 28～30cm，每亩栽 3500～4000 株；连续换头整枝法，大行距 80cm，小行距 40～45cm，株距 30～33cm，每亩栽 1600～1800 株。定植前一天苗床或穴盘浇透水，以利缓苗。定植前覆地膜的，在高畦上按株距用圆孔打孔器取土形成定植穴，在穴内浇足底水，以水稳苗方式进行栽苗，栽苗时要注意花序朝外，深度以苗坨与垄面持平为好，苗栽好后用土把地膜口封严。定植后盖地膜的，先用圆孔打孔器挖好栽植穴，在穴内浇足底水，水渗透后，将苗放入穴内覆土，之后在畦的两端将地膜拉平覆盖在高畦上，再在植株上部用剪刀将地膜剪成“十”字口，将苗引出膜外，用土固定薄膜口即可。另外，对于部分较大的幼苗可适当卧栽，以保证栽植后地上部高矮一致，生长整齐，便于管理。

（4）田间管理

1）环境调控。

① 温湿度调控。定植后 5～7 天为缓苗期，应密闭温室保持较高温度以促进缓苗，白天气温 25～30℃，夜温维持在 15～20℃，空气相对湿度 80%～90%，采用内置式反应堆技术的可不进行中耕。每

隔2～4天中耕1次提高地温，增强透气性，促进生根、早缓苗。缓苗后至开花坐果期，白天维持在25～28℃，夜间在13～15℃，空气相对湿度60%～70%。结果期要加大通风，白天适温20～25℃，夜间适温13～15℃，空气相对湿度50%～60%，当外界夜温最低不低于15℃时，可以进行昼夜通风；此期宜采用“四段变温处理”，即上午见光后使温度迅速上升至25～28℃，促进植株的光合作用；下午植株光合作用减弱，可将温度降至20～25℃；夜间前半夜为促进光合产物运输，应使温度保持在15～20℃，后半夜温度应降到10～12℃，尽量减少呼吸消耗。在临近采收时，要提高室温，减少通风量，加速果实内部物质转化，促进成熟。

② 光照管理。冬春茬番茄生育期要经过较长时间的严寒冬季，日照时间短、光照弱是植株生长和果实发育的主要限制因子。温室内的光照强度必须达到3万～3.5万lx，番茄才能正常生长发育。为此，可采用透光性和保温性好的无滴膜，适当早揭晚盖草苫或保温被，经常擦拭棚膜，温室后墙挂反光幕，整枝打杈，及时打掉下部的病叶、老叶、黄叶，人工补光等措施增加光照。

③ 肥水管理。浇水采取明暗沟交替或者滴灌的方法，追肥须采取有机肥和无机肥交替进行。定植后根据墒情浇1次缓苗水，之后进行蹲苗，蹲苗期间原则上不浇水。待第一穗果直径达2～3cm时，结束蹲苗，开始浇水追肥，每亩追施尿素10kg、磷酸二铵15kg、硫酸钾10kg，随水冲施。以后每穗果实开始膨大时都追1次肥。隔10天左右浇1次水。随气温升高，逐渐加大灌水量，一般5～7天左右浇1次水。同时喷施含氮、磷、钾和钙、铁、锰、锌等微量元素的多元叶面肥2～3次。

④ 二氧化碳施肥技术。秋冬季气温降低，温室通风量减小，通风时间缩短，特别是12月至第二年2月间，容易造成二氧化碳长时间亏缺，影响番茄植株的光合作用，进而影响番茄的生长和产量。为此，在不影响植株正常生长的情况下，应尽量延长通风时间，使温室内二氧化碳得到一定的补充。此外，在晴天揭开草苫后30min进行二氧化碳施肥技术，使室内二氧化碳含量升至900～1500mg/kg，2h后进行通风。试验表明，施用二氧化碳的

番茄坐果数比对照区增加15%～20%，产量增加20%～30%，含糖量提高18%，有机酸提高19%，这已成为提高番茄产量和品质的一项重要措施。

二氧化碳施肥主要有4种方式见本节内容。

2）植株调整。

① 吊蔓、落蔓。缓苗后及时吊蔓，在每行番茄上方南北向拉一条10号铁丝，每株番茄用一根吊绳捆缚并将植株吊起，吊绳末端用可在铁丝上移动的活动挂钩挂在铁丝上。随着植株生长，不断引蔓、绕蔓于吊绳上。当植株顶部长至上方铁丝时，及时落蔓，每次落蔓50cm左右。

② 整枝、打杈。现在生产上应用最广的整枝方式为单干整枝、多穗单干整枝和连续摘心换头整枝。

a. 单干整枝。保留主干结果，其他侧枝及早疏除，留3～4穗果，在最后一个花序前留2片叶摘心。该方式用苗多，单株产量有限，但适于密植，前期产量高，总产也较高，适于早熟栽培。为增加单株结果数，也可保留果穗下的一个侧枝，结一穗果摘心，成为改良单干整枝。

b. 多穗单干整枝。每株留8～9穗果，当2～3穗果成熟后，上部8～9穗已开花，即可摘心。摘心时花序前留2片叶，打杈去老叶减少养分消耗。为降低植株高度，生长期间可喷2次矮壮素。

c. 连续摘心换头整枝。主要有以下三种做法，一种是在主干上保留3穗果摘心，留其下强壮侧枝代替主干，再留3穗果摘心，共保留6穗果。第二种是进行两次换头，共留9穗果，方法与第一种基本相同。第三种是连续摘心换头，当主干第二花序开花后留2片叶摘心，留下紧靠第一花序下面的一个侧枝作主干，第一侧枝结2穗果后同样摘心，共摘心5次，留5个结果枝，结10穗果，每次摘心后都要扭枝，使果枝向外开张80°～90°，以后随着果实膨大，重量增加，结果枝逐渐下垂，每个果枝番茄采收后，都要把枝条剪掉。该法通过换头和扭枝，降低植株高度，有利于养分运输，但扭枝使植株开张度增大，需减小栽培密度，靠单株果穗多、果个大提高产量。除应保留的侧枝之外，其余侧枝当长至2～3cm时及时打掉。

③ 留果及摘叶。大果型品种每穗花保留3~4个果，中果型品种每穗花保留4~5个果，其余连花带果全部摘除；为利于果实转色，同时增加通风透光，避免病害的传播，当每穗果实进入转色期时把果穗下的叶片摘除。

> ⚠ **【注意】** 管理好番茄最后一穗果，提高棚温促进成熟，合理疏叶促进着色，根外施肥预防缺素。

④ 保花保果。冬春茬番茄花期会经常遇到连续的阴雨雪天，光照弱、温度低，造成授粉受精不良，导致落花落果。开花期可用30~50mg/kg的番茄灵（PCPA）喷花。如有条件，可以采用熊蜂授粉提高坐果率。实践表明，经熊蜂授粉的番茄花，授粉充分，产生的种子多，从而能够分泌促进果实生长的植物激素，使得番茄果柄自然膨大，不易脱落，生长速度快，增产幅度可高达15%~35%；同时可以改善番茄果实品质，一方面彻底解决了用生长素类化学物质促进坐果所带来的激素残留问题，另一方面使得番茄果实含糖量提高，口感好，果形匀称，商品果率提高。

（5）提高番茄品质

1）可采用聚乙烯塑料薄膜或纸袋进行套袋，促进番茄果实成熟，提高番茄商品品质和经济效益。

2）可采用喷施1.5%的葡萄糖溶液，提高番茄口感和外观品质。

（6）采收 应根据不同需要，确定适宜的采收期。采收后需长途运输1~2天的，可在转色期采收，此期果实大部分呈白绿色，顶部变红，果实坚硬，耐储运，品质较好。采收后就近销售的，可在成熟期采收，此期果实1/3变红，果实软化，营养价值较高，生食最佳，但不耐储运。

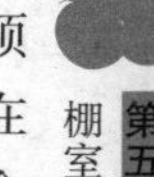

近年来，硬果型番茄栽培面积逐渐扩大，由于其储运期较长，番茄转红后采收期可持续10~20天，番茄品质显著提高。

3. 冬春日光温室番茄秸秆生物反应堆栽培技术

秸秆生物反应堆技术是以四大创新理论，即植物饥饿理论、植物生防理论、叶片主被动吸收理论和秸秆中矿质元素循环再利用理论为基础，利用生物工程技术，在特制菌种的作用下，将作物秸秆

转化为作物所需要的气体二氧化碳、热量、生防抗病孢子、矿质元素、有机质等，进而获得高产、优质、无公害农产品的工艺设施技术。是解决目前设施蔬菜生产中连作障碍问题的最好技术，也是解决秸秆焚烧、资源科学利用、生态改良、环境保护和农作物优质高产无公害的最佳途径。

（1）菌种处理

【比例】 菌种: 麦麸: 水 =1: 20: 18。

【方法】 菌种和麦麸搅拌均匀加水润湿，湿度以用手握住能渗出水滴，松手即散落为宜，接种堆闷4h后即可使用。

（2）内置式秸秆生物反应堆 在种植行下挖一条宽50~80cm（根据不同作物的大小行距而定），深25cm，长度与行长相等的沟，在沟内铺设秸秆，铺满并高出地面8~10cm，两侧秸秆露出沟头10cm，有条件的可在秸秆上面撒牛粪等食草动物粪便，接着把接种好的菌种湿料按每平方米1kg用量均匀撒放在秸秆上面，然后用铁锨拍一遍，使菌种湿料分散在秸秆里面，再将两边开沟的土壤分别覆盖于秸秆上，厚度为20cm，而后向做好的反应堆内浇大水。水量以湿透秸秆为准（浇水方式根据当地浇水方法而定），浇水后2~3天（浇水后3天无论定植与否必须打孔通氧）即可整地覆盖，苗定植在高畦上（即反应堆上面），定植后立即打孔，离苗10cm周围打不少于5个孔，方法是用14号钢筋穿透秸秆层即可。

（3）外置式秸秆生物反应堆 一般在大棚进口的山墙内侧，距山墙60cm自北向南挖一个宽100cm，深80cm，长度略短于大棚宽度的沟（储气池），从沟中间位置向棚内开挖一个底部低于沟底10cm，宽50cm，向外延伸60cm的通气道，接着通气道用砖做一个下口径为50cm，上口径为40cm，高出地面20cm的圆形交换机底座，整个沟内用厚而不漏的农膜覆盖底和四壁。然后在沟（储气池）上每隔50cm横放一根水泥杆或粗木棍作棚材，再纵向向两端拉4~5条固定铁丝，上面铺一层废旧的防虫网或遮阳网，网上面铺放干秸秆，每放30cm秸秆撒一层拌好的菌种，菌种按每平方米2kg用量均匀撒放在秸秆上面，连续铺放4层或5层。秸秆堆积完毕后向其浇大水淋湿，水一定要淋得均匀，水量以下部储气池中有一半积水为宜，最后用旧农膜覆盖保湿，农膜覆盖不宜过多，下部有20cm秸秆露出。外置反应堆建好后，当天就得开机抽气，排出的二氧化碳用气带向全棚输送。

（4）秸秆生物反应堆技术应用过程中应注意的问题

1）菌种处理。使用前必须进行预处理，方法：按1kg菌种兑掺20kg麦麸，加水18kg，混合后拌匀，堆积4~5h就可使用。如当天用不完，应堆放于室内或阴凉处，降温防热，第二天继续使用。一般存放时间不宜超过3天。

2）内置式反应堆操作时应做到“三足、一露、三不宜”。

三足：①秸秆用量要足；②菌种用量要足；③第一次浇水要足。

一露：内置沟两端秸秆要露出茬头。

三不宜：①开沟不宜过深；②覆土不宜过厚；③打孔不宜过晚。

3）外置式反应堆操作时应做到“三补”“三用”。

① 三补：即及时向反应堆补气、补水、补料。

补气：秸秆生物反应堆中功能菌种是一种好氧菌，其生命活动中需要大量氧气。因此，向反应堆中补充氧气是十分必要的。补充氧气的具体措施是：a. 储气池两端留气孔；b. 反应堆打孔；c. 反应堆盖膜不可过严，四周要留出5~10cm高的空间，以利于通气；d. 反应堆建好当天就应该开机抽气。即使是阴雨天，也应每天通气5h以上。

补水：水是微生物分解转化秸秆的重要介质。缺水会降低反应堆的效能，反应堆建好后，前10天用储气（液）池里的水循环补充1~2次。以后可用井水补充。秋末冬初和早春每7~8天向反应堆补一次水；严冬季节每10~12天补一次水。补水应以充分湿透秸秆为宜。结合补水，用直径10cm的尖头木棍自上向下按40cm见方，在反应堆上打孔通气，孔深以穿透秸秆层为宜。

补料：外置式反应堆一般使用50~60天，秸秆消耗在60%以上。此时应及时补充秸秆和菌种，一次补充秸秆1000kg，菌种2kg，浇水湿透后，用直径10cm的尖头木棍打孔通气，然后盖膜。

② 三用：即指要用好反应堆的“气”“液”“渣”。

用气：充分使用反应堆二氧化碳，是增产、增效的关键。所谓

用气是指要坚持开机抽气，苗期每天5～6h，开花期7～8h，结果期每天10h以上。不论阴天、晴天都要开机。每日开机时间，自上午7时至盖草帘为止。

用液：反应堆浸出液中含有大量的二氧化碳、矿质元素、抗病生物孢子，既能增加植物营养，又可起到防治病虫害的效果。用法：按1份浸出液兑2～3份水，喷施叶片和植株，或结合每次浇水冲施，每沟15～25kg即可。

用渣：秸秆在反应堆中转化成大量的二氧化碳的同时，也释放出大量的矿质元素积留在沉渣中，它是蔬菜所需有机和无机养料的混合体，外置式反应堆每次清理出的沉渣，收集起来，可作追肥使用，也可供下茬作物定植时在穴内使用，效果很好。

（5）秸秆生物反应堆技术对作物生长的四大效应

1）定向产生二氧化碳，可提高棚内二氧化碳含量4～6倍，可达到1300～2000mg/kg。

2）秸秆降解发酵产生大量的热量，20cm地温可提高4～6℃，棚温提高2～3℃，在严冬时作物能正常生长，减轻因低温而造成的歇秧、落花、化瓜等现象。

3）产生大量生防抗病孢子，起到以菌制菌作用，减少农药用量可达50%以上，减少资金和劳力的投入。

4）秸秆降解发酵后残渣留在土壤中，增强了土壤的通透性，提高了土壤中有机质的含量。

【实例】>>>>

2008～2013年，陕西省宝鸡市农业科学研究所在宝鸡市范围内，建立示范样板点，加强科技示范户工作，以典型示范引导，加快该新技术推广，到目前为止，在设施棚室种植蔬菜面积累计推广12.4万亩，其中番茄面积8.9万亩。

特别是凤翔县横水镇东白村，全村每年种植冬春茬番茄850多亩，一直使用秸秆生物反应堆技术，最高亩产16345.8kg，增产45.6%。该技术从目前在我市研究应用效果来看，市场风险极小，推广前景巨大。宝鸡全市每年棚室蔬菜面积10多万亩，每亩转化秸秆5000kg，相当于10~12亩玉米田的秸秆量。核心技术秸秆生物反应堆专用菌种和植物疫苗技术含量高，质量可靠，配套技术研究推广效果显著。易于生产操作，成本投入少，效益高，利于生态可持续现代农业发展。每亩大棚全套技术投资1200元，每亩新增产值4000元以上，并且每亩可节省传统生产投资1100元。

该技术的产生是伴随着农作物产量理论的创新和突破，进而带动工艺创新发明的，是一项全新概念的农业增产、增质、增效新技术。该项技术的实施，一是可加快农业生产要素的有效转化，能够解决秸秆利用问题，农业资源多层次充分再利用，农业生态进入良性循环，提高土地生产力，实现农业生产高产优质的可持续发展；二是实现“两减三增”（减少化肥、农药用量，增加产量、质量、效益）；三是生产无化肥、农药残留的农产品，提高农产品质量，提高农产品核心竞争力，提高人民生活质量。该项技术研究应用目前在国内外属于领先水平，它是设施瓜菜生产栽培的一场技术革命。

第二节　棚室番茄无土高效栽培

一　棚室番茄基质高效栽培技术

1. 栽培季节

利用温室、大棚进行种植，番茄在我国基本实现周年栽培。番茄周年无土栽培一般分为以下两种茬口类型。

（1）一年两茬　第一茬春番茄11~12月播种育苗，1~2月定植，4~8月采收，共采收7~10穗果；第二茬秋番茄6~7月播种育苗，7~8月定植，10月至第二年1月采收，共采收7~10穗果。

（2）一年一茬　这种栽培方式又叫长季节栽培，适于冬季较温暖、光照充足地区，或冬季寒冷，但有加温温室的地区。7~8月播种，8~9月定植，10月至第二年7月连续采收17~22穗果。一年一

茬栽培的番茄一般比一年两茬的产量高。

2. 品种选择

不同茬口种植的番茄对品种特性有不同的要求。

（1）冬春茬　番茄对光照强度要求较高，其光饱和点为70 000lx。因此冬春栽培宜选耐低温、耐弱光品种，同时还应选用抗烟草花叶病毒、叶霉病等病害的品种。“佳粉15”“L-402”是较好的品种。

（2）秋冬茬　秋冬茬番茄栽培，恰逢苗期高温，应选用生长势不过旺、耐热、抗病性强、着色均匀、品质好的品种。“中杂9号”“毛粉802”是较好的品种。

（3）长季节栽培　长季节栽培的番茄因生长期长，应选择综合性状良好，尤其是坐果性好、品质优良、抗病性强的品种。以色列的“144”，是表现较好的品种。近几年来，樱桃番茄因其糖分含量高，品质优良，生食口感好而深受消费者喜爱，也成为长季节栽培番茄的主选种类。表现优良的品种主要有“圣女”“京丹”“美味”等。

3. 无土栽培类型

有许多种有机或无机基质可用于番茄的无土栽培，如草炭+蛭石（1:1），草炭+珍珠岩（2:1），草炭+炉渣（2:1），椰子壳纤维，炭化稻壳，岩棉，废菇料等。番茄无土栽培基质的选择以本着就地取材的原则为准。

基质栽培因棚室的不同有不同的栽培方式，如槽培、桶培、盒培等。上述各种方式均可用于番茄的无土栽培。因番茄是高秧作物，不宜用立体棚室栽培，如立柱培。

4. 无土栽培棚室

番茄基质栽培主要棚室包括栽培床、营养液循环系统和自动控制系统。

（1）栽培床　栽培床可以是砖垒的槽、聚乙烯泡沫塑料床或容积合适的塑料桶、塑料盒等容器。

（2）营养液循环系统　包括营养液罐、泵、加液管道、营养液回收装置和过滤装置。储存在营养液罐中的营养液经泵和加液管道输送至栽培床；多余的营养液经回收装置，可循环使用。过滤装置可滤除营养液中的杂质颗粒，防止对加液装置造成堵塞。

（3）自动控制系统　较完全的自动控制系统包括与计算机相连

的电导率仪、pH计、温湿度计、光照测定装置及报警装置等。上述系统可以对营养液的浓度、酸碱度、温度进行实时监测，对根系生长环境的温度、湿度及温室的温度、湿度和光照进行监测，并按照设定程序自动加液。光照是影响作物需水量的重要因素，光照测定装置给出的数据可以为种植者决定加液量、加液频率提供依据。报警装置是指当营养液或直接影响作物生长的环境因子远远超出正常范围值，将对作物产生严重危害时，能发出声音或其他显著信号，提醒种植者的装置。例如，营养液的pH过低，超出允许范围，达到预先设定的警戒值，则报警装置会发出警报。该装置的使用可以使种植者及时发现问题，纠正错误，减少对作物造成的危害。

简易的自动控制系统有时只包括一台定时器，通过对定时器的设定实现定时自动加液。

5. 播种与育苗

番茄无土栽培采用育苗移栽的方式。具体育苗的方法如下：

（1）穴盘育苗 穴盘育苗的种子一般不进行催芽处理，直接将干籽播在穴盘中。番茄宜选用72孔或128孔的穴盘进行育苗。育苗基质一般使用草炭+蛭石。番茄发芽最适温度为27～30℃。出苗后，白天20～25℃，夜间15～18℃。穴盘育苗要始终保持基质湿润，最初阶段浇清水，第一片真叶出现后，开始浇营养液。苗期使用的营养液浓度一般为标准营养液的1/2。当幼苗长至3～4片真叶时即可定植。因温度条件不同，番茄苗期所需的时间为30～55天。

（2）育苗钵育苗 直径6～8cm的塑料育苗钵或用过的一次性纸杯也可用于番茄育苗。播种前种子进行催芽处理：将浸泡过的种子放在湿纱布中放入恒温箱，28～30℃，大约48h后，大部分种子出芽。催芽以芽稍微出来，约1～2mm长为适度。芽过长，播种时容易对芽造成伤害。之后挑选出芽的种子播入育苗钵。番茄发芽最适温度为27～30℃。出苗后，白天20～25℃，夜间15～18℃。第一片真叶展开后，开始浇营养液，浓度为标准营养液浓度的1/2。当幼苗长至3～4片真叶时即可定植。

（3）特殊类型基质培育苗 岩棉培一般使用特殊的岩棉育苗块。育苗块为边长7.5～10cm的立方体岩棉块，四边用塑料膜包裹，上部有播种孔。番茄种子播在孔里，覆以轻基质。番茄发芽最适温度

为27～30℃。出苗后，白天20～25℃，夜间15～18℃。第一片真叶展开后，开始浇营养液，浓度为标准营养液浓度的1/2。育苗初期，育苗块不留空隙地排列于育苗床上，随着苗的生长，逐渐扩大育苗块之间的距离。当幼苗长至3～4片真叶时即可定植。

6. 定植

苗龄与定植后的长势有密切的关系。一般苗越小，定植后长势越强，产量高，但易发生畸形果，品质下降，且因生长过盛而易于发病。凡在夏秋高温季节育苗，秋季延后栽培的秋番茄或越冬长季节栽培的番茄，宜以幼龄苗定植为好，可维持其必要的生长势，增加产量；而在适温适期下定植的春番茄，则以大苗定植为宜。一般夏季苗龄30天左右，冬季55天左右。

不论采用何种无土栽培方式，定植前，必须准备好栽培棚室（包括栽培床、营养液循环系统）和营养液。定植时要注意育苗床的温度与栽培床中温度差不能超过5℃，否则，温差过大，容易对根造成伤害。

定植密度因栽培茬口而定。一年一茬的长季节栽培，每1000m^2定植2400～2500株（约合一亩地1600株～1700株）；一年两茬的栽培，则每1000m^2定植2700～3000株（约合一亩地1800株～2000株）。

定植时番茄苗茎的一部分埋在基质里，这给番茄苗更好的固定，并有利于从埋在基质中的茎部发出新根。定植后立即浇液。定植得当，植株不会发生萎蔫。番茄在栽培床里双行定植，株距30～40cm。

7. 营养液管理

（1）水质 多种水源可用作番茄营养液的配制。如河水、溪水、井水、雨水、雪水、自来水或去掉盐分的海水。无土栽培要求相对清洁的水源。不论使用何种水源，用之前必须对水质进行完全的分析，以明确水中所含的成分。天然水中通常含有一定数量的必需元素，尤其钙和镁。配制营养液时需将这部分含量包括进去。

（2）营养液配方 与绝大多数高等植物一样，番茄生长必需的元素有16种，它们被分成两组：大量元素和微量元素。大量元素包括碳（C），氢（H），氧（O），氮（N），磷（P），钾（K），钙（Ca），镁（Mg），硫（S）。微量元素包括铁（Fe），锰（Mn），硼（B），锌（Zn），铜(Cu)，钼(Mo)，氯(Cl)。植物一般从土壤中获得水分和矿物质，在无土栽培系统中，同样必须提供水和矿物质给植物，因此，土培和无土栽培从生理学的角度来说没有差异。碳从空气中的二氧化碳获得，氢和氧从水中获得，其他13种元素由营养液中获得。基质培使用的肥料可以是无机盐类，如硝酸钙，硝酸钾，磷酸二氢钾，硫酸钾，硝酸铵及螯合物等。无机盐类具有较高的溶解性，可以在溶液中保持植物能利用的状态，并具有速效的特点。有机肥也可以应用在基质培中，它们被混在基质中作为底肥，但直到现在，几乎所有的营养液都是用无机盐类配制的。影响营养液配方的因素主要有：①作物的种类；②作物的生长阶段；③季节；④气候（包括温度、光照强度和日照时数）。由于地域、栽培季节、作物生长发育阶段的不同，番茄营养液配方有很多种，很难说哪一种配方是最好的，应结合实际情况比较选用（表5-1、表5-2）。

表5-1　番茄可以吸收的元素浓度范围　（单位：mg/kg）

元素	最低	最适	最高
N	120	210	500
P	20	45	80
K	120	300	800
Ca	100	180	250
Mg	20	50	80
$S\text{-}SO_4$	40	90	200

表5-2　番茄不同生育阶段营养液配方　（单位：mg/kg）

	A	B	C	D	E	F	G
EC（MS）	2.00	2.57	2.54	2.55	2.56	2.59	2.44
NO_3^-	200	230	220	220	220	220	220
NH_4^+	20	20	20	20	20	20	20
P^{5+}	50	50	50	50	50	40	40
K^+	230	330	370	400	380	420	340
Ca^{2+}	180	240	210	190	210	170	210

（续）

	A	B	C	D	E	F	G
Mg^{2+}	70	70	70	70	70	60	60
SO_4^{2-}	50	80	80	80	80	60	80
Fe^{3+}	2.0	2.5	2.5	2.5	2.5	2.5	2.5
Mn^{2+}	0.55	0.80	0.80	0.80	0.80	0.80	0.80
B^{2+}	0.33	0.33	0.33	0.33	0.33	0.33	0.33
Zn^{2+}	0.27	0.33	0.33	0.33	0.33	0.33	0.33
Cu^{2+}	0.05	0.15	0.15	0.15	0.15	0.15	0.15
Mo^{3+}	0.05	0.05	0.05	0.05	0.05	0.05	0.05

注：A. 苗期、B. 第1～3穗花、C. 第3～5穗花、D. 第5～10穗花、E. 第10～12穗花、F. 盛果期、G. 标准配方。

番茄在不同生长阶段对K和Ca的需求量变化较大，所有营养液栽培中，特别在番茄植株生长后期，随着植株上果实自下而上的逐步成熟，番茄叶片中的K和Ca大部分就开始被吸收移动到果实中去了，这样植株基部的老叶就开始变黄、衰老、死亡。这部分叶片就要及时去掉，以加强通风，降低植株下部的湿度。其他营养元素在番茄植株整个生长发育过程中，一般都要均衡施用，微量元素要做到适量施用。

8. 授粉

番茄是风媒花。生长在露地的番茄通常是由风授粉。无土栽培番茄一般在保护地内，温室里的空气流动不足以使番茄花自己授粉。为保证坐果率，一般采用下列方式授粉。

（1）熊峰授粉 熊峰授粉既可保证较高的坐果率，又对植株和果实没有不良影响，同时节省劳动力，是一种很有发展前景的方式。但由于目前我国还没有大规模生产熊峰的技术，而进口熊峰价格又较高，所以，该授粉方式在我国尚未普遍使用。

（2）振动授粉 振动花序是温室里很重要的一种授粉方法，属物理方法。可以使用电动振动棒，植株至少隔天振动1次，因为柱头接受花粉的能力可保持两天。晴天上午11：00至下午3：00授粉效果最好。研究表明，空气相对湿度70%，授粉、坐果和果实发育最佳。如果授粉正确，水珠般大小的果实会在授粉一周后看见。虽然振动授粉也能获得较高的坐果率，但非常费工，在我国的使用不普遍。

（3）化学药剂喷花 这种方法是使用含2，4-D或PCPA等成分的生长调节物质，喷到花上，促进果实的发育。虽然成本低，并可获得较高的坐果率，但使用不当会对植株造成药害，对果实的品质也有不良影响。当温室的夜温低于10℃时，或白天温度高于35℃时，番茄的花粉发育不正常，只能使用化学药剂喷花的方法促进坐果。

9. 病虫害防治

无土栽培番茄杜绝了土传病虫害，尤其是避免了线虫的危害。其地上部病虫害与土培相似。番茄的常见病害有叶霉病、枯萎病、灰霉病及病毒病等。常见害虫有白粉虱、红蜘蛛、蚜虫、斑潜蝇等。无土栽培番茄病虫害的防治方法与土培相同。

这种栽培模式一般在观光蔬菜示范园推广比较普遍，比如我国陕西省杨凌国家农业高新技术产业示范区有很大面积应用示范，涉及蔬菜、果树等园艺作物示范种植。

二 棚室番茄有机生态型无土栽培技术

1. 有机生态型无土栽培棚室

（1）栽培槽

1）技术指标。栽培槽框架选用24cm×12cm×5cm的标准砖，栽培槽长为48cm，高20cm，宽40cm，槽间距98cm，延长方向坡降为0.5%。隔离土壤的薄膜厚0.1mm，宽80cm，长度依栽培槽的长度而定。

2）栽培槽内隔离膜可选用普通聚乙烯棚膜，槽间走道可用水泥砖、红砖、编织布、塑料膜、锯末、沙子等与土壤隔离。

（2）栽培基质

1）技术指标。栽培基质中有机质占40%～60%，容重0.35～0.45g/cm^3，最大持水量240%～320%，总孔隙度85%，碳氮比为30:1，pH为5.8～6.4，总养分含量3～5kg/m^3，基质厚度15cm；粗基质粒径1～2cm，厚度5cm。

2）参考配比。草炭:炉渣为4:6；炉渣:菇渣:玉米秸为3:4:3；

炉渣:菇渣:锯末为3:5:2。

3）栽培基质的选材广泛，可因地制宜、就地取材，充分利用本地资源中丰富、价格低廉的原材料；基质的原材料应注意消毒，可采用太阳能消毒法和化学药剂消毒法；粗基质主要用作储水排水，可选用粗炉渣、石砾等，应用透水编织布与栽培基质隔离。栽培基质总用量每亩为30m^3。

（3）供水系统

1）技术指标。水源水头压力为1～3m水柱，滴灌管每米流量12～22L/h，每孔10min供水量为400～600mL，出水方式为双出水孔微喷。

2）参考产品。双翼薄壁软管微灌系统。

3）说明。供水水源可采用压力合适的自来水、高1.5m的温室水箱，功率为1100W、出水口直径为50mm的水泵。

（4）养分供给

1）技术要求。以固态缓效肥代替营养液，固态肥按N: P205: K20为1.0：25：1.14配制；基肥均匀混入基质，占总用肥量的37.5%；追肥分期施用。

2）参考产品。有机生态型无土栽培专用肥，由中国农业科学院蔬菜花卉研究所研制。

2. 有机生态型无土栽培的育苗

（1）品种选择

1）技术要求。番茄应选用无限生长类型，并具耐低温、弱光及抗病等特点。

2）参考品种。卡鲁索、中杂9号、中杂11号、佳粉15号、粉皇后等。

（2）育苗

1）技术要求。育苗环境良好，经消毒、杀虫处理，并与外界隔离；育苗方法采用72孔穴盘进行无土育苗，种子应经消毒处理；从7月上旬至中旬开始育苗，苗龄控制在25天左右；成苗株高小于15cm，茎粗0.3cm左右，叶片3叶1心。

2）操作规程。

① 育苗基质配制。用草炭和蛭石各50%配制好育苗基质，并按

每立方米基质 5kg 消毒干鸡粪 +0.5kg 专用肥（本所配制），将肥料均匀混合，装入穴盘备用。

② 种子处理。采用 55℃清水浸泡 10min 后，取出沥干水分，放入 1% 的高锰酸钾溶液中浸泡 10～15min，用清水洗净。在清水中浸泡 6h。

③ 催芽。取出经过处理的种子，放在 28～30℃的条件下催芽。催芽期间注意保湿及每天清洗种子。

④ 播种。将装有基质的穴盘浇透清水，播入经催芽的种子，播种深度为 1cm 左右。播种后应注意严防高温干旱，保持环境温度，白天 25～28℃，夜间 15～18℃，基质相对湿度维持在 80% 左右。降温措施可采取遮阳网遮阳、双层湿报纸覆盖苗盘等措施。

⑤ 苗期管理。出苗后白天温度保持 22～25℃，夜间 12～15℃；光照强度大于 30000lx；基质相对湿度维持 80% 左右。降温措施为遮阳网遮阳、叶面喷水等。

3. 有机生态型无土栽培的管理

（1）定植前的准备

1）技术要求。定植前栽培槽、主灌溉系统等提前安装备用，栽培基质按比例均匀混合，并填入栽培槽中；温室保持干净整洁，经消毒处理，无有害昆虫及绿色植物，与外界基本隔离；备好专用肥。

2）操作规程。

① 消毒处理。提前一个月准备好栽培系统，用水浇透栽培基质，使基质含水量超过 80%，盖上透明地膜；整理温室，并用 1% 的高锰酸钾喷架材，密封温室，通过强光照射达到高温消毒。

② 施入基肥。定植期前 2 天打开温室，撤去地膜，按 $10kg/m^3$ 的用量将专用肥均匀撒施在基质表面，并用铁锹等工具将基质和肥料混匀，再次将基质浇透水备用。

（2）定植　播种后 25 天左右定植（即 7 月底至 8 月上中旬），定植苗应尽量将无病虫苗及大小均匀苗放在一起，以便于管理。采用双行错位定植法定植，同行株距为 30cm 左右，并应保持植株基部距栽培槽内径 10cm 左右。定植至第一片真叶节位，对徒长苗可采用

卧栽法，保持其株高与正常苗基本一致。定植后立即按每株500mL的量浇灌定植水。

（3）定植后管理

1）灌溉软管的安装。小心将滴灌软管放入栽培槽中间，并使出水孔朝上，连接上主管出水口并固定，堵住软管另一端。开启水源阀门，检查软管的破损及出水情况。用0.1mm的普通棚膜裁出宽40cm，长度等于栽培槽长度的薄膜，盖在软管上面。

2）水分管理。

① 技术要求。根据植株生长发育的需要来供给水分。定植后前期注意控水，以防高温高湿造成植株徒长，开花坐果前维持基质湿度60%～65%；开花坐果后以促为主，保持基质湿度在70%～80%。冬季要求水温在10℃以上。

② 操作规程。定植后3～5天开始浇水，每3～5天1次，每次10～15min，在晴天的上午灌溉，阴天不浇水。8月底或9月上旬，开始开花坐果后，植株生长发育旺盛，以促秧为主，只要是晴天，温度等条件也合适，每天灌溉1～2次，每3天检查1次基质水分状况，如基质内积水超过基质厚度的5%，则停1～2天后视情况给水。进入10月中下旬，温度下降，光照减弱，温室环境不适宜，植株生长缓慢时，要注意水分供给的尺度，晴天2～3天1次。阴天一般不浇水，但连阴数天后，要视情况少量给水。2～3月气温开始回升，温室环境随外界条件的改善而改善，植株再次进入旺盛生长期，水分消耗量开始逐渐上升，供水方式可按每天1次、2次、3次逐渐增加，以满足其生长发育的需要。

③ 说明。水分管理是有机生态型无土栽培番茄能否获得高产的关键技术，但带有一定的经验性，要视植株状况、基质的温湿度状况、季节及气候的变化灵活掌握。

3）养分管理。

① 技术要求。根据基质内养分变化情况，为保证番茄在整个生育期内处于最佳供肥环境，养分供应采用少量多次、分期施用的办法。为增强植株抗逆性，必要时，可采用叶面喷施全价营养液。

② 操作规程。定植20天后开始追肥，用量为专用肥1.5kg/m^3，

此后每10天1次；进入秋冬季，植株开始缓慢生长时，可调整为15天1次；春季环境条件改善后，恢复10天追肥1次。拉秧前1个月停止追肥。叶面肥可从10月底开始使用，每15天1次，直到第二年2月底。

4）植株调整。

① 技术要求。主要采用吊蔓方式及单干整枝，结合使用辅助性双干整枝，及时调整植株的叶、侧枝、花、果实数量和植株高度，保持植株良好通风透光条件，合理营养生长和生殖生长比例，以及整齐美观的效果。

② 操作规程。用双钩状吊绳架吊秧，吊绳采用专用吊秧绳，长度8m左右，绕在双钩状吊绳架上；吊秧时，将双钩状吊绳架钩在栽培槽上的铁丝上，放下一部分绳，轻轻绑在番茄植株的基部，当植株长到一定高度时，将绕在架上的绳逐渐下放，基部秧顺时针或逆时针方向躺在地上，使植株始终保持在1.8～2.0m高度。

定植后，注意及时打杈、绕秧。第1穗果膨大到一定程度时，如出现植株生长过旺而影响通风透光时，要及时打掉第1穗果下的部分或全部叶片。长季节栽培期间，对于植株管理可采取扶强抑弱的原则，老、弱、病株，能保留的尽量保留，不能保留的要提前摘心、拉秧，危险病株要及时清除并消毒处理，对于生长旺盛的健壮植株，当春季温度光照条件改善时，在不影响周围植株生长的前提下，选留健壮侧芽进行双干整枝，维持长季节番茄植株主干基数。花期可采用人工振荡、专用蜜蜂授粉，也可采用防落素、丰产剂等激素喷花或蘸花。注意疏花疏果，保持每穗坐果3～4个。

（4）番茄冲施肥研究应用

1）番茄冲施肥概念。番茄冲施肥就是随浇灌番茄而使用的肥料，它与植物生长调节剂和叶面肥一样，都属于追施肥的一种。

2）番茄冲施肥机理。番茄冲施肥针对番茄的生理特性及发育期营养的需求规律，运用现代生物螯合技术，精心研制而成的一种水肥双效的高浓缩制剂。番茄冲施肥作为一种水溶性肥料，是一种可以完全溶于水的多元复合肥，它能迅速溶解于水中，更容易被番茄植株吸收，而且其吸收利用率也很高，它还可以应用到滴灌设施

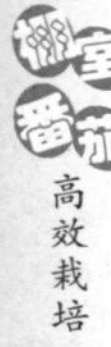

中，实现番茄水肥一体化，达到省肥、省水、省工的效果，它一般含杂质较少，电解率低，使用浓度容易调节。

3）番茄冲施肥分类。

① 番茄大量元素冲施肥：如 N、P、K、Ca、Mg 肥等。

② 番茄微量元素冲施肥：如 Zn、B、Fe、Mo、Cu、Cl 肥等。

③ 番茄有机肥冲施肥：如氨基酸、腐殖酸等。

④ 番茄菌肥。

⑤ 番茄复合肥。

4）番茄冲施肥优点。

① 可以改良土壤结构，释放固定态的 P、K 元素，缓解土壤盐害，提高土壤肥力。

② 它含有生根物质，能使番茄根系迅速增多，根系发达；提高光合作用，全面均衡调节营养生长和生殖生长，增强番茄的抗病、抗逆能力，为果实丰收打下基础。

③ 可以使番茄植株抗病、抗重茬，减少土壤病害的发生，增加抗旱抗寒能力。促进番茄花芽分化，使植株花蕾多、授粉好、保花保果，提高坐果率 10% 以上，果实多、膨大快，对常见的脐腐病、轮纹病、黑皮病、空洞果等病害效果显著；促进膨果和对番茄裂果、缩果、僵果、畸形果等有特效。

④ 可促进番茄果实着色，增加表面光泽度，使番茄口感好、果实形美味道佳、优质高产，生长周期喷施 2～3 次冲施肥，可提早上市 7～10 天。

5）番茄冲施肥的使用方法。番茄冲施肥可以冲施、滴灌、基施、喷施、灌根，前期一般每亩 6～8kg；中期一般每亩 10～12kg；一般喷施稀释 500～800 倍液，均匀喷雾。

① 喷施。稀释 500～800 倍液叶面喷施，以叶片正反面不流滴为宜。

② 冲施。稀释 100～200 倍液随水冲施。

③ 灌根。灌根浓度为 100～200 倍液。

6）使用番茄冲施肥的注意事项。

① 冲施时间以上午 10：00 前，下午 3：00 后为宜。

② 储存于阴凉干燥处，结块不影响效果。

③ 番茄冲施肥大量应用的最佳时期，主要是冬季棚室番茄。冬季由于太阳光线弱、温度低、地温低、外加热源达不到番茄正常生长的需要，因此冬季使用番茄冲施肥，可以提高番茄根系活力，促进番茄根系生长，提高番茄抗冻能力。

④ 科学轮施，少量多次冲施肥料。特别是棚室番茄，由于其主要靠浇灌施水，因此一般浇灌勤，这样可以少量多次地冲施肥料，一般每摘一茬果可以冲施一次肥。每一次冲施时还可以合理搭配大量元素肥、微量元素肥和植物根部生根剂等。

⑤ 几种肥料不能混合冲施，否则效果就会降低，或没有效果。如碳铵不能与强酸性肥料混合冲施，氨基酸肥料不能与腐殖酸类肥料混合冲施，磷酸类肥料与锌、锰、铁、铜等肥料混合冲施时要加螯合剂等。还有几种肥料不宜冲施，如磷肥不宜冲施、颗粒状复混肥不宜冲施、固态有机肥不宜冲施、微生物制剂不宜冲施。

总之，番茄冲施肥是肥料施用的一种重要手段，我们在使用时还要不断总结规律，科学合理地冲施肥料，以达到最好的增产效果。

（5）番茄滴灌水肥一体化技术研究应用 番茄滴灌水肥一体化技术是指按照番茄需水要求，通过低压管道系统与安装在毛管上的灌水器，将水和番茄需要的养分一滴一滴，均匀而又缓慢地滴入番茄根区土壤中的灌水方法。番茄滴灌水肥一体化技术不破坏土壤结构，土壤内部水、肥、气、热经常保持适宜于番茄生长的良好状况，蒸发损失小，不产生地面径流，几乎没有深层渗漏，是一种省水高效的农业新技术。番茄栽培采用滴灌水肥一体化灌溉施肥技术，可以按照番茄生长需求，进行全生育期需求设计，把水分和养分定量、定时，按比例直接提供给番茄植株。

1）番茄滴灌水肥一体化系统的组成。一套完整的滴灌系统主要由水源工程、首部枢纽、输配水管网和滴水器四部分组成。

① 水源工程。江河、湖泊、水库、井泉水、坑塘、沟渠等均可作为滴灌水源，但其水质需要符合滴灌要求。

② 首部枢纽。包括水泵、动力机、压力需水容器、过滤器、肥液注入装置、测量控制仪表等，首部枢纽是整个系统的操作控制

中心。

③ 输配水管网。是将首部枢纽处理过的水按照要求输送、分配到每个灌水单元和灌溉水器的网络。

④ 滴水器。是滴灌系统的核心部件，水由毛管流入滴头，滴头再将灌溉水流在一定的工作压力下注入土壤。水通过滴水器，以一个恒定的低流量滴出或渗出以后，在土壤中向四周扩散。

2）番茄滴灌水肥一体化系统的分类。

① 根据不同番茄品种和种植类型不同，番茄滴灌水肥一体化系统可以分为固定式和半固定式两类。

a. 固定式灌溉系统。在固定式灌溉系统中，各级管道和滴头的位置在灌溉季节是固定的，即干、支管一般埋在地下，毛管和滴头都固定在地面，这种类型的滴灌系统适用于窄行种植的番茄。

b. 半固定式滴灌系统。在半固定式滴灌系统中，其干管、支管固定埋在田间，毛管（滴灌管或滴灌带）及滴头都是可以根据轮灌需要移动的。半固定式滴灌系统仅为固定式投资的50%～70%，但增加了移动毛管的劳力，而且易于损坏。半固定式依次移动可灌数行，这样可提高毛管的利用率，降低设备投资，这种类型的滴灌系统适用于宽行种植的番茄。

② 根据番茄滴灌水肥一体化工程中毛管在田间的布置方式、移动与否以及进行灌水的方式不同，可以将番茄滴灌系统分成以下三类。

a. 地面固定式。毛管布置在地面，在灌水期间毛管和灌水器不移动的系统称为地面固定式系统，现在绝大多数采用这类系统。这种系统的优点是安装、维护方便，也便于检查土壤湿润度和测量滴头流量变化的情况；缺点是毛管和灌水器易于损坏和老化，对棚室番茄耕作也有影响。

b. 地下固定式。将毛管和灌水器（主要是滴头）全部埋入地下的系统称为地下固定式系统，这是近年来在滴灌技术的不断改进和提高，灌水器堵塞减少后才出现的，但应用面积不多。与地面固定式系统相比，它的优点是免除了毛管在番茄种植和收获前后安装和拆卸的工作，不影响棚室内耕作，延长了设备的使用寿命；缺点是不能检查土壤湿润度和测量滴头流量变化的情况，发生问题维修也很困难。

c. 移动式。在灌水期间，毛管和灌水器在灌溉完成后由一个位置移向另一个位置进行灌溉的系统称为移动式滴灌系统，此种系统应用也较少。与固定式系统相比，它提高了设备的利用率，降低了投资成本。

3）制定番茄滴灌施肥方案。

① 番茄滴灌制度的确定。根据棚室番茄各个不同生育期的需水量确定灌水定额。一般棚室番茄每次滴灌的需水量是露地番茄大水漫灌施肥灌溉定额的15%～25%，灌溉定额确定后，还要依据棚室番茄的土壤墒情确定灌水时期、次数和每次的灌水量。

② 番茄滴灌施肥制度的确定。番茄滴灌施肥技术和传统施肥技术存在显著的差别。合理的番茄滴灌施肥制度，应根据棚室番茄不同生育期的需肥规律、地块的肥力水平、目标产量等因素，确定总施肥量，氮磷钾比例及底、追肥的比例。棚室番茄实施滴灌施肥技术可使肥料施用量减少一半，如果棚室番茄目标产量为10000kg/亩，那么每生产1000kg番茄需要吸收氮：3.18kg，磷：0.74kg，钾：4.83kg，养分总需求量是氮：31.8kg，磷：7.4kg，钾：48.3kg；棚室番茄栽培条件下，当季氮肥利用率提高57%～65%，磷肥利用率提高35%～42%，钾肥利用率提高70%～80%；实现上述产量应每亩施氮：53.12kg，磷：18.5kg，钾：60.38kg，合计132kg（未计算土壤养分含量）。再以番茄营养特点为依据，拟定棚室番茄各生育期施肥方案。

4）肥料的选择。番茄滴灌施肥系统施用底肥与传统施肥相同，可包括多种有机肥和多种化肥。但滴灌追肥的肥料品种必须是可溶性肥料。符合国家标准或行业标准的尿素、碳酸氢铵、氯化铵、硫酸铵、硫酸钾、氯化钾等肥料，纯度较高，杂质较少，溶于水后不会产生沉淀，均可用作追肥。补充磷素一般采用磷酸二氢钾等可溶性肥料作追肥。追肥补充微量元素肥料时，一般不能与磷素追肥同时使用，以免形成不溶性磷酸盐沉淀，堵塞滴头或喷头。

5）配套技术。实施番茄滴灌水肥一体化技术要配套应用番茄良

种、病虫害防治和田间管理技术，采用地膜覆盖技术，形成膜下滴灌等形式，充分发挥节水节肥优势，达到提高番茄产量、改善番茄品质，增加效益的目的。

6）实施效果。

① 节水。番茄滴灌水肥一体化技术可减少水分的下渗和蒸发，提高水分利用率。在露天条件下，滴灌施肥与大水漫灌相比，节水率达50%左右。棚室番茄栽培条件下，滴灌施肥与畦灌相比，每亩大棚一季节水80～120m^3，节水率为30%～40%。

② 节肥。番茄滴灌水肥一体化技术实现了平衡施肥和集中施肥，减少了肥料挥发和流失，以及养分过剩造成的损失，具有施肥简便、供肥及时、作物易于吸收、提高肥料利用率等优点。在番茄产量相近或相同的情况下，水肥一体化与传统技术施肥相比能节省化肥50%左右。

③ 改善微生态环境。棚室番茄采用滴灌水肥一体化技术，一是明显降低了棚内空气湿度。滴灌施肥与常规畦灌施肥相比，空气湿度可降低8.5～15个百分点。二是保持棚内温度。滴灌施肥比常规畦灌施肥减少了由于通风降湿而降低棚内温度的次数，棚内温度一般提高2～4℃，有利于番茄生长。三是增强微生物活性。滴灌施肥与常规畦灌施肥技术相比地温可提高2～7℃，有利于增强土壤微生物活性，促进番茄对养分的吸收。四是有利于改善土壤物理性质。滴灌施肥克服了因灌溉造成的土壤板结、土壤容重降低、孔隙度增加。五是减少了土壤养分淋失，减少了地下水的污染。

④ 减轻病虫害发生。棚室番茄室内空气湿度的降低，在很大程度上抑制了番茄病害的发生，减少了农药的投入和防治病害的劳力投入，番茄滴灌施肥每亩农药用量减少30%左右，节省劳力15～20个。

⑤ 增加产量，改善品质。番茄滴灌水肥一体化技术可促进番茄产量提高和产品质量的改善，一般增产17%～28%。以陕西省宝鸡市棚室番茄为例，滴灌施肥比常规畦灌施肥能减少畸形果率21%，使正常果每亩增加850kg；每亩增产番茄280kg，每亩增加产值1356元。

⑥ 提高经济效益。番茄滴灌水肥一体化技术的经济效益包括增产、改善品质获得的效益和节省投入的效益。棚室番茄一般每亩节省投入400～700元。其中，节省水电费85～130元，节肥费130～250元，节省农药费80～100元，节省劳力费150～200元，增产增收1000～2400元。

7）番茄滴灌水肥一体化技术的缺点。

① 易引起堵塞。灌水器的堵塞是当前番茄滴灌水肥一体化技术应用中最主要的问题，严重时会使整个系统无法正常工作，甚至报废。因此，灌溉时水质要求较严，一般应经过过滤，必要时还需经过沉淀和化学处理。

② 可能引起盐分积累。在含盐量高的土壤中进行滴灌或是利用咸水灌溉时，盐分会积累在湿润区的边缘。

③ 可能限制番茄根系的发展。由于灌溉只湿润部分土壤，加之番茄的根系有向水性特性，这样就会引起番茄根系集中向湿润区生长，从而限制了番茄根系的纵深发展。

8）番茄滴灌水肥一体化技术可能遇到的问题。

① 肥料选择问题。番茄滴灌水肥一体化的化肥特性，首先应对灌溉水中的化学成分和水的pH有所了解。某些肥料可改变水的pH，如硝酸铵、硫酸铵、磷酸一铵、磷酸二氢钾、磷酸等将降低水的pH，而磷酸氢二钾则会使水的pH增加。当水源中同时含有碳酸根和钙镁离子时可能使滴灌水的pH增加进而引起碳酸钙、碳酸镁的沉淀，从而使滴头堵塞。为了合理运用滴灌施肥技术，必须掌握化肥的化学物理性质。在进行滴灌水肥一体化中，化肥应符合下列基本要求。

a. 高度可溶性。

b. 溶液的酸碱度为中性至微酸性。

c. 没有钙、镁、碳酸氢盐或其他可能形成不可溶盐的离子。

d. 金属微量元素应当是螯合物形式。

e. 含杂质少，不会对过滤系统造成很大负担。

② 肥料注入问题。

a. 自压注入。这种方法比较简单，不需要额外的加压设备，肥

液只依靠重力作用自压进入管道。缺点是水位变动幅度较大，滴水滴肥流量前后不均一。

b. 文丘里注肥。文丘里装置的工作原理是液体流经缩小过流断面的喉部时流速加大，利用在喉部处的负压吸入肥液。

c. 压差式施肥。优点：装置简单，没有运动部件，不需要额外动力，成本低廉。

d. 注肥泵。注肥泵包括水力驱动和其他动力驱动两种形式。

4. 温室环境管理

（1）温度

1）技术要求。根据番茄生长发育的特点，通过加温系统、降温系统及放风来进行温度管理，白天室内维持25～30℃，夜间12～15℃。基质温度保持15～22℃。

2）操作规程。北京地区8～9月以防高温为主，温室的所有放风口全天开启，并在中午视温度情况拉上遮阳网降温，必要时进行强制通风降温。10月上旬白天根据温度情况开、闭放风口调节温度，夜间关闭放风口。10月中下旬到11月上旬，应注意天气变化，特别是注意加温前的寒潮侵袭，正常晴天情况下，上午9：00左右开启放风口，下午4：00关闭；寒潮来临时，应加盖二道幕保温，必要时应采取熏烟及临时加温措施。正式加温后，根据温度情况，及时通风。春夏季温度逐渐升高，通过放风、遮阳网、强制降温系统来达到所需温度条件。基质温度过高时，通过增加浇水次数降温；过低时，减少浇水次数或浇温水提高地温。

（2）光照

1）技术要求。番茄要求较高的光照条件。正常生长发育要求3.0万～3.5万lx的光照条件。对温室透光率要求60%以上。

2）操作方法。苗期或生长后期高温高光强时可启用遮阳网，采取双干整枝方式增加植株密度；秋冬季弱光条件下可通过淘汰老、弱、病株，及时通过整枝摘叶等手段改善整体光照；可通过定期清理薄膜或玻璃灰尘增加透光率；通过张挂、铺设反光幕等手段提高光照强度。

（3）湿度

1）技术要求。应尽量减少秋冬季温室的空气湿度，维持空气相对湿度60% ~70%。

2）操作方法。秋冬季节通过采取减少浇水次数、提高气温、延长放风时间等综合措施来减少温室内空气湿度。

（4）二氧化碳

1）技术要求。通过加强放风使温室内二氧化碳浓度接近外界空气二氧化碳含量，有条件时应采取二氧化碳施肥来提高二氧化碳含量，适宜温室二氧化碳含量为600 ~1000mg/kg。

2）操作方法。可采用强酸与碳酸盐反应制取二氧化碳，生产上一般采用硫酸与碳酸氢铵反应产生二氧化碳。每亩温室每天约需要2. 2kg浓硫酸（使用时加3倍水稀释，注意必须将浓硫酸缓慢倒入水中，边倒边搅动）和3. 6kg碳酸氢铵。每天在日出半小时后开始施用，持续2h左右。可购买液化二氧化碳定时施用，每亩温室每天施用液化二氧化碳2kg左右。也可通过燃煤产生二氧化碳。

3）说明。应将二氧化碳通过管道均匀输送到温室上部空间。采用燃煤产生二氧化碳应防止有害气体如二氧化硫、二氧化氮等伤害植物。

5. *病虫害防治*

（1）虫害防治

1）技术要求。控制温室白粉虱、美洲斑潜蝇、棉铃虫（烟青虫）、蚜虫和螨类等番茄主要虫害的大发生。以采用防虫网隔离、引诱物诱杀、银灰膜避虫、环境调控、栽培措施等物理防治手段为主，并抓住秋冬季气温下降，虫害繁殖率降低的有利时机，结合烟雾剂熏烟、药剂喷雾等手段进行综合防虫，尽可能降低虫口密度，控制各种虫害的大发生。要求在9月开花前将棉铃虫基本消灭，在11月番茄采收前有效控制住其他各种虫害。

2）具体措施。

① 物理方法。严格在无虫环境下培育洁净苗。番茄定植前，做好防虫网的安装修理工作。番茄定植后，按每10m^{2}一张的量及时张挂诱虫板（黄板）诱杀温室内的害虫成虫。黄板沾满昆虫后，应及时替换，并注意适时调整张挂黄板的数量和高度，栽培后期如虫口密度过大，可加倍调整黄板的密度。注意经常性检查植株虫口密度，

如发现少量棉铃虫，可采取人工捉幼虫方法予以消灭，对于成虫，可采用杨树枝诱杀。高温低湿（空气相对湿度低于80%）的环境对茶黄螨种群数量增长不利，而空气相对湿度在80%以上的高湿环境对红蜘蛛繁殖不利，适时利用气候变化，合理降低温室温度，对于大部分虫害的生长发育有抑制作用，因此，通过环境调控的手段可控制这些虫害孵化和繁殖，从而降低虫口密度。及时整枝打杈，摘除带虫老叶等措施，也可降低各种虫卵数量。

② 化学防治。

a. 温室白粉虱：在白粉虱发生早期和虫口密度较低时适时使用药剂，喷雾以早晨太阳未出时为宜。用22%敌敌畏烟剂每亩0.5kg，于夜间将温室密闭熏烟，可杀灭部分成虫。喷雾采用25%的扑虱灵可湿性粉剂1000～1500倍液，或10%吡虫啉可湿性粉剂1000～1500倍液，或20%康福多浓可溶剂2500～3000倍液等药剂交替使用。

b. 美洲斑潜蝇：番茄叶片被害率近5%时，进行喷药防治。可采用比较有效的药剂40%的绿菜宝乳油1000～1500倍液，10%吡虫啉可湿性粉剂1000倍液，或20%康福多浓可溶剂2000倍液等交替使用。

其他害虫采用相应的化学药剂进行防治。

（2）病害防治

1）技术要求。应结合使用抗病品种、虫害防治、环境控制、栽培措施、硫黄熏蒸等手段，辅之以药剂防治进行综合防治。主要病害为苗期猝倒和立枯病、晚疫病、灰霉病、病毒病、根腐病、叶霉病。

2）具体措施。

① 物理方法。加强温室环境调控，特别是温、湿度控制，秋冬季尽可能提高温度、降低湿度，提高植株自身的抗病力，严防温室滴漏水。加强植株管理，及时整枝打杈、绕蔓、打底叶、摘残花。增强群体通风透光性，严防互相遮阴郁闭；及时摘除病叶，清除病情严重植株。使用安全合格硫黄熏蒸器，一般从10月开始使用，严格按照说明书进行操作，能有效防治各种叶面真菌性病害。注意严防农事操作传播病害。

② 药剂防治。苗期猝倒和立枯病：种子消毒采用0.1%百菌清（75%可湿性粉剂）+0.1%拌种双（40%可湿性粉剂）浸种30min后清洗，定植时采用50%福美双可湿性粉剂、65%甲霜灵可湿性粉剂等量混合后400倍液灌根。

a. 病毒病：种子消毒采用10%磷酸三钠浸种20min后洗净；注意防止蚜虫传毒；在苗期、定植缓苗后（8月上中旬）及坐果初期（9月上旬），喷增产灵50～100mg/kg，提高抗病力；采用NS-83增抗剂100倍液、1.5%植病灵1000倍液预防。

b. 晚疫病：为番茄重点病害。温室11月开始加温时容易发生，发病前期或发现中心病株后立即喷施58%甲霜灵锰锌可湿性粉剂400～500倍液，72.2%普力克水剂800～1000倍液等药剂进行防治。

c. 灰霉病：为番茄重点病害。低温高湿易发病，应从10月中旬到11月上旬开始预防，药剂防治可采用65%甲霉灵可湿性粉剂600倍液，50%多霉灵可湿性粉剂800倍液等喷雾；也可采用速克灵等烟剂熏烟。

这种栽培模式主要在连栋温室应用推广，一般在国家级农业高新技术示范园区采用推广示范。目前我国广大菜农及蔬菜专业合作社应用的很少，但国外蔬菜种植应用很广泛。

第三节　棚室番茄栽培管理实践经验技巧

一　番茄整枝技巧

1. 连续四步摘心法

从植物生理方面讲，摘心可减弱顶端优势，促进果实的生长发育，增加产量，同时也能使番茄提前上市，提高效益。但在生产中，连续摘心比较复杂，不容易被菜农掌握，这里将番茄单干连续摘心整枝法介绍给大家，以供参考。

（1）摘心换头　当主干结第二穗果时，顶部留2片叶摘心，称为第一批结果枝。当第一花序果实开始采收、第二花序果实定住“个”时，保留顶部果穗下一强壮侧枝，代替主干继续向上生长。根据植株长势，该枝干上结果2穗后再摘心，称为第二批结果枝。当第二批结果枝果实开始采收时，再从其中上部选留一强壮侧枝作为

第三批结果枝。依此类推，整个生育期摘心换头4~5次，能收获果实8~10穗。

（2）落蔓 当第二批结果枝第一穗果迅速膨大、第二穗果相继坐住时，进行第一次落蔓。之后，每一批结果枝果实采完后，都要落蔓一次，采取株与株之间交叉落蔓的方法，即把植株从绳上解下来，打掉下部老叶，轻轻将植株扭到同一行附近植株的位置再重新吊蔓。每次落蔓的高度为相应结果枝的高度。每次落蔓后，都要保持番茄茎的生长点基本在一条水平线上，要注意前排番茄茎的顶端不能超过后排，以避免遮光，整个生育期共落蔓2~3次。

（3）去侧枝 除按要求保留的侧枝外，其余的全部去除。去侧枝时，应避免人为传播病害。每次整枝后都要及时喷施一次保护性杀菌剂，如百菌清、代森锰锌、农用链霉素等，以防止病菌侵染。

（4）疏花疏果 每花序保留3~4个果，将畸形花果及时去掉，以保证每株花序的果数均等、生长均衡并且个头均匀一致。

2. 番茄再生整枝法

1）从基部换头再生，生产上也叫留二茬果。在头茬最后一批果采收完以后，将茎在靠近地面10cm左右处剪掉，然后加强水肥管理，大约10天即发新枝，选留一个健壮的枝条，采用单干整枝法继续生产，这种方法头茬果和二茬果的采收间隔相差70天左右。

2）从中部换头再生，生产上也叫“留枝等果”整枝法。当主干上第三花序现蕾以后，上面留2片功能叶摘心，同时选留第二和第三花序（果穗）下部的侧枝进行培养，并对这两条长势强壮的侧枝施行“摘心等果”的抑制措施，即侧枝长出1片叶后摘心，侧枝再生出侧枝以后再留1片叶摘心，一般情况下如此进行2~3次即可。待主枝果实采收50%~60%时，引放侧枝，不再摘心，让其尽快生长，开花结果。此时所留两条侧枝共留4~5穗果后摘心，其余侧枝均需打掉。

3）从上部进行换头再生。在主干上留3穗果后，在其上留2片叶摘心，其余侧枝留1片叶摘心，侧枝再发侧枝再留1片叶摘心。当第1穗果开始采收时或植株长势衰弱时，同时引放所有侧枝，并暂时停止摘心或打杈。一般引放3~4个侧枝，并主要分布在第2穗果以上，中下部侧枝一般不作为结果枝保留，但当上部侧枝引放不出来时下侧枝也可留作结果枝。留枝不宜太低，如太低，植株郁闭，通风透光不良，侧枝影响主干生长发育，主干也影响侧枝生长发育，一般要求主干和侧枝互不遮挡，以利于主干果实发育和侧枝开花结果。每个植株选留 1 个或 2 个长势壮、整齐、花序发育良好的侧枝作为新结果枝继续生产，其余侧枝留 2 片叶摘心。

随着新结果枝的生长发育，逐渐摘除下部的老叶、病叶，以利于通风透光。新结果枝一般留 2 ~ 3 穗果后留 2 片叶摘心，新结果枝再发生侧枝则应及时打杈。该整枝法第 3 穗果和第 4 穗果的采收间隔期一般为 15 天左右，第 4 穗果采收后，还可再培养侧枝作为结果枝继续生产。

二 番茄栽培技巧

1. 严控番茄长势

番茄结果前期管理过程中，如遇到持续高温或低温弱光、浇水过于频繁等原因容易出现植株长势弱、高脚苗等现象，导致植株的抗病能力减弱，而且会影响到番茄后期的坐果能力，对产量造成严重影响。遇到此种情况时，可采取压蔓（卧栽）的方式调节植株长势。

具体操作：使番茄植株同时向同一方向卧倒，在高温棚内一般是向北面压蔓，留适当高度作为茎秆即可。压蔓时最好使番茄植株高度保持一致，以利于吊蔓和充分利用光照。

番茄卧栽接触地面后茎秆具有很强的生根能力，生根后，作物吸收养分的能力增强，更利于植株恢复正常生长，进而培育壮苗，为后期坐果打下坚实基础。

另外，为防止此现象的继续发生，压蔓后要注意加强管理。

首先，要控制好棚内温度，加大昼夜温差，一般白天控制在 25 ~ 30℃，夜间控制在 15 ~ 20℃之间为宜。其次，在白天温度较高的情况下，要视土壤墒情尽量减少浇水次数。第三，可每隔 3 ~ 5 天喷施爱多收、甲壳素调节植株长势。另外，还要适当擦拭棚膜，增强其透光率，提高光合作用。

2. 巧用 2，4-D 保果

棚室栽培番茄巧用 2，4-D 溶液蘸花，不但可以起到给番茄花朵

辅助授粉的作用，而且还可以防止落花促进果实成熟。这就需要做好以下 3 个要点。

（1）掌握三点

1）掌握使用含量。11 月至第二年的 2 月温度较低，应使用较高含量，一般为 15～20mg/L；第二年的 3 月至 7 月温度较高，应使用较低含量，一般为 10～15mg/L。

2）掌握使用时间。在第一穗花开放 2～3 朵花时开始蘸花，第一穗花蘸完后，从第二穗花到顶穗花都应蘸花保花保果。

3）掌握使用方法。在晴天上午 8：00～10：00，用毛笔蘸取少量药液，在刚刚开放的雌花（或当前正在开放的）花蕾处蘸一下或轻轻涂抹于花梗上。如果棚内温度较低，开放的雌花较少，可以每隔 2～3 天蘸 1 次花。如果温度较高，雌花开花较多，可每隔 1 天或天天蘸花。

（2）注意三个问题

1）蘸花要适时。当雌花的花瓣完全展开，且伸长到喇叭口状时，蘸花处理效果最好。

2）蘸花不重复。如果重复蘸花，造成药液浓度过高，容易出现畸形果。为了防止重复蘸花，可在已经配制好的药液中加入少量红色颜料或红墨水，作为识别是否蘸过的标志。

3）蘸花要小心。蘸花处理时，如果将药液滴落或蘸到嫩枝、嫩叶和生长点上，则很快会出现萎缩等药害现象。因此，蘸花时应特别小心，不要将药液滴在茎叶上，以免产生药害。

（3）做到三个结合

1）和疏花疏果相结合。每个花序的第一朵花是容易产生畸形果的复合花，应在蘸花之前疏掉。若每穗花的数量太多，应将畸形花和特小的花疏掉，一般只保留 5～6 朵花。蘸花数量不可太多，既费工、费时、费药，又给疏果带来不便。坐果后选留 3～4 个果形端正、大小均匀、无病虫害的果实。如坐果太多，往往会造成果实大小不一、单果重量减少、果实品质降低等现象。

2）和防治灰霉病相结合。番茄的花期是病菌侵染的高峰期，尤其是灰霉病，蘸花就是重要的人为传播途径。如果在已经配制好的药液中加入适量的防治灰霉病的药剂，就可有效防止灰霉病菌的传播。同时，坐果后尽早摘除残留的花瓣，也可减轻灰霉病的发生。

3）和农事管理相结合。蘸花坐果后，果实生长速度加快，应及时通风排湿，调节好棚内温湿度，加强水肥管理，搞好病虫害的防治，促进果实成熟，提高果实的产量和品质。

（4）疏花疏果 为了提高果实的商品质量，花期应进行疏花，摘除生长不正常的畸形花和小花蕾。每个花序上以保留 4～5 朵花为宜。也可在果实长到蚕豆大小时进行疏果，一般大果型品种每穗留2～3个果，中果型品种每穗留 4～5 个果，小果型品种每穗留 6～8 个果。

3. 樱桃番茄巧落蔓

（1）前期管理要点 落蔓前控制浇水，以降低茎蔓中的含水量，增强其韧性。落蔓宜在晴暖天气的午后进行，此时茎蔓含水量低，组织柔软，便于操作，避免和减少了落蔓时的伤茎。落蔓时应把茎蔓下部的老黄叶和病叶去掉，带到棚室外面深埋或烧毁。该部位的果实也要全部采收，避免落蔓后叶片和果实在潮湿的地面上发病，而形成发病中心。具体操作要点是：当第一花序开放时进行吊蔓。第一果穗的果实采收完后，当第二果穗的第一穗果迅速膨大，第三果穗坐住时进行第一次落蔓。之后，每一个果穗采收完后都要落蔓一次。

采取株与株之间交叉落蔓的方法，即把植株从绳上解下来，打掉下部的老叶，轻轻将植株扭到同一行最近植株的位置再重新吊蔓。落蔓要有秩序地朝同一方向，逐步盘绕于栽培垄两侧。盘绕茎蔓时，要随着茎蔓的自然弯度使茎蔓打弯，不要强行打弯或反向打弯，避免扭裂或折断茎蔓。每次落蔓保持有叶茎蔓处距垄面 15cm 左右，每株保持功能叶 20 片以上。要注意前排植株茎的顶端不能超过后排，以免遮光。保证叶片分布均匀，始终处于立体采光的最佳位置和叶面最佳状态，叶面积系数（单位面积上番茄叶面积总和与土地面积的比值）保持在 3～4 之间。建议一般整个生育期落蔓 5 次即可。

（2）落蔓后的管理

1）温度。整枝落蔓后的几天，要适当提高棚室内的温度，促进

受伤茎蔓的伤口愈合。白天温度应保持在20～25℃，夜间15℃左右。

2）喷药。为防止病菌从茎蔓和叶片伤口侵入，可根据樱桃番茄的常发病害，在整枝落蔓后喷施腈菌·咪酰胺、向农2号、向农1号等药剂防治叶霉病、灰霉病和早、晚疫病。喷药时可在农药中加入丰收1号，既可治病，又能提高植株抗病能力。

3）肥水管理。落蔓虽能降低植株的结果位置，却不能缩短结果部位与根系的实际距离。加之营养体越来越大，如肥水供应不足，会造成结果质量越来越差、果实越来越小等问题。因此，应供应充足的肥水，以满足植株生长需求。追肥以硫酸钾等钾肥为主，每次每亩追肥15～20kg，同时进行浇水。

4）打杈、摘老叶。枝干整枝的生产中，其他侧枝及时除去。每穗果实采摘后将果穗下面的叶片全部摘除。处于膨大期的果穗上下叶片不可摘除，以保证上层果实发育良好。打杈和摘老叶要在晴天进行，以利于伤口愈合。打杈时注意观察是否有病毒病植株，并及时做好消毒处理。摘叶应尽量在靠近枝干部位上摘除叶片，注意不要留叶柄，以免产生灰霉病。

4. 巧用“三个膜”

（1）风眼缓冲膜　冬季，尤其是深冬期，在大棚放风口处设置挡风膜是非常必要的。一是可以缓冲棚外冷风直接从风口处侵入，避免冷风扑苗；二是因放风口处的棚膜多不是无滴膜，流滴较多，设置挡风膜可以防止流滴滴落在下面的番茄叶片上感染病害。挡风膜设置简便易行，就是在大棚风口下面设置一块膜，长度和棚长相等，宽为2m，拉紧扯平，固定在大棚的立柱和竹竿上，固定时要把挡风膜调整成北低南高的斜面，以便挡风膜接到的露水顺流到北墙根水道处。

由于挡风膜挡住了棚外冷风的直接侵袭，放风口处的番茄很少出现冷害，并且由于挡住了流滴，此处的番茄也很少发生病害。因为挡风膜是旧膜再利用，可谓投资小、作用大。

（2）门口处的挡风膜　其作用和风眼缓冲膜作用差不多，只不过风眼缓冲膜是阻挡从放风口进来的寒风，而门口处的挡风膜则是阻挡人进出时带进的寒风。

（3）地膜 定植以后，待其根系下扎后就可覆盖白色地膜。覆盖地膜可以降低棚室湿度，使番茄少生病，同时能保持地温，创造根系适宜的生长温度。地膜离地和紧贴在地面上的效果在番茄苗期区别比较明显，将地膜抬高3～5cm的植株明显地可以观察到长势健壮，根系发育好，而且植株叶片颜色鲜绿。

将地膜“吊”起的方法为：在地膜下面南北向设置一条细绳或钢丝，隔一段距离再用一段细绳将地膜下的细绳吊在钢丝绳上。进水口可用粗钢丝或竹子将地膜撑起来。

5. 番茄越夏管理四要点

因为夏季诸多不利因素的影响，致使该茬番茄生产的果实品质达不到理想的要求。为了保障越夏番茄生产有个好收成，特别介绍一下种植越夏番茄应注意的四点要素。

（1）选择壮苗定植是关键 选择优质壮苗（一般标准5～7叶1心），定植时可于定植穴内施用向农4号（每亩施用1kg），以防止幼苗根部发生病害。为促生新根，也可用向农4号800倍液加丰收1号500倍液混合均匀灌根。与此同时，育苗期间加强夜间放风，加大昼夜温差，以利于花芽分化和发育。

（2）合理施肥

1）加强苗期水肥供应。为促进植株生长，可于缓苗后浇第二遍水时施提苗肥，按植株长势，每亩可施全营养元素肥料10～15kg。番茄进入膨果期，当第一花序的果实长至核桃大小时，可每亩冲施高钾型肥料20kg，以增加果实表面光泽，提高果实硬度。如遇浇水时间与蘸花时间相冲突时，应先浇水后蘸花，以提高坐果率。

2）适量追施钙肥，避免脐腐病发生。实践证明，越夏番茄容易因缺钙而导致脐腐病，因此要及时施用钙肥，可根部单独追施钙肥。

3）少施氮肥，适时浇水，防止徒长。尤其在生长前期偏施氮肥，容易引起植株徒长。这时，番茄秸秆就会变得又粗又扁，有些甚至空心。正常植株第8或第9节间开始出现第一花序，以后每隔2～3叶出一穗花序，一般来说第三穗果开花时，第一穗果应该长到核桃大小，否则就是植株徒长的表现。一旦植株出现徒长，接连下边的几穗果可能都会长不大，也就表现出只旺植株不膨果（俗称果

实不开个）现象。所以番茄苗期尽量避免施速效氮肥，基肥中氮肥也不能过多。苗期浇好头三水之后，只要不是太旱，最好不浇水。待第一穗果至核桃大小时再浇水，这时可以每亩施用20kg全营养复合肥，以后原则上每出1穗果浇1次水，每次施高钾型大量元素肥10～20kg。

（3）叶面施肥提高坐果率 夏季高温番茄难以坐果的问题，在每次用杀菌药防治常见病害时，可混入500倍液的丰收1号和适量含硼的微量元素肥料共同喷施，以促进花芽分化，使植株开花大、易坐果、坐好果。

（4）防虫 越夏期间，通风降温，尽量增大昼夜温差，促进果实生长。为防止害虫从通风口潜入棚内，通风口要设30～40目的防虫网。同时在棚内设置黏虫板，比如利用黄板诱杀蚜虫、粉虱类害虫，一般每亩悬挂20～40块。

（5）适当遮阴 夏季生产中高温强光容易引发一系列生理性病害，如芽枯病、日灼病等，为了保证其生产顺利进行，建议选择遮阳网进行适当遮阴。是否遮阴、遮阴时间长短要根据天气情况和植株长势而定，一般只需在晴好天气的上午10：00至下午2：00进行，其他时间和阴天时均需撤掉遮阳网，否则会适得其反，因高温弱光而造成植株徒长。

6. 越夏番茄防败秧

夏季高温多雨，会使番茄败秧严重。在越夏期间，采取“两改三及时”的管理措施，可防止败秧，取得丰产。

1）改栽培方式。改平畦栽培为起垄栽培，可以避免番茄根系受浸败秧。已经平畦栽培的，可结合培土，分次使畦心变为垄背。一般分2～3次培土完成，防止一次培土过量，影响根系吸收能力。

2）改整枝技术。当第一花序坐果时，以第二花序下长出的第一个侧枝代替主干。同样当其长出2个或3个花序后，在主干中部选一侧枝培养为主干。如此连续摘心换头，刺激植株更新生长，使植株越夏不败秧，坐果多。

3）及时供水肥。7天左右浇1次水，15～20天用复合肥加生物菌有机肥追肥1次，每亩追施15kg左右。与此同时，叶面喷施丰收1号加磷酸二氢钾溶液，使植株健壮不徒长。

4）及时防病虫。番茄越夏期间病害主要有疫病和病毒病，对疫病用甲霜灵·锰锌1000倍液喷治，间隔5天再喷1次。病毒病发病前，每隔7～10天喷1次盐酸吗啉胍、嘧肽霉素加氨基寡糖素（香菇多糖等），可防病毒病发生。此外，及时防治蚜虫，可设置防虫网并悬挂黏虫板，结合药剂防治同步进行，以防止蚜虫传播病毒病。

5）及时排积水。番茄怕水浸，浇水在早晚进行，如遇雨水进棚应立即排除定植垄间的积水。

7. 早防番茄落花落果

番茄栽培过程中，轻微的落花落果是正常的生理现象。但有些棚室因环境异常或管理不当而造成严重的落花落果，严重影响产量的提高。这种现象在棚室冬春茬、早春茬、越夏茬等生产中发生较为普遍，尤其以越夏茬番茄发生最为严重，往往是植株的第一花序的花、果实全部脱落，第二花序上的大部分落掉。

（1）发生原因 该现象的原因主要是在番茄花芽分化过程中受外界不良环境条件的影响，导致花芽分化不良，或因管理措施操作不当而引起植株生理紊乱。归结起来，主要有以下几方面的原因：

1）低温影响。冬春茬、早春茬番茄的（育苗期）花芽分化期处于寒冷季节，当棚室内夜温低于12℃时，尤其是较长时间低于10℃的情况下，严重影响到此段时期的花芽分化，造成花芽分化不正常。加上这两茬番茄第1～2穗花开花坐果期，外界温度仍较低，在棚室内温度低于14℃的条件下生长，难以正常授粉而落花。

2）高温影响。伏茬番茄第1～2穗果的生长正处于高温伏季，如不进行遮阴覆盖和降温通风不及时，棚内白天温度达到34℃，夜温高于20℃，花器会因受到高温的影响，容易授粉不正常造成落花，并且高温危害还容易造成幼果脱落。

3）肥水条件影响。氮肥使用量过大、水分供应充足等使植株出现徒长状况，养分分配不平衡，营养生长抑制生殖生长，花器发育不发达，造成落花落果严重。另一方面的原因是开花期遇到干旱或

供肥不足等也会造成落花落果。

4）光照条件影响。遇到连阴天，栽植密度过大，植株生长较旺，田间郁闭，导致透光不良、光照不足，叶片的光合作用减弱，制造的养分少或供应不足，造成落花或幼果脱落。

5）化学物质影响。施用药剂不当，导致植株受到不同程度的药害，也会发生严重的落花或幼果脱落。

（2）防治方法

1）重视苗期管理。改变传统的育苗方式，采用营养钵育苗，培育适龄壮苗。番茄从2片真叶期开始花芽分化，所以说在育苗过程中，就应该注意加强温湿度等方面的管理。首先应注意保护好幼苗的根系，在低温育苗时注意做好保温工作。伏季栽培过程中，以遮阴降温和适当控制肥水为主，以防高温干旱影响幼苗的花芽分化和正常生长。

2）合理的肥水控制。根据番茄的长势进行合理的肥水促控，对于长势较弱的幼苗，要浇偏心水、施偏心肥，增强植株长势。长势较旺时，加强肥水控制，防止植株徒长，造成营养失衡。

3）正确使用药剂。在用药过程中，注意控制好浓度。当幼苗或植株出现徒长状况时，可用助壮素或矮壮素等植物生长调节剂进行控制。为防止落花和提高坐果率，一般在生产中要用25～30mg/L的防落素进行蘸花处理。在蘸花处理时，一定要严格控制好药液的浓度，最好是少量做好试验后，再进行大面积使用。

4）疏花疏果。为了提高果实的商品质量，花期应进行疏花，摘除生长不正常的畸形花和小花蕾。每个花序上以保留4～5朵花为宜。也可在果实长到蚕豆大小时进行疏果，一般大果型品种每穗留2～3个果，中果型品种每穗留4～5个果，小果型品种每穗留6～8个果。

8. 改善棚室番茄弱光

连阴天对棚室蔬菜的生长发育较为不利。特别是番茄对光照反应敏感，光照不足时，生长发育缓慢，落花增多。

如果在弱光条件下温度较高，则花粉量减少，淀粉粒也小，花粉发芽率降低，雌蕊的花柱发育不良，受精能力则严重下降，未经受精的花就会脱落。在弱光条件下，果实的发育受到抑制，单果重量减轻，空洞果、果腐病果等异常现象增多。由于光照不足引起番茄弱光症，属生理性病害。

要防止番茄弱光症的产生，主要是尽可能地改善棚内光照条件及植株间的透光性。

目前，可以改善棚室内光照条件及植株间透光性的措施如下。

1）保持棚膜清洁，可用干拖布或干净软布擦拭棚膜，清除棚膜上的尘土、草屑等污物，增加棚膜透光度，提高室内光照强度，有利于温度提高和有机物质的制造与积累。

2）在番茄生长中后期，中午前后外界温度达到15℃以上时，适当揭开部分棚膜，让阳光直接射入棚内。

3）在番茄果实膨大后期，适当摘去植株下部叶片，防止果实转色不均。也可利用聚酯镀铝膜拼接成2m宽、3m长的反光幕，挂在塑料大棚（温室）后立柱上端，下边垂至地面，可使地面增光40%～43%，棚温提高3～4℃，地温提高1.8～2.9℃，并使果实品质有所改善；地面铺设银灰膜或铝箔，也能增加植株间光照强度，使番茄着色良好，并能防止下部叶片早衰。

9. 湿度大勿打杈

在棚室番茄生产中，许多菜农在对番茄进行整枝打杈时，没注意棚室中的湿度条件，在棚内湿度很大时整枝打杈，会造成一些病害发生增多，尤其是细菌性病害，通过整枝打杈时形成的伤口侵染，造成番茄病害多发。因此，应注意选择适宜的时间整枝打杈，主要就是避免在棚内湿度过大的环境下进行。需要注意的问题如下。

1）整枝打杈要避免在早上未通风前棚内湿气较大的环境下进行。一般情况下，上午9：00以前棚室尚未通风，湿度较大，若此时整枝打杈，伤口易感染细菌性病害。因此，整枝打杈最好选在上午通风后进行。

2）整枝打杈要避免在阴雨天气进行。阴雨天气棚内湿度长时间居高不下，最易造成细菌性病害的流行。若在此期内整枝打杈，留下的伤口极易染病。因此，番茄在整枝打杈时一定要选择晴好天气。

3）整枝打杈要避免在浇水后立即进行。浇水后1～2天，棚内

湿度较大，此时也不利于整枝打杈，最好选在浇水3天后棚内较干燥时再进行。

4）还要注意在进行整枝打杈前，喷一遍保护性药剂，如72%甲基托布津1000倍液或75%百菌清600倍液混加金利来600倍液等叶面喷施，可有效预防病害发生，做到防患于未然。

10. 严控番茄植株早衰

番茄对温室保护地环境有较强的适应性。尽管如此，由于在同一块地连年种植，且栽培措施不得当，很多地方的冬暖大棚番茄出现了早衰现象，造成畸形果增多、品质下降、产量降低，从而影响了菜农的收益。如何才能防止植株早衰呢？

据调查，田间番茄植株早衰的具体症状表现为：茎秆细，生长点瘦弱，侧枝少，叶片小且薄，颜色发黄，有时叶片上出现瘤状突起，极易出现裂果、空果及僵果，果实着色不良，果实小，植株抗性降低，容易引发大面积的流行病害。

根据我们试验，导致番茄植株出现早衰的原因主要有：①连作障碍。连年种植重茬严重，土壤状况恶化，即使大量使用肥料，也不会完全改善，易引起番茄早衰。②育苗措施不当。有些菜农习惯于提前育苗，结果前茬蔬菜还没有收获，番茄苗已经育好，往往让苗等棚，没办法只能定植大龄苗甚至小老苗等，常常引起植株茎秆中空，致使植株长势衰弱。③激素使用不当。幼苗出现徒长后，菜农常习惯喷施多效唑、矮壮素、助壮素等来控制幼苗徒长，如用药不当（如浓度过大或过小、时间早晚不适宜），常常形成头重脚轻的植株，用药浓度过大，易形成老化苗。

【综合防治措施】

（1）轮作 防止因连作引起的早衰，最有效的办法是与非茄果类蔬菜实行3年以上的轮作的措施，争取茬茬有变化，年年不相同，保持土壤结构稳定。轮作是防止重茬病害发生的有效措施。

（2）合理用肥 移栽期用生物菌肥作底肥与化肥一起施用并深翻土壤。生长期用甲壳素、腐殖酸类营养肥如丰收1号灌根，一般每亩地冲施8~12kg为宜。

（3）培育壮苗 根据茬口合理安排育苗时间，春季保护地番茄苗龄一般在50天左右，秋茬一般为25天左右，秋冬茬为40天，根据茬口腾出的早晚合理安排育苗时间。在番茄长出3片真叶时进行分苗，株行距10cm×10cm，再次培育壮苗等待定植。

（4）控制幼苗徒长 可采用加大育苗床的面积、合理控制浇水、分苗时加大株行距等措施来控制幼苗徒长。采用激素处理时除正确掌握浓度外，还应当注意使用时间，一般在幼苗长出4片真叶前使用效果最佳。

三 番茄浇水管理技巧

1. 秋延番茄浇好头三水

从番茄的生物学特性了解到，水分是番茄生长所需的重要部分，果实中有90%以上的物质是水分。水又是番茄进行光合作用的主要原料和营养物质运转的载体。番茄植株高大，叶片多，果实多次采收，对水分需求量很大，要求土壤相对湿度在65%～85%之间，番茄在湿润的土壤条件下生长良好，因此一定要保证充足的水分才能获取高产。

在秋延迟茬口的番茄生产中，整个生长期内浇水管理的关键在于头三水。

第一水：随定植，随浇水。为缓解幼苗移栽时缺水状况，这一水一定要及时，决不能拖延。这样才能保证定植后植株尽快转入正常生长，可大大缩短其缓苗期。

第二水：在第一水之后，注意地面稍干后及时划锄，以增加土壤透气性，保证土壤墒情。大约5天后，接着浇第二水。这一水也要大，另外可随水冲施EM综合菌液或酵素菌，不仅能使土壤湿润松软，而且还可增加番茄幼苗根部的有益菌群。同样，土壤晾干后要及时划锄。

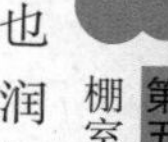

第三水：定植后的15天左右，可根据土壤墒情浇第三水。因夏季高温强光，水分蒸发量大，所以一般第三水也要浇大水，然后也进行划锄。

这三水对夏季定植的秋延迟番茄来说，是整个生长周期内水分管理的重中之重，可以为番茄苗期生长提供有利保证，还可以促进根系发育，促棵壮苗，使花芽发育更饱满，为丰产丰收奠定坚实的

基础。

2. 科学浇水严控樱桃番茄早衰

樱桃番茄生产中植株早衰成了制约其高产的一大难题。为此，我们经过多年试验总结发现，只要在浇水方面讲求科学方法就能有效预防植株早衰。具体操作方法如下。

（1）按不同生育期特点进行浇水 一般越冬或早春茬生产中，幼苗移栽时边定植边浇水，浇定植水后3～5天再浇1次缓苗水，一直到第一穗果坐住如蛋黄大小时再浇1次水。

结果前期植株较小，叶面蒸腾量小，果数也少，通风量也小，一般可10天左右浇1次水（水量要小）。以后随着植株的生长发育，结果数增多，通风量加大，蒸腾量增大，应缩短浇水间隔天数和增加浇水量，保持土壤见干见湿（以湿为主），一般可7天浇1次，采收期应保持土壤湿润，以提高单果重，并能保证果实正常成熟。

（2）根据茬次特点进行浇水 冬暖大棚栽培的越冬番茄，定植期一般在10月底，此时除浇足定植水并及时进行中耕保墒外，一般至第一穗果坐住可结合实际情况适量浇水2次。再就是注重浇坐果水，然后可加盖地膜保温保湿，若采用膜下浇小水或采用膜下滴灌、微喷等浇水方式，可在保证足够水分供应的同时避免降低地温。

天气转暖后加大浇水量以满足果实生长发育。早春栽培的大棚番茄，坐果后应及时浇水，以满足其对水分的需求。

（3）根据番茄长势浇水 植株深绿，叶片有光泽、绿而平、心叶舒展，是水分均匀适宜的表现。如心叶皱缩不展、叶色浓绿，晴天有轻度叶片下垂的为缺水表现，要及时补给水分。如心叶过度展开，叶大而薄，叶面吐水过多，是水分过多的表现，应控水防徒长。

（4）正确把握浇水时间 生育期应选晴天上午浇水。浇水后要通风、排湿，不宜在下午、傍晚或阴雨天浇水，否则易造成棚内湿度过大，引发叶霉病等病害。中午不宜浇水，尤其是在炎热夏季，因高温浇水易影响根系生理机能，所以应早晚浇水，以利降温。

3. 棚室番茄浇水四原则

（1）采取垄间膜下浇水 一般可采用宽窄行起垄盖地膜栽培法，宽行距80cm，窄行距50cm，垄高10～15cm，每垄栽一行苗。将相邻的两垄用一幅地膜盖上，在宽行间（操作行）同时覆地膜或覆盖干燥的麦秸、稻草等。据测定，采用垄间膜下浇水，可提高地温5℃左右，降低空气湿度9%～10%，减轻病害30%以上。

（2）浇水次数和浇水量 因番茄生育期不同，所以应掌握适宜的浇水次数和浇水量。一般在严冬当棚内气温和地温都比较低时，浇水量就要小，间隔时间要长，切勿大水漫灌，以防低温高湿导致番茄沤根。在幼苗定植时及时浇缓苗水，低温番茄发棵期要适量控制浇水；番茄第一批果实开始膨大时，要逐渐增加浇水量；结果盛期始终要保持充足的水分，棚室内土壤含水量不能低于20%。

（3）浇水时间的选择 浇水时间应选择晴天上午进行，浇水要尽量采用井水。尽量避开下午或连阴天，否则容易因棚内湿度过大而引发病害。

（4）阴天晴天浇水要有区别 晴天气温高应逐渐加大浇水量，阴天就少灌或不灌，连续阴雪天气请勿浇水。当天气由晴转阴时，水量要逐渐减少，间隔时间适当拉长；最好能做到浇水与施肥结合进行，施肥浇水后应合理通风换气。利用休棚期做好土壤处理，连续多年种植番茄的棚室，土壤环境日趋恶化，肥力降低，病虫害严重。进入夏季以后，应以休闲为主，采取综合措施，加强管理，为下一茬番茄生产做好准备。

1）灌水除盐，防止土壤盐渍化。温室番茄生产中，由于长期大量施用磷酸二铵、复合肥等，土壤中盐类离子聚于土壤表层，pH升高，产生盐类障碍，影响番茄生长。降低盐类浓度最为有效的方法是雨淋或灌水。温室休闲期间，应撤掉棚膜，让雨水淋灌土壤，使盐分淋失到土壤深层；或采取大水漫灌的方式除盐，也能有效淋失盐分。

2）土壤消毒，降低病虫源基数。上一茬作物拉秧后，应及时清除根、茎、叶，减少病菌残留，同时对土壤进行消毒处理。

3）深翻土壤，熟化土层。土壤深翻30cm，暴晒，以杀灭病原菌，减少虫源，活化耕层，防止土壤板结，增强土壤通透性，满足番茄根系的正常生长。

4）培肥地力，重施有机肥。为改善土壤理化性状，增强土壤肥

力，温室内应采用有机肥、生物菌肥为主，无机肥为辅的原则。

四 番茄施肥管理技巧

1. 科学施肥减少损失

冬季棚室闭棚时间长，若管理不当，常常会发生气害，影响番茄正常生长。冬季棚室番茄常发生的气害，主要是由追肥不当引起的，肥害危害叶片主要表现在中下部叶片。

由追肥引起的气害主要有两种：一种是氨气，它可以从叶片气孔侵入细胞，破坏叶绿素，使受害叶端产生水渍状斑，叶缘变黄、变褐、干枯。另一种是亚硝酸气体，它主要危害叶绿素，受害叶片变白，受害部位下陷并与健康部位界限分明。一般作物中下部的叶片受害严重，茄果类的蔬菜受害尤为严重。

施肥时需要注意：低温寡照的环境，植株根系活力较差，吸收功能下降，在这一阶段冲施复合肥会降低地温，不但降低肥料的利用率而且对根系造成刺激，得不偿失。所以说寒冷冬季棚室内切忌冲施一般的普通复合肥，可适量冲施高质全溶性肥及多肽复合肥。

浇水施肥前要根据天气预报合理安排，确保浇水后至少能有连续3~5天的晴好天气；另外连续阴雨天突然放晴，往往会造成植株出现大量的萎蔫症状，此时切不可急着浇大水冲肥，否则会导致根系窒息引起植株发生生理性萎蔫，甚至死棵。

有些菜农为了促进植株生长以及果实膨大，在浇水的同时会追施一定量肥料，比如鸡粪等有机肥、复合肥等一些氮元素含量较高的肥料，这些都可能会造成部分有害气体危害。因此，在追肥时，可选择晴天的上午进行，追肥以后及时通小风，防止出现气害。

发生气害后的补救措施：一是要及时松土，加强通风，使有害气体尽快散发，连阴天也要适当通风。通风强度一般掌握早晚小放、中午大放或低温时小放、高温时大放标准。二是及时给叶面补充水分和养分。喷施丰收1号、云大120或氨基寡糖素等进行叶面养护，促进受害番茄尽快恢复生长。三是将下部受害叶片和果实尽量摘除，促进营养向上部转移，确保植株继续正常开花结果，降低肥害造成的不利影响。

2. 叶面追肥牢记五点

叶面追肥对番茄产量的提高起着重要作用。要想确保叶面追肥起到良好的效果，就要及时针对不同情况采用不同营养类型的产品，综合来看应注意以下五点。

（1）要根据番茄的生长情况确定营养的种类 结果前期，植株生长比较旺盛、易徒长，应少用促进茎叶生长的叶面营养，可选用磷酸二氢钾、S-诱抗素等。结果盛期，植株生长势开始减弱，应多用促进茎叶生长的叶面营养来促秧保叶，可选用硕丰481、氨基寡糖素、香菇多糖等各类叶面专用营养液。

（2）要根据天气情况确定营养的种类 阴雨天气，温室内的光照不足，光合作用差，番茄的糖分供应不足，叶面喷糖效果比较好。

（3）叶面及时补钙 番茄果实生长需要较多的钙，土壤供钙不足时，果实容易发生脐腐病。因此，在番茄结果期主张喷施单质活性钙、过磷酸钙、氨基酸钙、补钙灵等钙肥以满足番茄对钙素的需要。

（4）叶面施肥的间隔时间要适宜 番茄叶面施肥的适宜间隔时间为5～7天。其中叶面喷施易产生肥害的无机化肥间隔时间应长一些，一般不短于7天；有机营养的喷施间隔时间可适当短一些，一般5天左右为宜。

（5）与防病结合事半功倍 温室内冬春季节叶面施肥往往会造成保护地内空气湿度明显增大，易引起灰霉病、叶霉病、早晚疫病以及其他叶斑病等。因此，连阴天叶面喷施肥料次数要减少。建议在叶面追肥时加入金利来、向农2号、安泰生等保护性杀菌剂，并在施肥后进行适当通风排湿以减少发病率。

3. 番茄追肥巧抓时机

番茄生长周期长，且连续结果能力较强，整个生长期需要大量的养分供应，但番茄在不同生育期对养分的吸收量也不相同。例如，番茄在生长前期对氮、钾肥吸收量较小，结果盛期增多。所以栽培番茄除施用基肥外，还需要根据植株生长发育规律，及时追施不同养分的肥料，才能保证丰产稳产。

1）提苗肥。为了促进番茄定植后迅速生长，可结合浇定植水或缓苗水进行第一次追肥，如腐熟人粪尿、硫酸铵、苗期专用肥等。对生长势弱的或是早熟品种追施提苗肥，能促使植株早发棵，提高

坐果率，避免落花落果。

2）初果肥。在第一穗果实即将成熟时，为促进第二、三穗上的果实成熟，追施初果肥，每亩施高氮高钾型复合肥（如多肽复合肥等）15kg，随水冲施即可。

3）盛果肥。在第二穗果实采收时，已进入番茄采收盛期，需要较多的养分供应，因此要注意追加肥料。盛果期如果缺肥，易使植株脱肥早衰，以后几穗果实发育不良。盛果期追肥，每亩施用高钾型复合肥20kg加微生物菌剂（含有枯草芽孢杆菌）10kg，既能保证果实膨大所需的养分，又能改善根际周围的环境。

4）催果肥。植株进入结果期，在每一穗果坐果并开始迅速膨大时，应结合浇水进行适当追肥。这是追肥的关键环节，追肥量要适当大些。

追肥的方法可随水冲施，也可开沟追施，同时还可配合叶面喷施，在番茄生长后期三者可配合使用，以增加肥效，延长番茄结果期。

番茄栽培中有一项传统的做法是花期不浇水，在第一、二穗花开放时更注重这一点，主要目的是预防落花落果。但现在从种植实践看来，管理得当，番茄在花期适当浇水不但不会造成落花落果，而且有时是必需的。

以前番茄花期不浇水是因为没采用蘸花技术，老的生产经验证明，如果花期浇大量的水容易造成严重的落花落果，使产量大受影响。因此，给人们形成了一种花期不能浇水的概念。如果花期过度控水，一是会使土壤过分干燥，使植株生长受阻，果实发育受阻。二是幼果得不到充足的水分供应，容易生脐腐病。在春季棚室栽培中，番茄的脐腐病多由花期过度控水而引发，而不是土壤缺钙问题。解决办法：一是花前适时浇水，使番茄进入花期时土壤保持湿润。这里讲的“适时”是根据各地不同土质条件掌握。二是发现干旱及时补水，此时不宜大水漫灌，适量补充水分即可。

植株长势偏旺且未蘸花时可以适当控水，此时应喷施矮壮素或助壮素抑制旺长，调节营养生长和生殖生长趋于平衡。在植株长势偏弱、已经蘸花的情况下，当土壤干燥缺水时一定要适量补水。药剂蘸花是防止落花落果的主要措施之一，适时蘸花既能防落花落果，又能抑制营养生长，所以花期可适当浇水，只是浇水量不宜过大，目的是保证花期所需的水分，不要干湿变化太大。因此，建议菜农朋友一定要改掉番茄花期过度控水的老习惯。

第四节　棚室番茄冻害发生原因及防护措施

一　冻害发生的原因

1）强寒潮剧烈降温。由于骤然降温，加上保温措施跟不上，致使棚内最低温度低于蔬菜受害临界温度。这种现象多发生在每年的初霜冻期，一般温室大棚的边缘处保温差，菜苗容易受冻。

2）大风刮破棚膜。由于近几年沙尘暴频繁发生，常使棚上加盖的草苫或棉被突然被风刮走，甚至大风刮破棚膜，使塑料棚失去保温作用。2010 年春季，我国西北地区由于沙尘天气，使许多温棚蔬菜受冻害，陕西当年受害面积也较大。

3）大雪压垮温棚构架。骤降大雪后由于温度低，覆盖在棚上的积雪不易融化，使棚架严重变形，甚至压塌棚架，导致冷空气侵入棚内发生冻害。2007 年冬季和 2008 年初春，我国许多省份就发生了此类灾害事件。

4）连阴雪天气。由于连阴雪天气日照较弱，棚内得不到能量补偿，不加温大棚内的温度下降，持续低温使蔬菜生长不良，甚至死苗。例如 2011 年冬季和 2012 年春季，5 天以上的连阴雪天气就有 3～4 次，最长的 1 次连阴雪天气持续 7 天，致使陕北 50%、关中 15% 的温棚蔬菜发生冻害。

二　防冻害的措施

1）温棚结构要合理。建棚时结构布局要合理，拱度要均匀、骨架以铁架为好，以增加抗负荷能力。大雪后要及时清除棚上积雪。

2）采取防风措施。用压膜线压紧棚膜，及时修补洞孔，膜对接处要上风向压下风向，以防漏风揭膜。大风之前要拉上压膜线并盖草苫，加固护膜，有条件的可设风障。

3）采取增温措施。棚内增施有机肥酿热物，如增施大量马粪可

提高地温。寒冬期有条件的可生木炭火或用地热线加温。

4）多重保温。棚内加双层保温幕，夜间草苫上加盖防寒膜。

5）合理调控棚温。阴雨（雪）天棚内温度要比平常低2～3℃，白天增温后可小通风促进气体交换，降低棚内湿度。连阴后初晴，中午应加盖草苫防暴晒，以防菜苗萎蔫。

6）适时浇水。棚内霜前浇水。据编者多年试验，棚内及时浇过冬水，可提高棚温1～2℃。

7）熏烟。可结合防病，午夜在棚内熏烟，早晨最低温度可提高1～1.5℃。

三 冻害发生后的补救措施

1）覆盖遮阴。冻害发生后及时覆盖遮阴，防止日晒，减轻受害程度。据编者试验，温棚黄瓜受害后不打开草帘，日出前盖上遮阳网，结果中度以下受害的菜苗都恢复了生长，而未盖遮阳网的菜苗则植株叶片枯萎，部分叶片死亡。

2）适当补水追肥。轻度冻伤的菜苗应适量浇水，追速效肥并及时松土，促进植株恢复健壮生长，尽快恢复长势。

3）及时补苗。育苗时应分期播种，留备用苗，当菜苗受冻较重无法挽回时，立即利用富余菜苗补栽。

第六章 棚室番茄病虫害诊断与防治

第一节 棚室番茄病害新特点及防治

随着番茄栽培面积的不断扩大及栽培时间的增长，病害发生呈现出新的特点：老病害逐步加重，新病害相继出现，且常常多种病害同时发生，交替出现，危害更加严重，防治越来越困难。菜农朋友应认清这些特点，做到有效防治。

一 番茄病害的新特点

1. 土传病害发生面积大且日趋加重

温室一旦建成，重茬连作不可避免，每年换土又不现实，易造成土壤中病菌的积累。如枯萎病、菌核病及根结线虫病等在许多温室、大棚内均成为主要病害，并有蔓延之势。

2. 低温高湿病害发生重

棚内的小气候可调节范围有限，良好的肥水管理加重棚内湿度，客观上会促进许多喜低温、高湿病害如灰霉病、晚疫病等严重发生。

3. 细菌性病害及病毒病日趋严重

长期以来，一直注重对真菌类病害的防治而使细菌性病害、病毒病乘虚而入，逐步加重。如细菌性疮痂病、溃疡病、青枯病和软腐病等均呈加重趋势。病毒病也由主要为害叶片，转向为害果实。

4. 新病害不断出现

特殊的栽培环境、良好的生态条件促成了一些新病害相继出现，并成了保护地番茄生产中新的制约因素，如红粉病、圆纹病等均使

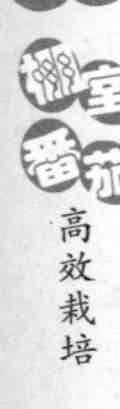

防治工作增加了难度。

5. 生理性病害种类增多且辨别难度增加

棚内温湿度等可调节范围有限，一旦遭遇恶劣天气条件，会造成棚内湿度大、地温偏低、通风不良等，从而影响番茄的正常生长，影响根系对养分的吸收，造成植株生长失调而表现出多种生理性病害，并加重生物性病害发生。如低温障碍、生理性早衰、肥害、气害等情况混发，导致一时难以诊断找出确切病因。

二 番茄病害的防治

番茄容易发生的病害虽然很多，但这些病害的发生都有特定的环境，如病毒病在高温干燥的条件下容易发生，灰霉病易在低温高湿的环境下发生等。因此，在番茄的病害防治上应根据不同时期、不同季节采取不同的防病措施进行防治。

1. 苗期防徒长，防病毒病

秋茬番茄育苗期处于夏季高温时期，由于温度高，苗密度大，若管理不合理，很容易使幼苗发生徒长，从而影响到后期的开花结果。因此，番茄苗期一定要控棵，育壮苗。可通过控湿、遮光降温等措施控制苗的长势。晴天中午在苗床上覆盖遮阳网，避免高温强光照危害，在其他时间应尽可能地通风透光，避免弱光造成小苗徒长。

病毒病的防治一定要从苗期入手，同时，7～8 天喷 1 次嘧肽霉素或盐酸吗啉胍加上氨基寡糖素等进行预防害虫。

2. 开花结果前防“烂根茎”

“烂根茎”主要有根腐病和疫病，在阴雨天气较多的情况下，病害发生特别严重。这两种病都是土传病害，要以预防为主。在番茄定植缓苗后，可用恶霉灵加根腐清加生根剂进行灌根，预防根腐病和疫病的发生，10 天后再灌 1 次，基本可防止烂根发生。

此期要控水控湿，防止湿度过大引发病害的发生，在降雨前还要做好防雨措施，防止雨水进入大棚，影响番茄植株的生长。

3. 开花结果期防细菌性病害和叶斑病

秋茬番茄进入开花结果期后，细菌性病害流行，在管理上要重点防治。如细菌性溃疡病可用噻菌酮、喹啉酮等与金利来混合喷雾，也可选择农用链霉素、中生菌素等药剂进行提前喷雾预防；番茄青枯病可用上述药剂进行灌根防治，隔 7~8 天灌 1 次，连灌 2~3 次。对于叶斑病如灰叶斑、芝麻斑、圆斑病等病害可选用向农 5 号 + 喹啉铜 + 丰收 1 号，配合用药防治。

4. 结果盛期养叶护根

随着季节变化，气温逐渐下降，番茄也逐渐进入结果盛期，此时由于气温较低已扣棚盖帘，棚内湿度较大，在加强棚室环境控制的同时重防叶霉病、灰霉病和早晚疫病，保叶、保果以保证番茄正常收获。同时，此期施肥应注意多用些腐殖酸肥或生物肥，以促进根系生长，保持土壤温度。

【综合防治措施】

1）可以通过选用抗病品种、合理施肥、合理套作与轮作倒茬、清洁田园等措施加以改善。

2）生态防治。不同病害适宜的温湿度不同，应依据不同温室内的具体情况，科学管理控制温湿度，尽量保持较低的空气湿度，避免出现高温高湿及低温高湿的环境条件，温度一般白天控制在 20~25℃之间，夜间 13~15℃，适温范围内采取偏低温管理。合理通风，适时浇水，改善光照条件等。

3）化学防治。在熟悉病害种类、了解农药性质的前提下，对症下药，适期用药，讲究施药方法，选用高效、低毒、无残留农药，把化学防治的缺点降到最低限度。

第二节　主要病害诊断及防治

一　生育伤害

生育伤害是由外界机械创伤、风害、雹害、虫害、动物咬伤引起的短时间内突然发生，没有病理变化过程的病害。温室番茄的生育伤害主要是虫害和人为损伤。

二　侵染性病害

侵染性病害的诊断应从寄主植物、染病植物所处的环境条件和病原物三方面着手。真菌性病害通常在病组织表面可见到真菌产生孢子的子实体。细菌性病害诊断首先对光观察病叶，病斑边缘是否

呈油浸状或透明状，切取小块病组织，低倍镜下观察可见大量菌脓溢出。病毒性病害主要根据植株发病后表现出的失绿、畸形等特殊症状诊断，同时受害部位不形成子实体，见不到菌脓。

1. 真菌性病害

真菌性病害引起寄主植物的主要病状有两类：一是坏死和腐烂，如各种叶斑、叶枯、根腐、果腐等。二是萎蔫，由于病原侵染根部、维管束组织而造成萎蔫等。

真菌性病害的病症主要有：一是形成霉状物，如霜霉、黑霉、煤污病等。二是形成粉状物，如各种白粉、黑粉。三是形成锈状物，如各类锈病形成的黄褐色、橘黄色铁锈状物。四是染病组织和器官上形成各种小点，如黑色小点、褐色小点和白色小点等。五是产生各种菌核、菌索等。

2. 细菌性病害

细菌性病害的病状有叶斑、条斑、穿孔、焦枯、萎蔫、腐烂、瘤肿和畸形等。

1）叶斑。大多数叶斑的发展受叶脉的限制而为多角形，发病初期表现为半透明水浸状，渐变为暗色，同时多数病原细菌能分泌毒素，使病健交界处植物组织变黄，形成围绕病斑的黄色晕圈，潮湿时有“脓”，特征为球状液滴。

2）条斑。在平行叶脉植物上形成条斑，有的有黄色晕圈，有的不明显，诱发病症可从叶片上部剪断，叶基插入水中，保湿后可见剪口病斑处溢出菌脓小滴。

3）穿孔。叶斑形成后从叶片上整个脱落。

4）焦枯。植物枝、梢、叶、茎等器官大部分或全部生病坏死的病状。

5）腐烂。真菌性腐烂在潮湿时多形成霉层，而细菌性腐烂看不到霉层，在病组织外有黏液状病症。

6）萎蔫。细菌危害植物输导组织后导致茎叶失水萎垂的症状。病株茎断面输导组织变色，多数可挤出菌脓，或以断茎一端插入水中，保湿培养1天，可在上部断面出现溢脓的现象。

3. 病毒性病害

植物病毒的感染大多是全株性的，往往全株都表现症状，有时与非侵染性病害的症状十分相似。植物病毒病害的地上部症状明显，地下部不明显，但有的可使根部发生瘤肿症状，而间接影响地上部症状。

【症状类型】 ①各种类型的变色和褪色。花叶和黄叶是常见的两大类型。花叶是指叶肉颜色深浅不匀，叶片呈现浅绿、深绿、黄绿相间的斑驳；黄叶是叶片均匀褪绿或黄化（彩图1）。叶片变色的症状不受叶脉的限制，明脉是在花叶出现的早期，叶脉色泽特别浅，透光度强，看起来比一般叶脉略宽且透亮。有时在花瓣和果实上也可形成各种斑驳。②畸形（卷叶、缩叶、皱叶、萎缩、丛枝、瘤肿、丛生、矮化、缩顶及其他各种类型的畸形）。③枯斑、环斑和组织坏死。

三 常见侵染性病害

1. 菌核病

【症状】 叶、茎、果实等部位均可被侵染。叶片染病始于叶缘，初呈水浸状，浅绿色，湿度大时长出少量白霉，病斑呈灰褐色，蔓延快，致叶枯死。果实及果柄染病，始于果柄，并向果面蔓延，致未成熟果实似水烫过一样，菌核外生在果实上（彩图2）。茎染病多由叶基部侵入，病斑灰白色稍凹陷，后期表皮纵裂，边缘水浸状，严重的病斑长达菌核的4~5倍。剥开茎部，可见大量菌核，严重时植株枯死。

【发病条件】 病菌萌发的适温为20℃，相对湿度80%以上；低温高湿、通风不良、栽培密度过大等有利于发病。

【防治方法】 ①深翻晒土，改善土壤环境。②实行轮作，避免重茬。③清洁田园，清除病残体。④加强通风排湿，合理调节温度。⑤结合药剂防治，可用菌核净、向农2号喷雾防治。

2. 茎枯病

【症状】 主要为害茎和果实，也为害叶和叶柄（彩图3）。茎部出现伤口易染此病。病斑初为椭圆形，褐色凹陷溃疡状，后沿茎上下扩展到全株，严重时病部变深褐色干腐，并可侵入维管束；果实染病时侵染绿果或红果，初为灰白色小斑块，后随病斑扩大凹陷变褐色，长出黑霉，引起腐烂。叶片感染病害形成不规则的褐斑，病

斑继续扩大时，叶缘卷曲，最后叶片干枯或全株死亡，有别于早疫病。

【发病条件】 病原为真菌，随病残体在土壤中越冬，借风、流水或滴水传播，高湿多滴水易发此病。

【防治方法】 ①选用耐病品种，并加强各项农事管理，培育壮株，增强其综合抗病性。②药剂防治。发病初期喷用75%百菌清可湿性粉剂600倍液，或58%甲霜灵·锰锌可湿性粉剂500倍液。

3. 青枯病

【症状】 受害株苗期危害症状不明显，植株开花以后，病株开始表现出危害症状（彩图4）。叶片色泽变浅，呈萎蔫状。叶片萎蔫先从上部叶片开始，随后是下部叶片，最后是中部叶片。发病初始叶片中午萎蔫，傍晚、早上恢复正常，反复多次，萎蔫加剧，最后枯死，但植株仍为青色。病茎中、下部皮层粗糙，常长出不定根和不定芽，病茎维管束变黑褐色，但病株根部正常。横切病茎后在清水中浸泡或用手挤压切口，有乳白色黏液溢出（病菌菌脓）。

【发病条件】 病原为细菌青枯假单胞菌。危害番茄、茄子、辣椒、马铃薯、生姜等多种作物。病原细菌主要随病残体在土壤中越冬，无寄主时，病菌可在土中营腐生生活长达14个月，成为该病的主要初侵染源。该菌主要通过雨水、灌溉水及农具传播。病菌从根部或茎基部伤口侵入，在植株体内的维管束组织中扩展，造成导管堵塞及细胞中毒。病菌喜高温、高湿、偏酸性环境，发病最适气候条件为温度30～37℃，最适pH为6.6。土壤含水量超过25%时，植株生长不良，久雨或大雨后转晴发病重。浙江及长江中下游地区主要发病盛期为6～10月。番茄的感病生育期是番茄结果中后期。常年连作、排水不畅、通风不良、土壤偏酸、钙磷缺乏、管理粗放、土壤湿度大的地块发病较重。年度间梅雨多雨、夏秋高温多雨的年份发病重。

【防治方法】 ①选用抗病品种。②轮作嫁接。可把番茄与非茄科作物（如葱、蒜、瓜类、十字花科蔬菜或水稻等）实行4～5年以上轮作，或采用嫁接技术控制。嫁接可用野生番茄CH-2-26作为砧木。③降低湿度。选择排水良好的无病地块育苗和定植。地势低洼或地下水位高的地区采用高畦种植，开好排水沟，使其雨后能及时将雨水排干。④中耕除草。番茄苗生长早期，中耕可以深些，以后浅些，到番茄生长旺盛期，停止中耕同时避免践踏畦面，以防伤根。⑤清除病原。若在田间发现病株，应立即拔除烧毁，清洁田园，并在拔除部位撒施生石灰粉或草木灰或在病穴灌注 2% 甲醛液或 20% 石灰水。⑥药剂防治。在青枯病发病初期用 4% 嘧啶核苷类抗生素 600 倍液，或 72% 农用硫酸链霉素可溶性粉剂 4000 倍液，或新植霉素 4000 倍液灌根，每株灌 0.3 ~ 0.5L，8 ~ 10 天灌 1 次，连灌 2 ~ 3 次，防治效果较好。在进行药剂防治的同时，适当喷施一些叶面肥，可以有效促进番茄恢复生长，而少施氮肥，多施有机肥和磷钾肥，也能增强植株的抗病力。

4. 炭疽病

【症状】 主要为害近成熟的果实，果面任何部位都可以受侵染，一般以中腰部分受侵害较多（彩图 5）。染病果实先出现湿润状褪色的小斑点，逐渐扩大成近圆形或不定形的病斑，直径 1 ~ 1.5cm，中间部分略凹陷，且颜色变黑褐色，有同心轮纹并长出黑色小粒点，湿度较高情况下后期还长出粉红色黏稠状小点，病斑常呈星状开裂，病斑四周有一圈橙黄色的晕环。发生严重时病果在田间就可以腐烂脱落。不少受侵染后未发病的果实在采收后储藏、运输和销售期间可陆续显症，使腐烂果实不断增多。

【发病条件】 病原是番茄刺盘孢，属于半知菌的一种真菌。病菌主要以菌丝体和分生孢子盘在病残体上越冬，第二年气温回升遇有降雨或湿度大时长出分生孢子，通过风雨溅散，灌水及昆虫传播。幼果期温度在 24℃ 左右，多雨、露重、湿度大均有利于病菌侵染；果实接近成熟期，温度上升至 28 ~ 30℃，多雨、湿度大则有利于病害的发展流行。土壤黏重或地势低、种植过密，管理粗放，田间通风透光性差均有利于该病发生。

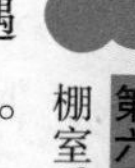

【防治方法】

（1）加强栽培控病管理

1）收获后做好清园工作，销毁病残体。

2）深翻晒土，结合整地施足量优质有机底肥，高畦深沟栽植。

3）番茄是生长期较长的作物，要精心管理，及时整枝、打杈、绑蔓，勤除草以利于田间通风降湿，果实成熟期及时采收，提高采收质量，病果带出田外及时销毁。

（2）药剂防治 幼果期可做一次预防性喷药。

1）预防方案：用奥力克速净500倍液稀释喷施，7天用药1次。

2）治疗方案：轻微发病时，用奥力克速净300~500倍液稀释喷施，5~7天用药1次；病情严重时，用奥力克速净300倍液稀释喷施，3天用药1次，喷药次数视病情而定。

3）施药时间：避开高温时间段，最佳施药温度为20~30℃。

5. 斑点病

【症状】 主要为害叶片（彩图6）。初生绿褐色水浸状小斑点，后扩大，边缘黑褐色，中间灰褐色，直径2~3mm，病斑圆形或近圆形，病斑周围形成不规则形黄化区；后期病斑中间穿孔，叶片黄化枯死或脱落。

【发病条件】 病原为番茄匍柄霉，以菌丝和分生孢子随病残体在土壤中越冬，第二年条件适宜时进行初侵染，发病后病部产生分生孢子借风雨传播，进行再侵染。我国露地和棚室均有发生，气温20~25℃及连续连阴雨后的多湿条件易发病。

【防治方法】

（1）基本方法

1）采用配方施肥技术，施用酵素菌沤制的堆肥或充分腐熟的有机肥，合理灌溉，避免浇水过量，棚室浇水改在上午，适时放风，防止湿度过高。

2）注意田间卫生，及时收集病残物烧毁。

（2）药剂防治

1）发病初期喷洒30%碱式硫酸铜（绿得保）悬浮剂400倍液或50%琥胶肥酸铜可湿性粉剂500倍液、14%络氨铜水剂300倍液、77%可杀得可湿性粉剂500倍液、56%靠山水分散微颗粒剂800倍液、47%加瑞农可湿性粉剂800~900倍液，隔10天左右喷1次，每亩喷兑好的药液65L。采收前3天停止用药。

2）发病初期开始喷洒36%甲基硫菌灵悬浮剂、40%多·硫悬浮剂 600 倍液、50% 复方甲基硫菌灵可湿性粉剂 800～900 倍液、50% 多菌灵可湿性粉剂 1000 倍液 +75% 百菌清可湿性粉剂 1000 倍液，隔 10 天左右喷 1 次，连续防治 2～3 次。

6. *溃疡病*

溃疡病是近几年危害开始扩大的一种细菌性病害，发病严重时对产量和产值影响很大。

【症状】 溃疡病对叶、茎、果均有危害（彩图 7）。叶片受害时小叶边缘卷曲，随后全叶发病，表现为皱缩、干枯、变褐。茎和叶柄受害时产生长条形褐斑，茎上增生不定根，受害处有时开裂。茎内维管束变褐，后期腐烂中空，易折倒。果实被害时，形成圆形病斑，边缘白色，中部为粗糙的褐色突起，呈鸟眼状。

【发病条件】 溃疡病的病原菌可在种子上及病株残体上越冬，远距离的病害传播主要靠种子带菌。发病后扩大蔓延，是通过人工操作接触和溅水传播。

【防治方法】 ①从种苗做起进行严格消毒。②在田间发现中心病株要及时拔除销毁，防止二次侵染。③防接触和汁液传染。发现病株后，田间操作时不要在接触病株后碰伤健株。如果进行整枝，必须配合消毒，消毒药剂可用喹啉酮、噻菌酮加金利来溶液。④配合药剂防治。发病初期，可喷洒噻菌酮、喹啉酮、DT、金利来等药剂，每 7 天左右喷 1 次，连喷 2～3 次。

7. *病毒病*

全国各地普遍发生，危害严重。发病率以花叶型最高，蕨叶型次之，条斑型较少。危害程度以条斑型最严重甚至绝收，蕨叶型居中，花叶型较轻。

1）黄化卷叶病毒病（简称 TY 病毒）：该病害与其他病毒相比较而言，具有暴发突然、扩展迅速、危害性强、无法根治的特点，是一种毁灭性的番茄病害。其染病特征为：植株生长迟滞矮化，顶部新叶变小、褶皱簇状、稍发黄、边缘上卷、叶厚脆硬。幼苗染病严重矮缩，开花结果异常。成株染病的植株仅上部叶和新芽表现症状，中下部叶片及果实一般无影响。

2）花叶型病毒病：叶片出现明脉、轻重花叶、斑驳和皱缩，顶

叶变小，叶细长狭窄或扭曲畸形，植株较矮小，出现落花落果、果小质劣，果面着色不均匀呈花脸状现象。

3）蕨叶型病毒病：黄绿色顶芽叶细长，呈螺旋形下卷，并自上而下叶片全部或部分变成蕨状叶，叶片背面叶脉呈紫色，微现花斑，中下部叶片边缘向上卷曲，特别是下部叶片有的卷成筒状。花冠肥厚增大。病果畸形，剖视果心呈褐色。植株矮化，细小簇生。

4）条斑型病毒病：可发生在叶片、茎蔓和果实上。叶片上为茶褐色斑点或云纹斑；茎蔓初生暗色下陷短条纹，后为深褐色油渍坏死条纹，可蔓延围绕，使病株死亡。果面上布有形状不一的褐色斑块或呈浅褐色水烫状坏死。病部变色仅局限于表皮组织，不深入茎内和果肉。

【发病条件】 病毒病的传播一般通过植物汁液接触传染，病毒由伤口侵入，比如刺吸式口器害虫为害、农事操作传毒等。高温干旱条件下，蚜虫、粉虱类害虫发生数量大，并且有异地群体迁移情况，使发病较重。该类病害以夏秋季露地和大棚番茄发病最重。

【防治方法】 ①选择抗病品种很关键。②做好种子消毒。播前种子进行处理，先清水泡种3～4h，再转入10%磷酸三钠溶液里继续浸种40～50min，捞出后用清水冲洗30min，再进行催芽或直接播种。③加强栽培管理。尤其是秋延迟番茄可适当晚些定植。加强肥水管理，培育壮棵；提早设置防虫网，并严格防治棚内害虫。④及时配合药剂预防。进入病毒病高发期后，定期喷施嘧肽霉素、宁南霉素、三氯异氰尿酸加氨基寡糖素、香菇多糖等，可起到钝化病毒、提高植株抗性的作用，降低病毒病发生概率。

8. 灰霉病

番茄灰霉病是棚室番茄生产中重要的顽固病害，易产生抗药性，病菌成熟孢子易四处飘散造成二次侵染。该病多发生于冬春季节，主要先从残花、败叶等病残体发病，继而造成病害流行。

【症状】 为害幼苗、成株果实、叶片。幼苗受害，先在叶片和叶柄上产生水浸状腐烂，后干枯，表面密生灰色霉层。发病重时，扩展到幼茎上造成幼苗猝倒而死亡。成株期受害，主要为害果实，幼果和绿果发病多先从果顶萼片处发病，病部呈灰白色、水渍状，发软，最后腐烂（彩图8）。病部长满厚厚灰色霉层。病果一般不脱落。继续扩展，果实与果实之间可以互相感染。叶片受害时，长出大型灰褐色水浸状病斑，湿度大时病部生有灰色霉层，干燥时病斑灰白色，隐约可见轮纹状。发病严重时茎梢也可变褐腐烂，病部长满灰色霉层。

【发病条件】 田间发病后，病部产生大量分生孢子，主要借风雨传播，农事操作也可传播。该病的发生还与湿度相关，密植、氮肥过多或缺乏、绑蔓不及时、管理粗放等都能加重灰霉病侵染和流行。

【防治方法】 ①严格做好土壤消毒处理，培育壮苗。②栽培管理上，保持棚室清洁，及时清除残花败叶等病残体，绝不要随便堆在墙角或弃之室外。③加强通风透光是控制灰霉病流行的重要措施。及时摘除植株下部老叶增加通风透光。加强通风，降低湿度，把空气相对湿度控制在80%以下，可有效控制灰霉病的发生。④喷药和熏棚结合用药。发病初期，选择向农2号600倍液+金利来800倍液进行喷雾，每5~7天喷1次，连续喷3次。注意喷药一定要均匀周到。同时结合药剂熏棚，可选用速克灵、腐霉利等烟剂每亩350g，每次熏烟6h左右即可。

9. 叶霉病

番茄叶霉病是温室番茄普遍发生、危害严重的一种病害，常造成叶片早枯而提早拉秧。

【症状】 主要为害叶片（彩图9）。发病时，先从植株下部叶片开始，逐渐向上蔓延。受害叶片初时在叶背面产生界限不清的浅绿色病斑，潮湿时病斑上长出紫灰色密实的霉层，叶片正面出现浅黄色病斑，病斑后期长出霉层。病斑扩展后，叶片卷曲干枯、脱落。偶尔为害果实，果实上病斑多从蒂部向四周扩展，呈圆形、黑色，后期硬化并稍凹陷，老病斑的表皮下有时产生针状的小黑点（菌丝块）。

【发病条件】 高温高湿有利于该病害的发生。其发病适温为20~26℃，侵染最适温度为24~25℃，空气相对湿度在80%以上。因此，温室通风不良，湿度过大，极易满足病菌对湿度的要求，特

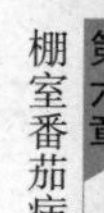

别是阴雨天或弱光照有利于分生孢子的萌发和侵入，使叶霉病严重发生。

【防治方法】 大棚番茄生产中叶霉病是公认的顽固病害，因此应以预防为主，提早采取综合防治措施。①做好种子消毒，可用52℃温水浸种30min。②重病区可提早进行闷棚、熏棚消毒，利用高温时节进行高温闷棚或选择速克灵等烟熏剂熏棚。③从定植后便加强农事管理，如适当控制灌水，加强通风、透光，提高植株抗病能力。④一旦发病，及早选用药剂防治。可选择向农3号600倍液进行喷雾防治。此时注意不要通底风，否则会导致病菌孢子大量扩散而增加防治难度。

10. 早疫病

番茄早疫病又称番茄轮纹病，是温室番茄发生早、危害时间长的一种普遍发生的病害。发生严重时造成叶片早枯，严重减产。

【症状】 早疫病主要为害叶、茎及果实。叶片受害时初生水浸状暗褐色小斑点，扩展后呈圆形或椭圆形，直径达1～3cm，病斑边缘深褐色，中央褐色，有同心轮纹；后期病斑中间有时破裂（彩图10）。潮湿时病斑上长出黑色霉状物。茎秆受害多在分枝处发生病斑，呈灰褐色，椭圆形，稍凹陷，具有同心轮纹的病斑上面长满黑色霉物。

【发病条件】 番茄早疫病病菌在15～30℃均可生长，温度15℃、相对湿度80%以上时开始发生，温度20～23℃且遇连续阴雨或高湿度时，易造成病害流行。大棚番茄生产中，早疫病发生早、危害时期长。田间结果初期开始发病，盛果期病害严重。老叶一般先发病，幼嫩叶片待衰老后才发病。植株长势弱、温室管理不好、湿度大、通风不良时，一般发病早而重。

【防治方法】 ①选用无病种苗，尤其要培育壮苗。②定植后农事管理要注意通风，降低湿度，按配方施肥，以提高植株抗病力。③发现病叶、病果及时摘除带出室外深埋或烧毁。④及早选择药剂防治，如异菌脲、多抗霉素等。

11. 晚疫病

【症状】 多在成株期发病，主要为害果实和叶片。叶片发病多从下部叶片的叶尖或边缘出现不规则形的暗绿色水浸状病斑开始，后变为褐色（彩图11）。湿度大时，病势发展迅速。在叶背面病健交界处长出一圈白色霜霉状霉层，整个叶片很快腐烂。干燥时，病部干枯，呈青白色，脆而易碎。果实多青果发病。在果面上长出灰绿色水浸状硬斑块，边缘不明显，后变为深褐色，湿度大时病部长出少量白霉。果实病后一般不脱落，重时整个果实烂掉。茎部受害时，开始形成暗褐色斑，后变黑褐色，稍凹陷，病部边缘生有较浓白色霉层，最后表皮腐烂，茎秆易从部分腐烂处弯折。

【发病条件】 该病害多从下部叶片、果实开始发病。如果条件适宜，经过3～4天的潜育期就形成新的孢子囊，10多天内全棚番茄就会普遍发展。若遇低温高湿，易于发病。

【防治方法】 ①在番茄种植区，尤其是发病重的棚室，最好进行3年以上轮作（与非茄果类蔬菜），或选择抗病品种。②加强棚内通风透光，控制温室内湿度。定植不宜过密，要早搭架，及时整枝，适当摘除植株下部老叶，以改善通风透光条件。③不可大水漫灌。④配合药剂防治。选择向农1号、氰霜唑、烯酰吗啉·锰锌等药剂进行喷雾防治。

12. 根结线虫病

番茄根结线虫在许多菜区的发生状况呈逐年上升趋势，尤其是在保护地番茄栽培中，危害更严重，同时不断向其他蔬菜上扩展。只有识别并掌握该虫的生活习性和活动规律，采取相应的防治措施，才能取得较好的防治效果。

【症状】 主要发生在根部的须根或侧根上（彩图12）。病部产生肥肿畸形瘤状结，解剖根结有很小的乳白色线虫埋于其内。地上部轻病株症状不明显，重病株矮小、生育不良、结实小，干旱时中午萎蔫或提早枯死。

【形态特征】 成虫为雌雄异形，幼虫呈细长蠕虫状。雄成虫线状，尾端钝圆，无色透明；雌成虫梨形，乳白色。

【发病条件】 根结线虫常以2龄幼虫或卵随病残体在土壤中越冬，可存活1～3年。第二年条件适宜，越冬卵孵化为幼虫，继续发育并侵入寄主，刺激根部细胞增生，形成根结或瘤。初侵染源主要

是病土、病苗及浇水。地温为25～30℃，土壤持水量40%左右，病原线虫发育快，10℃以下幼虫停止活动，55℃经10min死亡。地势高燥、土质疏松，有利于发病。

【防治方法】 ①合理轮作，选用无病土育苗。②根结线虫分布在3～9cm土层，深翻可以减少病害。③在播种或定植时穴施2.5%阿维菌素颗粒剂，每亩1～2kg，注意与土壤搅拌均匀后方可定植。④在番茄生长中期可选用阿维·毒600～800倍液进行灌根处理。⑤也可以利用空棚期选择线虫熏蒸剂如农大963、V8液等随水冲施，施药后覆地膜，15天后揭膜翻耕透气，再播种或移栽。

13. 番茄圆纹病

【症状】 番茄圆纹病又称实腐病，主要为害果实及叶片。果实染病初生浅褐色后转为褐色凹陷斑，扩大后可发展到果面的1/3，病斑不软腐，略收缩干皱，具有轮纹，湿度大时，可长出白色菌丝层，后病斑渐变为黑褐色，表面生许多小黑点，病斑下果肉紫褐色，有的与腐生菌混生致果实腐烂；叶片染病，初生褐色或浅褐色斑，大小为（1.5～22）mm×（1.3～17）mm，有时几个病斑连片占叶面的1/3～1/2，病斑圆形或近圆形，病斑具整齐近圆形轮纹，病斑不像早疫病那样易受叶脉限制，轮纹较平滑、突起不明显，后期生不明显小黑点，即病原菌分生孢子器。

【发病条件】 以分生孢子器随病残体留在地表越冬，第二年散出分生孢子，萌发后产出芽管侵入寄主。后又在病部产生分生孢子器及分生孢子，借风雨传播蔓延，进行再侵染。气温27℃利于该病发生或流行。

【防治方法】 ①收获后彻底清除病残体，集中烧毁或深翻入土，减少初侵染源。②与非茄科作物实行2年以上轮作。③发病初期喷洒75%百菌清可湿性粉剂500倍液、40%多·硫悬浮剂500～600倍液、50%混杀硫悬浮剂500倍液、1∶1∶200波尔多液、77%可杀得可湿性粉剂500倍液、50%琥胶肥酸铜（DT）可湿性粉剂400～500倍液，隔10天左右喷1次，防治1次或2次。

14. 褐斑病

【症状】 叶片病斑近圆形或椭圆形，大小不等，直径1～10mm，灰褐色，周缘明显，中间凹陷变薄，有光泽，叶片背面尤为显著。大病斑有时呈现轮纹。高温高湿时，有灰黄色至黑褐色的霉。叶柄、果梗和茎受害，病斑凹陷，灰褐色，大小不等，呈长条状，潮湿时病部均可长出黑霉。果实发病，形成不成形小病斑，呈水浸状，光滑，扩大后形成深褐色的硬疤，大的病斑直径可达3cm，病部生暗褐色霉状物。

【发病条件】 番茄褐斑病主要以菌丝体或分生孢子在病残体上于田间越冬，第二年直接发芽或产生新的分生孢子是初次侵染来源。病菌分生孢子借气流、雨水及灌溉水传播到寄主，从寄主的气孔、皮孔或表皮直接侵入。条件适宜时2~3天即可染病，进行再次侵染。在菌源多和气候、栽培条件充分有利于发病时，易造成病害的流行。①气候条件。病菌生长适宜的温度为25~28℃，空气相对湿度为80%以上。高温高湿，特别是高温多雨季节病害易流行。②栽培条件。菜地潮湿、地势低洼、排水不良、通风透光差、肥料不足、密度大、长势弱的地块发病重。

【防治方法】 防治番茄褐斑病应采用农业防治为主，化学防治为辅的综合技术。①选用抗病品种：如粤农2号和早雀钻及其杂交一代比较抗病。②轮作：重病田与非茄科蔬菜作物轮作2~3年。③加强田间管理：挖好排水沟，高畦或高垄栽培，防止畦面积水。适当稀植，改善田间通透性。采用配方施肥，适当增施磷、钾肥；及时清除病叶，收获结束后清除病残体并烧毁，或集中堆制沤肥。④药剂防治：可选用0.5:0.5:100倍波尔多液，或50%甲基托布津500倍液，或50%混杀硫（甲基硫菌灵异硫磺复配）可湿性粉剂500倍液，或77%可杀得500倍液，或50%多菌灵可湿性粉剂800~1000倍液，或75%百菌清600~800倍液，或50%多·硫悬浮剂600倍液。一般每10天左右喷1次，连续喷3~4次。常用的防治农药有代森锰锌、波尔多液、百菌清、异菌脲。

15. 番茄绵疫病

【症状】 为害果实、茎、叶等全株各个部位，各生育期均可发病。主要为害未成熟的果实，初发病时在近果顶或果肩呈现出表面光滑的浅褐色斑，长有少许白霉，后逐渐形成同心轮纹状斑，渐变

为深褐色，皮下果肉也变褐，造成果实脱落。湿度大时，受害部位腐败速度快，长有白色霉状物。危害严重时，果梗亦受害萎缩。病果多保持原状，不软化，易脱落。叶片染病，其上长出水浸状、大型褪绿斑，逐渐腐烂，有时可见到同心轮纹。

【发病条件】 病菌以卵孢子或厚垣孢子随病残体在田间越冬，成为第二年的初侵染源。病菌借雨水溅到近地面的果实上，萌发侵入果实发病，病部产生孢子囊，游动孢子通过雨水、灌溉水传播再侵染。病菌发育适温为30℃，相对湿度高于95%，菌丝发育好。7～8月高温多雨，在低洼地，土质黏重地块，发病重。早春棚室灰霉病与绵疫病在番茄上的为害部位、霉层颜色等略微不同，但其发病的条件基本相同，在低温高湿的环境中，容易混合发生。特别是樱桃番茄在集中开花期花量较大，上述两种病害主要为害果实和花器，是樱桃番茄产量形成的“大敌”。

【防治方法】 ①与非茄科蔬菜实行3年轮作。②及时整枝、打杈、去老叶，使株间通风。③地膜覆盖。④及时清除病果，深埋或烧毁。⑤发病初期重点保护果穗，用霜贝尔适当喷洒地面。

16. 番茄脐腐病

【症状】 该病一般发生在果实长至核桃大时。最初表现为脐部出现水浸状病斑，后逐渐扩大，致使果实顶部凹陷、变褐。病斑通常直径1～2cm，严重时扩展到小半个果实。在干燥时病部为革质，遇到潮湿条件，表面生出各种霉层，常为白色、粉红色及黑色。这些霉层均为腐生真菌，而不是该病的病原。发病的果实多发生在第一、二穗果实上，这些果实往往长不大，发硬，提早变红。

【发病条件】 此病是由水分供应失调、缺钙、缺硼等原因导致的生理性病害。一般在第一果穗坐果之后，植株处于生育旺盛阶段发病。遇干旱，特别是大棚栽培的，为预防灰霉病或菌核病的发生，采取降湿栽培措施，当叶片蒸腾需消耗大量水分，导致果实，特别是脐部的水分被叶片夺走时，造成果实内部水分失调，果实的生长发育受阻，形成脐腐。也因偏施氮肥，造成植株氮营养过剩，植株生长过旺，使番茄不能从土壤中吸收足够的钙和硼，致使脐部细胞生理紊乱，失去控制水分的能力而引起脐腐病。有时沿江的沙壤土，因土壤含盐量较高，也易引发缺钙的生理病害，一般在土壤中硼的含量低于0.5mg/g，或果实中钙的含量若低于0.2%，均易引发脐腐病的发生。此病喜高温、干旱环境。浙江及长江中下游地区主要发病盛期为5～9月。番茄的感病生育期是坐果后1个月。

【注意】 偏施氮肥、土壤有机质少、土壤干燥、土壤含盐量高的田块发病重。年度间番茄开花结果期高干旱天气多的年份危害重。

【防治方法】 ①浇足定植水，保证花期和结果初期有足够的水分供应。在果实膨大后，应注意适当给水。②育苗或定植时要将长势相同的放在一起，以防个别植株过大而缺水，引起脐腐病。③选用抗病品种。番茄果皮光滑、果实较尖的品种较抗病，在易发生脐腐病的地区可选用。④地膜覆盖可保持土壤水分相对稳定，能减少土壤中钙质养分淋失。⑤使用遮阳网覆盖，减少植株水分过分的蒸腾，也对防治此病有利。⑥采用根外追施钙肥技术。番茄结果后1个月内，是吸收钙的关键时期。可喷洒1%的过磷酸钙，或0.5%氯化钙加5mg/kg萘乙酸、0.1%硝酸钙及爱多收6000倍液，或绿芬威3号1000～1500倍液。从初花期开始，隔10～15天喷1次，连续喷洒2～3次。使用氯化钙及硝酸钙时，不可与含硫的农药及磷酸盐（如磷酸二氢钾）混用，以免产生沉淀。

四 生理病害

1. 非侵染性病害

由不适宜的环境条件引起的，一旦环境条件适宜即恢复正常。生理病害（非侵染性病害）的危害还在于降低植物对病原生物的抵抗能力，而成为诱发病原病害（侵染性病害）发生的原因。

（1）温度不适

1）高温。高温对植物损害的机制是使某些酶系统失活，植物生理机能失常，有时导致植株蛋白质变性和凝固，破坏细胞膜，引起细胞死亡。

2）低温冷害。冷害指作物生育期间遭受0℃以上的低温危害，引起作物的生育期延迟或使生殖器官生理活动受阻，造成减产。冷

害的发生取决于番茄对低温的敏感性、环境的低温程度和低温延续时间三个因素及其相互作用。

冷害分为直接伤害和间接伤害两类。直接伤害就是受到低温侵袭后植株表现出明显症状；间接伤害是没有明显的冷害症状，但生理活动已经受到明显影响。

番茄受低温冷害后，叶片不伸展，节间短粗，生长缓慢，植株顶端常表现为营养生长和生殖生长失去平衡，类似花打顶现象。叶片生长缓慢，严重时受害叶片局部枯死。在低温条件下花发育不正常，花瓣萼片、心室数目增多，花粉数量少且活力差，低于15℃时柱头也不易授粉，或者虽已授粉但因温度太低，花粉管不能伸长也不能受精，造成落花。

开花结果期地温过低，植株根系生长发育受到抑制，吸收机能减弱，整个植株生长不良。由于群体密度过大，叶片稠密，群体内叶片分布不均匀，通过群体的光减弱很快，土壤表面光照很少，土壤温度过低；虽然低温还没有低到可发生低温冷害程度，但气温、地温不协调，地上部生长正常或过快，根系生长缓慢，吸收能力低下，根系所吸收的少许矿质元素和水分都被地上部竞争过去，而根系得不到生长必需的营养元素缓慢死亡，则植株也避免不了死亡。这种根系早死的死亡特征是过程缓慢，无任何异常症状。而且越是外界天气好的年份，生长越旺盛的植株越容易发生地温与气温不协调而死株现象。地温过低还易引发细菌性病害，如番茄青枯病。

地温过低影响矿质元素吸收，钙和硼元素的吸收最容易受到低温抑制。

在低温条件下，过多地使用生长素，容易形成多心室的菊型果、空洞果。花芽分化期温度过低，花芽分化不正常，形成的果实容易从果实脐部裂开。低温使心皮结合不良而形成指突果。低温影响根系对钙的吸收，果实缺钙，脐腐病果比例增加。低温伴随日照不足，花芽分化时达不到足够营养，形成心室数目少的果实；在果实生长过程中温度仍然不足，分配到果实的营养少，果实容易形成尖型果。低温条件下果实着色不良，更为严重的是白果期以前遭受8℃以下低温时间过长，果皮中的使番茄红素形成的酶失活，果实不再转成品种应当固有的颜色，果皮则均匀地变成黑色。

（2）水分失调 一是土壤干旱，有效水含量低，长期不能弥补植物蒸腾所丧失的水分或低于植物正常生长所需的水分，导致植物光合作用降低、呼吸作用增强和原生质脱水等，植株生长发育受阻，引起萎蔫、落花、落果，整株枯萎直至死亡。二是土壤中有效水含量太低，因土壤中含有某些有毒物质，或土壤盐碱度高，植株根系生长发育受阻或中毒，根系降低或丧失吸水能力。三是土壤长期积水，供氧不足，植株根系浅、细，根细胞窒息、变色、溃解，地上部叶片枯黄、落叶、落花、落果直至死亡。四是水分供应不均，如番茄果实爆裂。

（3）光照不足 弱光阻碍植物的叶绿素形成和节间的生长，使叶色浅绿，叶小，不开展；植株生长势弱，细长易倒伏，花芽因植株体内养分供应不足而早落，引起黄化。

（4）氧供应不足 土壤缺氧，致使土壤通气不良，主要与土壤长期积水或施入大量未腐熟的有机肥有关。缺氧常与高温有关。

（5）营养条件不适宜 土壤中缺少某些营养物质，可以引起植物失绿、变色和组织死亡等。缺氮主要症状是失绿，缺磷引起植物变色，缺钾可使组织枯死，缺铁引起失绿，缺钙、硼、锌、铜等也可发生变色、畸形和组织死亡等。

（6）环境污染 空气中污染物质常见的有硫化物、氮化物和过氧乙酰基硝酸酯，主要来自工厂烟筒群、汽车和内燃机排出的废气，温室内的有毒气体主要有氨气、亚硝酸气体及塑料薄膜挥发的有毒气体等，这些有毒气体通过叶片的气孔进入植物体内，在叶片或地上部出现急发型或慢性症状，表现各种条点、斑驳、褪绿、褐色或黑色斑块以及落叶、植株矮化等。

（7）盐害 一是土壤中可溶性盐类含量过高，致使土壤溶液的浓度和渗透压升高，影响根系对土壤水分和养分的正常吸收，甚至根部细胞内水分外渗，出现生理性干旱。二是使植株体内缺水并破坏根系的选择吸收，导致幼苗黄化或成株矮化，叶片细小，叶尖和叶缘焦枯，整株萎蔫至死亡。三是干扰根系对养分的吸收，引起植

物多种缺素症。

（8）农药施用不当 农药施用浓度过高、用量过大以及几种农药混用不当时，急性药害常在施后2～5天内在幼嫩组织出现症状，如叶畸形、变黄、脱落，或形成焦斑，茎硬化直至整株死亡。慢性危害引起根系畸形，植株生长发育缓慢，叶片黄化、脱落，花少，果小及籽粒不饱满。

2. 番茄缺素症状分析

（1）缺氮症

【症状】 ①整个植株较矮小，叶片明显变小，上部叶更小。②黄化从下部叶开始，依次向上部叶扩展（彩图13）。③黄化从叶脉开始，而后扩展到全叶。④着果少，过早膨大。

【诊断要点】 ①尽管叶小、茎细，但还应看叶是否黄化，如果叶呈红紫色，多是缺磷所致。②上部的茎细叶小，下部叶色深，多半是阴天的关系。③在一般栽培条件下，出现明显缺乏氮素的情况不多，因而尽早发现缺氮症是很重要的，就是说要注意下部叶的颜色变化情况。④大量施用稻草会造成氮素的过分缺乏。⑤下部叶的黄化仅限于叶脉间，叶脉、叶缘仍为绿色，这种情况多属缺镁的症状。⑥土壤EC值（土壤中可溶性盐的浓度）高时，就表明不缺氮。⑦碎白点状的黄化是由于受螨类危害；如果整株在中午出现萎蔫，黄化现象可能为土传性病害所致。⑧病毒病危害，叶也发黄，注意区别：病毒病为系统性病害，一旦感染则会先从新叶、嫩梢表现出症状；还有病毒病有明显的中心发病株。

【易发生的条件】 ①前茬施有机肥和氮肥少，土壤中氮素含量低的情况下易发生。②施用稻壳粪太多时容易发生。③降雨多，氮素淋溶多时易发生。④沙土、沙壤土的阳离子代换量小，这种土壤容易发生缺氮现象。

【对策】 ①施用氮肥，温度低时施用硝态氮化肥效果好。②施入腐熟堆肥及有机肥，配合适量微生物菌肥和中微量元素肥料。

（2）缺磷症

【症状】 ①在苗较小时下部叶变绿紫色，并逐渐向上部叶扩展。②叶小并逐渐失去光泽进而变成红紫色，植株和叶片轻度硬化（彩

图 14）。③果实小，成熟晚，产量低。

【诊断要点】 ①因为低温时容易缺磷，可根据症状发生时是低温还是高温来确定是否因为缺磷所致。②生育初期发生缺磷的可能性大，中后期可能是另外原因。所以，根据生育阶段也可大致诊断缺磷症。③有时药害也会引发类似症状。要查明在出现症状前是否用过药，然后再作进一步的判断。④移栽时如果有伤根、断根的情况也容易出现缺磷症状。

【易发生的条件】 ①生育初期、低温时易缺磷，植株生长速度变慢。②土壤 pH 低，土壤紧实情况下易发生缺磷症。

【对策】 ①缺磷土壤（磷酸含量小于 20mg/100g 干土）施用磷肥既有肥效又有改良土壤作用。当含量在 20～150mg/100g 干土范围时施用磷肥仍然有效。②尤其在育苗期更要注意施足磷肥，苗期可适量使用磷酸二氢钾有效补充磷元素营养。

（3）缺钾症

【症状】 ①生育初期失绿由叶缘开始发生，以后向叶肉扩展。②在生育的最盛期靠近中部叶的叶尖开始褐变，而后枯死。③叶色变黑、叶片变硬，严重时下部叶枯死，大量落叶（彩图 15）。④果实生长不良，形状有棱角，着色不均匀。

【诊断要点】 ①在果实膨大期易出现。②在生育前期只有极度缺钾时才会发生缺钾症状。③由于毒气障碍也会发生失绿的情况，要特别注意覆盖栽培下发生的缺钾症状。④如果症状在叶的中部发生则属缺镁，如果黄化干边叶发生在上部则有缺钙的可能性。

【易发生的条件】 ①土壤中钾含量低，特别是沙土往往缺钾。②在生育盛期，果实发育需钾多，此时如果供钾不充足就容易发生缺钾症状。③当使用石灰肥料多时，影响植株对钾的吸收，也易发生缺钾。④日照不足、温度低时易发生，地温低时番茄对钾吸收减弱，就容易发生钾的缺乏。

【对策】 ①充足供应钾肥，特别在生育中后期更不能缺少钾肥。②多施用有机肥。

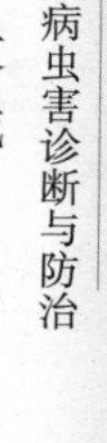

(4) 缺钙症

【症状】 ①植株萎缩，幼芽变小、黄化。②生长点停止生长，下部叶正常，上部叶异常，生长点及嫩梢出现硬化。距生长点近的幼叶周围变为褐色，同时伴有部分枯死。③生长后期，多发生在果实上。果脐处变黑形成脐腐果，严重的根部发生褐变（彩图16）。

【诊断要点】 ①仔细观察生长点附近的黄化情况。如果叶脉不黄化，呈花叶，则病毒感染的可能性大，需再进一步进行诊断。②其症状看似缺钙但叶柄部分有木栓状龟裂，这种情况是缺硼的可能性大。③仔细观察脐腐果，如果发病部位与正常部位的交界处不清楚，且呈现“轮纹状”，这种情况可能是病害所致。④如果果实腐烂部分伴有典型的灰色霉层，则可断定是因感染灰霉病引发。

【易发生的条件】 ①当土壤中钙元素含量不足时易发生。②尽管土壤中钙多，但土壤EC值过高（盐类浓度高）时也会致使植株吸收钙元素困难，从而表现缺钙症状。③施用氮肥过多时也容易发生。④土壤干燥时易出现缺钙症状。⑤当施用钾肥过多时会出现缺钙情况。⑥空气湿度低，连续高温时容易发生。

【对策】 ①适当多施有机肥，使钙处于容易被吸收的状态。②进行土壤诊断，及时适量地供应钙肥，最好单独追施钙肥。③适量多浇水，保持土壤湿润，保证钙元素的移动性不降低。④叶面喷施单质活性钙肥，如脐腐裂果灵、螯合态钙肥等，隔5~7天喷施1次，连续喷3~5次。

(5) 缺镁症

【症状】 ①中下部叶从主脉附近开始变黄失绿，果实膨大盛期靠近果实的叶先发生。②先是叶脉间黄化和变成黄褐色，慢慢地扩展为整片叶，但有时叶缘仍为绿色。③生育后期，除叶脉外整叶都已经黄化，甚至部分变成干枯斑。④果实无明显症状。

【诊断要点】 ①在生育早期发生的失绿有可能是由于肥料挥发气体造成的（用2~3层塑料膜覆盖，果实还未长大的时期）。②长期低温、光线不足也可以出现黄化叶。③根据黄化在叶脉间的出现是否规则来确认。如果出现的黄斑不规则，并且湿度大时叶背伴有霉层，则是感染叶霉病所致。④如果黄化从叶缘开始则缺钾的可能性大。

【易发生的条件】 ①低温影响了根对镁的吸收。②土壤中镁含量虽然多，但由于施钾肥多影响了作物对镁的吸收。③当植株对镁的需要量大而根不能满足需要时也会发生缺镁症。

【对策】 ①冬春季节有效提高地温，增加有机肥的用量。②测定土壤，土壤中镁不足时要补充镁肥。③应急时喷洒1%～2%的硫酸镁水溶液，每周喷3～5次。

（6）缺硫症

【症状】 上部叶片颜色变浅，甚至变黄，严重时中上部叶变成浅黄色，但下部叶片生长正常。

【诊断要点】 ①与氮素缺乏症相类似，不过缺氮是从下部叶开始，而缺硫是从上部叶开始的，发病叶片分布的位置正好相反。②叶未见卷缩、叶缘枯死、植株矮小等症状。③叶脉间与叶肉的颜色未有明显差异。④要查明黄化部位仅是上部叶片，还是下部叶片，或者还是更大范围部位叶片。⑤叶黄化而叶脉仍绿则有缺铁的可能性。

【易发生的条件】 在温室、大棚栽培时，长期连续用无硫酸根的肥料时易发生。

【对策】 施用硫酸铵、过磷酸钙和含硫肥料。

（7）缺铁症

【症状】 ①新叶除叶脉外都出现黄化，在腋芽上也长出叶脉间黄化的叶。②在土培条件下，植株整体症状出现的不多，但在水培时中、上部叶发生黄化症状（彩图17）。

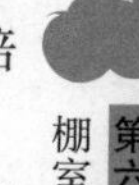

【诊断要点】 ①根据叶脉绿色的深浅判断，如为深绿则有缺锰的可能性；如为浅色或者叶色发白、退色则为缺铁症状。②测定土壤pH，如pH高则缺铁的可能性大。③由于铁在植株体内的移动性小，所以下部叶发生的少，往往发生在新叶上。

【易发生的条件】 ①磷多、pH很高时易发生缺铁症状。由于磷用量太多，影响了铁的吸收。②当土壤过干、过湿、低温时，根的活力受到影响也会发生缺铁症状。③铜、锰太多时容易与铁产生拮抗作用，从而出现缺铁症状。

【对策】①根据土壤诊断结果采取相应措施。当 pH 达到 6.5 ~ 6.7 时，就要禁止使用石灰而改用生理酸性肥料。当土壤中磷过多时可采用深耕、换土等方法降低磷含量。②应急对策：如果缺铁症状已经出现，可用含量为 0.5% ~ 0.1% 的硫酸亚铁水溶液喷洒，或用柠檬酸铁 100mg/L 水溶液每周喷 2 ~ 3 次。还可以用 50mg/L 螯合铁水溶液以每株 100mL 的用量施于土壤。

（8）缺硼症

【症状】①新叶停止生长，植株呈萎缩状态（彩图 18）。②茎弯曲，茎内侧有褐色木栓状龟裂。③果实表面有木栓状龟裂。④叶色变成浓绿色。

【诊断要点】①由症状出现在上部叶还是下部叶来确认。发生在下部叶的植株则不属于缺硼症状。②缺钙也表现为生长点附近发生萎缩，但缺硼特征是茎的内侧木栓化。③害虫（蚜虫、蓟马、螨虫等）危害也可造成新叶畸形，一旦发生缺硼症状时要仔细观察有无害虫。④注意因风使叶发生摩擦造成的痕迹同木栓化之间的区别。⑤生长点停止发育、萎缩，茎的内侧木栓化，果实表皮的木栓化等是缺硼的典型症状。

【易发生的条件】①土壤酸化，硼素被淋失掉以后，施用过量石灰都易引起硼的缺乏。②土壤干燥，有机肥施用少容易发生。③施用钾肥过量时也容易发生。

【对策】①提前施入含硼的肥料。②及时用 0.1% ~ 0.25% 硼砂水溶液进行叶面喷施也有效果。

第三节 主要虫害诊断与防治

1. 害虫与环境的关系

番茄害虫与环境的关系表现为害虫从环境中吸收营养、水分和氧气满足生长发育所需，同时把获得的能量用于生命活动，并将新陈代谢产物排到环境中去。一方面，害虫产生对环境的适应性变化；另一方面害虫的生命活动也在不断改变其生活环境。蔬菜害虫生活环境包括气候因子、土壤因子、生物因子和人为因子。

（1）气候因子　主要包括温度、湿度、降水、光、气流、气压等。通常这些因子是综合作用于害虫的，一般温度和湿度影响作用最大，其次是光。环境温度对昆虫的生长发育、繁殖和活动的影响作用较大，多数昆虫生长发育有效温度为10～40℃，最适温度为25～35℃。湿度影响昆虫的发育速率和成活速率，昆虫生长发育和繁殖的最适相对湿度在60%～80%之间，干旱对昆虫生长发育不利，尤其高温条件下，但蚜虫例外。光对昆虫的影响表现为：光强影响昆虫活动节律和行为习性；光质则成为昆虫生命活动的信息，害虫防治中采用的灯光诱杀和黄板诱杀就是利用了昆虫对光波的不同反应；光周期对昆虫生命活动节律起着信息作用，是引起滞育的主导因素。风可以影响昆虫迁飞和扩散。

（2）土壤因子　土壤因子主要包括土壤温度、土壤湿度和土壤理化性状等方面。与大气温度相比，土壤温度变化平缓，土层越深变化越小，不同种类昆虫可在不同深度土层中找到适宜土温栖息活动。土壤湿度影响昆虫活动。土壤理化性状则影响昆虫数量、种类及其分布。

（3）生物因子　昆虫对食料具有选择性和适应性，食料决定了昆虫的生活和分布。如为害白菜的菜青虫不会为害菜豆。与此同时，昆虫和天敌相互依存，相互制约，由于天敌的存在常使害虫大量死亡，从而控制害虫大面积发生，这就是利用天敌防治害虫的原因。

（4）人为因子　人类的生产活动影响昆虫繁殖和活动。通过实施各项农业技术措施，及时进行预测和防治，可以显著减小害虫为害程度，甚至完全消灭害虫。所以，蔬菜生产过程中，人们往往采取各种可能的措施减轻害虫为害，最终实现蔬菜高产高效。

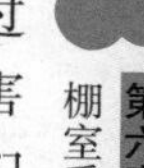

2. 主要害虫及其防治

（1）蚜虫　蚜虫俗称蜜虫、腻虫，有萝卜蚜、甘蓝蚜、桃蚜、瓜蚜、苜蓿蚜等，同属同翅目蚜科。萝卜蚜、桃蚜、甘蓝蚜主要为害白菜、萝卜、甘蓝、芜菁等十字花科蔬菜，桃蚜还可为害其他蔬菜；瓜蚜主要为害瓜类蔬菜，也为害豆类、茄果类、白菜类蔬菜；

苜蓿蚜主要为害豆类蔬菜。

【症状】 蚜虫往往以成蚜或若蚜群集在寄主叶背、嫩茎上刺吸寄主汁液为害，造成植株严重失水和营养不良。蚜虫群集幼叶常造成幼叶卷曲皱缩，颜色变黄，生长发育受阻，严重时幼苗萎蔫甚至枯死。蚜虫为害的同时分泌大量蜜露，污染叶片诱发煤污病，还会传播多种病毒，导致病毒发生蔓延（彩图19）。

【形态特征及生活习性】 蚜虫体长0.5～1.5mm。桃蚜绿色、墨绿色、黑褐色或樱红色；萝卜蚜绿色或黑绿色，体表被薄粉；甘蓝蚜暗绿色，覆有白色蜡粉；瓜蚜夏季黄绿色，春秋墨绿色，体表被薄粉；苜蓿蚜黑色或紫黑色，带光泽。桃蚜、瓜蚜具有寄主转化习性，甘蓝蚜、萝卜蚜、苜蓿蚜无此习性。蚜虫繁殖能力强，以孤雌生殖为主，一年可发生10～40代，夏季仅需4～10天完成一代。温湿度对蚜虫影响大，5～6℃越冬卵开始孵化，12℃以上开始繁殖，16～26℃是蚜虫活动繁殖最适宜的温度，28℃以上对蚜虫发生和繁殖不利。相对湿度超过75%对蚜虫繁殖也不利。有翅蚜对黄色具强烈趋性，对银灰色具负趋性。温室栽培不仅为蚜虫越冬创造了条件，并为秋季蚜害增加了基数。

【防治措施】

1）清除育苗场所及周边地区杂草及病残体，切断蚜虫中间寄主和栖息场所。育苗棚室门窗用纱网隔离，阻止蚜虫侵入。

2）黄板诱杀。温室内悬挂涂有10号机油的黄板，高出作物60cm，诱杀有翅蚜，7～10天涂机油1次。

3）地面铺银灰色反光膜或悬挂覆盖约10cm宽银灰色反光膜条，驱避蚜虫。

4）生物防治。利用蚜虫天敌草蛉、瓢虫、食蚜蝇、蜘蛛等捕食蚜虫，也可以用寄生蜂、蚜霉菌控制。

5）药剂防治。

① 熏蒸：每亩用80%敌敌畏乳油0.25～0.4kg喷洒在锯末或稻草上，傍晚暗火点燃；可以用敌敌畏烟剂每亩2350g熏烟。

② 喷雾：药剂可选用50%抗蚜威可湿性粉剂1500～3000倍液，或10%天王星乳油3000倍液，或2.5%功夫乳油3000～4000倍液，或

70% 灭蚜松可湿性粉剂 1000 倍液，或 20% 菊马乳油 2000 倍液，或 20% 速灭杀丁乳油 3000 倍液喷雾；用 20% 乐果乳油和 50% 敌敌畏乳油混合剂 1000 倍液防治效果好于单用；每 7 天喷 1 次，连喷 2～3 次。

（2）白粉虱 白粉虱俗称小白蛾（彩图 20），属同翅目粉虱科，主要为害温室、大棚等保护地栽培的蔬菜，如黄瓜、番茄、茄子、菜豆等。

【症状】 以成虫和若虫群集叶背面吸食汁液为害，造成受害叶片褪绿变黄、萎蔫，严重时全株枯死。白粉虱为害时还分泌大量蜜露，污染叶片诱发煤污病，也能传播病毒。

【形态特征及生活习性】 成虫体长 1～1.5mm，浅黄色，有翅，翅面覆盖白粉。若虫体长 0.5～0.9mm，椭圆形，扁平，浅黄绿色，体表具长短不齐蜡质丝状突起，两根尾须长。北方温室内每年可发生 10 多代，冬季室外不能存活，但可在温室蔬菜上繁殖为害。成虫对黄色具强烈趋性，忌避白色、银灰色。成虫喜欢群集于植株上部嫩叶背面。白粉虱成虫活动温度 25～30℃，高于 40℃时卵和若虫大量死亡，成虫活动能力显著下降。若虫抗寒能力弱，孵化后 3 天内可在叶背作短距离游走，当找到适当的取食场所后将口器插入叶组织后开始营固着生活，吸汁为害。

【防治措施】

1）育苗温室，彻底清除植株残株、杂草，并用敌敌畏烟剂熏杀，温室门窗、通风口用尼龙纱网与外界隔离。

2）张挂镀铝反光幕驱避白粉虱，或者用涂抹 10 号机油（加少许黄油）的黄板诱杀成虫。

3）人工释放丽蚜小蜂，15 天 1 次，连放 3 次。也可人工释放草蛉。

4）药剂防治。白粉虱发生初期及时喷药，药剂可选用 25% 扑虱灵可湿性粉剂 3000 倍液，或 10% 扑虱灵乳油 2000 倍液，或 25% 灭螨猛乳油 1000 倍液，或 20% 灭扫利乳油 3000 倍液，或 20% 杀灭菊酯乳油 4000～5000 倍液，或 21% 灭杀毙乳油 3000～4000 倍液。也可用 22% 敌敌畏烟剂每亩 2350 g 熏烟，或 80% 敌敌畏乳油 0.4～0.5kg

喷洒锯末后点燃熏蒸，5～7 天熏 1 次，连熏 2～3 次。

（3）茶黄螨 茶黄螨俗称白蜘蛛、螨虫，属蜱螨目跗线螨科（彩图 21）。杂食性，可为害茄果类、瓜类、豆类、白菜类、菠菜、芹菜等多种蔬菜。

【症状】 成螨或若螨主要集中于寄主植株幼嫩部位如生长点和嫩叶刺吸为害，受害叶片增厚僵硬，叶背灰褐色，扭曲畸形，严重时植株顶部干枯。因虫体较小，肉眼难以看到，受害症状有时被误作病毒病。

【形态特征及生活习性】 成螨体长 0.2mm 左右，肉眼不易看到。雌成螨体椭圆形，腹部末端平截，浅黄色或浅黄绿色，半透明，有光泽，足较短，第四对足纤细，末端有端毛和亚端毛；雄成螨近菱形，腹末圆锥形，琥珀色，半透明，足较长而粗壮，末端有一瘤。幼螨体椭圆形，浅绿色。体背有一条白色纵带，足 3 对；若螨体长圆形，是一个静止的发育阶段。

茶黄螨一年发生多代，温室大棚内周年繁殖为害。开始为点片发生，后迅速扩散，以两性繁殖为主，也能孤雌生殖。茶黄螨喜温湿环境，生长繁殖适温 16～23℃，相对湿度 80%～90%，35℃以上卵孵化率降低，幼螨、成螨死亡率升高。成螨有强烈的趋嫩性。

【防治措施】

1）育苗温室隔离，清除残株和杂草，育苗前熏杀。

2）药剂防治。抓住茶黄螨初发阶段及时用药，植株中上部幼嫩部位是施药的重点。选用药剂有 73% 克螨特乳油 3000 倍液，或 25% 灭螨猛可湿性粉剂 1000 倍液，或 40.7% 乐斯本乳油 1000 倍液，或 1.8% 虫螨光乳油 2000～3000 倍液，或 50% 溴螨酯乳油 1500 倍液，或 20% 浏阳霉素 1000 倍液。不用敌敌畏、马拉硫磷、乐果、氧化乐果等杀螨，这些农药杀螨效果差，并有可能杀灭天敌。有些茄子品种对三氯杀螨醇敏感，注意防止药害。

（4）红蜘蛛 红蜘蛛是为害番茄的红色叶螨的通称，包括朱砂叶螨、截形叶螨、二斑叶螨，属蜱螨目叶螨科（彩图 22）。主要为害瓜类、茄果类、豆类蔬菜。

【症状】 成螨和若螨群聚叶背，常结丝成网，吸食汁液。受害叶片初现白色小斑点，后褪绿成黄白色至锈褐色。红蜘蛛为害植株的地上各个部位，严重时被害叶片枯焦脱落，甚至整株枯死。

【形态特征及生活习性】 朱砂叶螨雌成螨犁形，体长0.5mm，体红褐色或锈红色；雄成螨腹末稍尖，体长0.3mm。截形叶螨与朱砂叶螨相似。二斑叶螨成螨体形与前相似，体色差异较大，呈浅黄、黄绿、褐绿、黑褐等颜色。红蜘蛛一年可发生10～20代，北方以雌成螨潜伏于枯枝落叶、杂草土缝中越冬，南方冬季也能继续繁殖活动，温室、大棚内可连续为害，以两性繁殖为主。雌成螨也可孤雌生殖。红蜘蛛发育适温29～31℃，相对湿度35%～55%，低于20℃和相对湿度高于70%不利于繁殖。高温、低湿条件下发生严重。

【防治措施】

1）保持育苗场所整洁，合理水肥管理和温湿度调节，改变田间小气候，控制螨情发生。

2）加强害螨监测，点片发生阶段及时喷药防治。较好的药剂有20%三氯杀螨醇1000倍液，或5%尼索郎乳油1000倍液，或73%克螨特乳油2000倍液，或25%灭螨猛可湿性粉剂1000～1500倍液，或20%复方浏阳霉素乳油1000倍液，用敌敌畏烟剂每亩400g熏烟效果也较好。

（5）潜叶蝇 普遍发生的是豌豆潜叶蝇和菠菜潜叶蝇，局部发生的还有葱潜叶蝇。豌豆潜叶蝇属双翅目潜蝇科（彩图23），主要为害豌豆、蚕豆、萝卜、白菜、甘蓝、番茄等作物；菠菜潜叶蝇属双翅目花蝇科，主要为害菠菜、甜菜、萝卜等蔬菜。

【症状】 潜叶蝇幼虫潜入叶片组织内蛀食叶肉为害，残留上下表皮，形成灰色隧道。豌豆潜叶蝇隧道曲折状，菠菜潜叶蝇隧道块状，里面残留有虫粪，有时还可见幼虫，留下的表皮呈半透明水疱状。幼虫有时钻入叶柄、幼茎内蛀食，形成弯曲隧道。危害严重时叶片枯萎脱落。

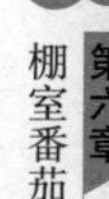

【形态特征及生活习性】 豌豆潜叶蝇体长2～2.5mm，头黄色，复眼红褐色，胸、腹部灰白色，但腹节后缘黄色，其上疏生许多黑色刚毛，翅1对，透明，带紫色闪光，1对平衡棒橙褐色；幼虫蛆状，体长3mm，黄白色，体表光滑。菠菜潜叶蝇成虫体长5～8mm，

头棕黄色，胸部背面灰黄色，稍带绿色，腹部黄灰褐色；幼虫8～9mm，蛆状，污黄色，体表有许多皱纹。

华北地区豌豆潜叶蝇一年发生4～5代，以蛹在受害叶片中越冬。菠菜潜叶蝇一年发生3～4代，较耐低温，以蛹在土壤中越冬。潜叶蝇喜温暖湿润条件，高温、干旱不利于发育。

【防治措施】

1）及时清除杂草及蔬菜残体。

2）利用豌豆潜叶蝇喜食甜味习性，用胡萝卜和甘薯液为诱饵，加0.5%敌百虫制成诱杀剂点喷诱杀成虫。

3）利用姬小蜂、蛹寄生蜂等天敌进行生物防治。

4）抓住幼虫孵化潜入叶内之前药剂防治，药剂可选用21%灭杀毙乳油3000～4000倍液，或40%毒死蜱乳油1000～1500倍液，或10%灭百可1500倍液，或6%烟百素1000倍液，或2.5%敌杀死乳油3000倍液，或20%速灭杀丁乳油3000倍液。也可用2.5%敌百虫粉剂每亩1.5～2kg喷粉，或用灭蝇灵烟剂每亩2200g熏烟。

（6）菜青虫　菜青虫为菜粉蝶幼虫，属鳞翅目粉蝶科（彩图24），主要为害十字花科蔬菜，尤以甘蓝类为主。

【症状】　幼虫为害。2龄以后幼虫为害叶片只在叶背啃食叶肉，留下一层透明表皮，3龄以后幼虫吞食叶片造成缺刻和空洞。严重时吃光叶肉仅剩叶柄和叶脉。同时，排出粪便污染叶片，虫口易引起软腐病菌侵染。

【形态特征及生活习性】　菜粉蝶成虫体长15～20mm，体灰黑色，翅粉白色，顶角灰黑色。老熟幼虫体长28～35mm，青绿色，密布黑色小瘤突，上生细毛。沿两侧气门线有黄色斑点各一列。

菜粉蝶北方一年发生4～5代，南方8～9代，以蛹越冬，墙壁、篱笆、土缝、树木、杂草均是越冬场所。幼虫也可以在温室大棚内的十字花科蔬菜上越冬。卵孵化以清晨较多，初孵化幼虫先食卵壳，再啃食叶肉。幼虫受惊时，1、2龄幼虫有吐丝下坠习性，大龄幼虫则蜷缩虫体坠地。成虫白天活动，以晴天中午最盛。成虫对芥子油有趋性。温度16～31℃，相对湿度68%～80%，适宜菜粉蝶发育；最适发育温度20～25℃，相对湿度76%。

【防治措施】

1）保持育苗场地清洁，消灭残留卵、幼虫和蛹，减少虫源。

2）使用生物农药如Bt乳剂或青虫菌6号液剂（每克含芽孢100亿个以上）800～1000倍液雾喷。加入0.1%洗衣粉效果更好。

3）利用赤眼蜂、微红绒茧蜂进行生物防治。

4）使用25%灭幼脲3号胶悬液500～1000倍液雾喷，使害虫生理发育受阻死亡。

5）2龄幼虫以前药剂防治。可选用药剂有20%杀灭菊酯乳油2000～3000倍液，或50%锌硫磷乳油1000倍液，或25%杀虫双水剂500倍液，或21%灭杀毙乳油4000倍液，或2.5%敌杀死乳油3000～4000倍液。5～7天喷1次，共2～3次。

第四节　棚室番茄苗期病虫害综合防治

病虫害发生不是突然的，存在传播、繁殖和为害的过程，只是早期不易被发现而已。药物虽然能杀死病原物和害虫，但番茄受害部位却不能恢复，只能达到限制病虫害发展的目的。因此，病虫害防治必须以防为主，采取多种措施回避、限制和杀灭病虫，将其消灭在发生为害之前。番茄本身抗性和环境条件与病虫害发生密切相关，通过合理栽培管理和环境调控，选择抗病品种和培育壮苗，增强作物自身抗性，及时消灭病原物和害虫才能有效地控制病虫害发生和发展，这就是综合防治的问题。番茄工厂化育苗过程中采取综合防治措施，培育无病虫、生长旺盛的壮苗，将为后期生长奠定良好的基础。

1. 农业防治

通过改进育苗棚室，利用农业生产中多项技术措施，创造利于番茄生长发育、不利于病虫害发生和为害的条件，从而避免病虫害发生或减轻其为害。事实上，农业防治的许多措施与培育壮苗的要求相统一。

（1）选用抗病虫番茄品种　同种番茄的不同品种对同种病害或虫害的抵抗能力不同，应用抗病虫品种实质上是利用番茄本身的遗传抗性来防治病虫。目前，已选育出多种番茄抗病品种，但抗虫品种还较少。

（2）育苗场所与外部环境相对隔离　育苗温室应该与栽培温室相分离，专门供育苗使用。同时注意保持温室内外环境卫生，及时清除杂草、残株、垃圾，并将温室门、窗或通风口用细纱网与外界隔离，阻止害虫进入。

（3）科学的苗期管理措施　科学的苗期管理以培育壮苗为基础，提倡营养钵、穴盘育苗；做好苗床保温防寒、降温防雨工作，保证幼苗要求的适宜温度，降低苗床湿度；伴随幼苗生长，及时分苗、间苗和拉大苗距，改善通风透光条件，合理供应肥水，改善幼苗营养条件，多施磷、钾肥，避免过量施用氮肥。

（4）嫁接育苗　用抗性砧木嫁接番茄可以有效控制土传病害，利于培育壮苗。发达国家瓜类、茄果类蔬菜嫁接育苗均占相当比重，如以黑籽南瓜嫁接黄瓜防止枯萎病和疫病，以赤茄嫁接茄子预防黄萎病等。我国目前嫁接栽培主要集中在瓜类蔬菜的黄瓜、西瓜上。

2. 消毒预防

对育苗所用基质、种子、工具等进行消毒是番茄育苗中预防病虫害常用的方法。

（1）基质消毒　主要目的是实现基质重复使用，降低成本。

1）蒸汽消毒。蒸汽消毒对防止猝倒病、立枯病、枯萎病、核菌病、病毒病具有良好效果。消毒目的在于杀灭其中的病原物、害虫卵蛹和杂草种子。将基质堆厚20～30cm，长宽根据条件确定，覆盖耐高温薄膜并将四周压严，向基质内部通入100℃以上的蒸汽，保持90℃左右1h就可以杀死病虫。此法高效安全，但成本高，另外基质消毒时必须含有一定水分以便导热。

2）药剂消毒。

① 氯化苦。氯化苦几乎对所有土壤病虫害有效。首先将基质堆集成30cm厚度，每30cm见方开一小孔，深约15～20cm，注入5mL氯化苦后封孔。第一层施药完毕后，在其上再堆一层基质按上法施药，总共2～3层，最后用塑料薄膜密封熏蒸7～10天后撤膜，充分翻动使药剂全部散发，10天以后使用。消毒适宜温度15～20℃，并要求基质保持一定水分。

② 溴甲烷。溴甲烷可防治土传病害、线虫及烟草花叶病毒等，

对黄瓜疫病效果最优，也抑制杂草种子发芽。将基质堆起，用塑料管将药剂引入基质中，每立方米用药100~150g，施药后随即用塑料薄膜封严，5~7天后去薄膜，充分翻晾，7~10天后使用。

③ 福尔马林。一般将40%的甲醛稀释50倍，用喷壶将基质均匀喷湿，覆盖塑料薄膜并将四周封严，3~5天后揭膜，1~2周后使用。

④ 多菌灵。每1000kg土壤加入25~30g50%多菌灵的水溶液，充分拌匀后盖膜密封2~3天，可杀死枯萎病等病原菌。

3）太阳能消毒。夏季高温季节在温室或大棚内把基质堆成高20~25cm的堆，用喷壶喷湿基质，使含水量80%以上，然后用塑料薄膜覆盖并将温室或大棚密封，暴晒10~15天。此法廉价安全，容易实现。

（2）种子消毒 目前种子消毒主要方法有以下几种。

1）温汤浸种。将种子边搅拌边倒入相当种子容积3倍的55℃温水中，不断搅拌20min后，使水温降至30℃，继续浸种3~4h。此法简单，可与浸种过程相结合，并可杀死种子表面的猝倒病、立枯病、番茄炭疽病、番茄枯萎病（55℃，5~10min）、番茄早疫病（50℃，12~25min）等菌核。但必须严格掌握水温和时间，以免影响种子发芽。

2）干热处理。将瓜类、番茄、菜豆等蔬菜种子在70~80℃，2min进行干热处理，可杀死种子表面及内部的病菌，将病毒钝化，减少苗期病害发生。

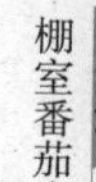

3）药剂浸种。将种子放入药剂中浸泡以达到杀菌消毒目的。浸种效果与药剂浓度和浸种时间有关。

4）药剂拌种。用种子重量0.2%~0.5%的药剂和种子混合搅拌，使药粉充分并且均匀地黏附在种子表面。如用种子重量0.3%的70%敌克松原粉拌种防治黄瓜、茄子、番茄、辣椒苗期立枯病和菜豆炭疽病；用0.3%~0.4%的氧化铜拌种防治黄瓜苗期猝倒病；用0.3%的50%福美双拌种防治菜豆叶烧病、瓜类炭疽病、茄子褐纹病等。70%甲基托布津、50%多菌灵、50%克菌丹、65%代森锌等都是常用药剂。

（3）育苗场所及器具消毒 育苗温室可提前用硫黄熏蒸。方法是每亩棚室用硫黄2～3kg，敌敌畏250g，或者敌百虫500g，加锯末后点燃，在温室密封条件下熏蒸一昼夜。育苗所用盘钵容器及工具也需消毒，可选用40%福尔马林50～100倍液浸泡30min，后用清水冲刷晾干。木制育苗盘、木架等可用2%环烷酸铜浸泡和涂刷，待充分干燥后使用。育苗工具、架材也可用漂白粉溶液（漂白粉:水＝1:9），或1%高锰酸钾溶液浸泡冲洗。

3. 生物防治

番茄病害生物防治是指利用有益生物及其产品防治病害的方法，包括菌肥对病菌拮抗作用的利用、抗生素（链霉素、多抗霉素等）和植物抗菌剂的利用、弱病毒接种等。蔬菜虫害生物防治是指利用害虫天敌达到灭虫目的。天敌有微生物（真菌、细菌、病毒），益虫及其他节肢动物、脊椎动物等。目前，我国已研制出多种农用抗生素，如农抗120防治霜霉病、炭疽病、白粉病，农抗BO-10防治白粉病、叶霉病，井冈霉素防治青枯病、猝倒病、炭疽病，农抗751防治角斑病等。特别是弱病毒疫苗N14、S52可有效防治病毒病。害虫防治方面，利用Bt乳剂防治菜青虫、小菜蛾、斜纹夜蛾，利用浏阳霉素防治螨类。真菌制剂白僵菌对豆荚螟、菜粉蝶和多种金龟子幼虫有良好防效。菜蛉、瓢虫、胡蜂、赤眼蜂也是可利用的天敌，用丽蚜小蜂防治温室白粉虱效果显著。

4. 物理防治

物理防治在番茄育苗中应用较广泛的有以下几种。

（1）人工捕杀 当害虫发生面积较小，利用其他防治措施又不方便时，可采用人工捕杀的方法，如老龄地老虎幼虫为害时，常常将菜苗咬断拖回土穴中，清晨可据此现象扒土捕捉。

（2）阻隔 利用物理性措施阻断害虫侵袭，如苗期用30目、丝径14～18mm防虫网覆盖，实行封闭育苗，既改善生态环境，又能防止多种害虫为害。地面铺地膜可以阻断土中害虫潜出或病原物向地表传播扩散。

（3）诱杀

1）灯光诱杀。许多夜间活动昆虫都有趋光性，可采用灯光诱杀。使用最多的是黑光灯，还有白炽灯、双色灯等。黑光灯可诱杀棉铃虫、甘蓝夜蛾、小地老虎等害虫。灯光诱杀需大面积连片使用，否则容易造成局部区域受害加重。

2）纸板诱杀。蚜虫、白粉虱对黄色表现正趋性，所以可采用黄盆、黄色板、黄色塑料条诱集。在纸板或塑料条上涂抹10号机油后悬挂于育苗室内，每亩悬挂30块（1m×0.1m）以上，7～10天重涂机油一次。蓟马对白色有趋性，可用白色板诱杀。

3）毒饵诱杀。利用害虫的某些生活习性实现害虫防治。利用谷粒、麦麸、豆饼、棉籽饼、马粪等作饵料加入敌百虫等农药可诱杀蝼蛄、地老虎等害虫。小地老虎成虫喜食花蜜或发酵物，故可用糖醋毒液或发酵物诱杀。

4）驱避。蚜虫、白粉虱对灰白、银灰色忌避，所以蔬菜苗期在地面铺银灰色薄膜，或苗床上部悬挂、拉网银灰色膜条可有效防治两种害虫发生，从而有效防治病毒病发生。在温室北部张挂镀铝反光幕不仅能驱避蚜虫、减少病毒病发生，而且能改善温室内生态环境，在一定程度上减轻黄瓜霜霉病和番茄灰霉病发生。

5）其他方法。应用紫外线透过率低的薄膜能阻断紫外线进入棚内，抑制对紫外线敏感的蓟马、灰霉菌、核盘菌、锈孢菌等害虫和病原菌的活动，延迟或减轻为害。遮阳网覆盖，高温闷棚，种子、基质、工具高温消毒等均属于物理防治的范畴；另外，还有激光、电磁波、超声波、微波处理等新技术。

5. 化学防治

利用化学药剂防治病虫害是目前最普遍应用的方法。化学药剂主要有杀菌剂和杀虫剂两大类，病虫害种类繁多，每种农药也有特定的防治范围和对象，所以为充分发挥药效，在用药技术方面应重点掌握以下几点。

1）明确病虫害种类，对症下药。如防治地下害虫可用毒饵诱杀，防治保护棚室内害虫可用熏烟、喷粉或喷雾，防治种子携带病虫可用药剂浸种或拌种等。

2）掌握病虫害发生规律，做到早发现早治疗，将病虫害消灭在点片发生阶段，一般病菌在发生初期或孢子萌发初期抗药力最弱，

害虫在初龄幼虫时抗药力最弱，应及时喷药。

3）正确使用农药。按规定浓度和用量稀释和喷洒农药，一般7~10天用药1次，连续2~4次。为防止连续长期使用一种农药使病虫产生抗性，应轮换用药或使用混合农药，但农药混合要求合理。

最常见的农药使用方法是喷雾法，但容易增加空气湿度，为某些病虫害发生创造条件。所以，保护地内使用农药最好使用烟雾剂或粉尘。烟雾剂是把一定量农药和助燃剂混合而成的以烟雾形式扩散进行灭虫灭菌的杀虫剂或杀菌剂，烟雾剂熏烟用药量少、分布均匀、防治效果好、省工省力，并且傍晚、阴雨天使用不增加空气湿度。粉尘剂是直接向植物喷洒的药剂，粉粒可有效沉积在植株各部位表面，分布均匀，药效长，具有烟雾剂优点且不宜发生烟害。另外，该法还具有有效成分不损耗的优点，但喷粉需要特制的喷粉器械。

几种常见蔬菜病虫害防治可供选用的烟雾剂或粉尘有以下几种。

霜霉病：25%克露烟剂、45%百菌清烟剂、7%防霉灵粉尘。

灰霉病：10%速克灵烟剂、25%灰霉清烟剂、5%灭霉灵粉尘、10%灭克粉尘。

早疫病：5%灭霉灵粉尘。

炭疽病：7%克炭疽粉尘、8%克炭灵粉尘、5%百菌清粉尘、10%克霉灵粉尘。

角斑病：5%防细菌粉尘。

黑星病：5%防黑星粉尘。

叶霉病：15%灰霉清烟剂、5%加瑞农霉粉尘、7%叶霉净粉尘。

蚜虫、白粉虱：毙虱狂烟剂、22%敌敌畏烟剂、防蚜防虱粉尘。

斑潜蝇：毙虱狂烟剂。

第五节 棚室番茄病虫害管理实践经验技巧

一 植保重要提示

应严防番茄发生药害。药剂的应用可快速、有效地防治蔬菜生产中的多种病害，避免遭受重大经济损失。但是，由于药剂施用不当而造成的药害也屡见不鲜，尤其调节剂、除草剂、杀虫剂等药剂。现将大棚番茄生产中常见的药害总结如下，并给出相关的预防措施。

（1）蘸花药害（直接的）

【症状】 果实生长基本正常，只是果脐乳突状，果实尚能生长但呈畸形；果实生长受抑制产生畸形裂变果，过度刺激花蕾生长过快的空洞果。

【救治方法】 ①加强水肥管理。标准化施肥浇水，增加有机肥和钾肥施用比例，力求生长势一致，花期整齐是用药效果好的基础。②熊蜂授粉。利用熊蜂授粉可免除用药药害和人工劳力成本。③振动授粉。靠人工田间振动对已经开放的花进行辅助授粉。④严格执行蘸花技术。在同一花序中有3～4朵花蕾露出花萼和黄色花冠时开始喷花，并做好标记。切不可重复用药（最好在药液中加上红色或其他颜料）。⑤掌握好喷花时机。对花期不一致的花蕾采取分开处理，遮住未开放的花蕾，只喷施开放花序，不可涂柄处理。避免因花期不一致涂柄，使尚未露黄色花冠的花蕾生成畸形药害果。

（2）飘移药害（间接的）

【症状】 生产中常常遭遇飘移性药害。番茄蘸花时节，将喷花的药液雾滴无意中飘落在番茄嫩茎嫩叶上，就会产生疑似病毒发生的蕨叶、幼嫩叶片纵向扭曲畸形、脆叶现象。番茄受到漂移药剂气流影响，棚室风口处秧苗首先遭到药剂气体熏蒸，植株生长受到抑制，茎秆变粗，叶片因叶肉细胞受害停止生长，而叶脉生长正常呈骨感爪状畸形，产生的蕨叶和线状叶片在生产中经常被菜农误诊为病毒病（农民常称为“小叶病”）。大棚附近其他田块施用除草剂，也很容易产生飘移气流对其造成药害，轻者有微型卷叶和僵硬脆叶，重者会抑制植株生长和使茎叶变态畸形，毁棚现象也时有发生。

【救治方法】 预防上没有什么好的药剂。生产中常使用的赤霉素虽然能缓解症状，但也不能解除根本问题。对此，可根部适量浇水并冲施速效肥促进植株旺长，同时叶面喷施丰收1号、云大全树果等养护叶片，缓解药害。

（3）熏蒸药害（间接的）

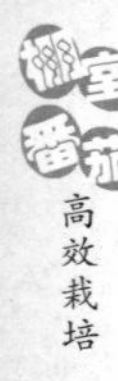

【症状】 ①秧苗株高正常，只是叶片表现蕨叶症状，叶向下弯，叶片僵硬、细长，新生叶片不能正常展开，呈纵向线状皱缩叶、畸形叶，叶柄扭曲，类似病毒病症状。该情况与调节剂喷施过量有直接关系，还可能是2，4-D丁酯水剂放置在棚室内，高温下药剂蒸发造成的熏蒸性药害。②短时间内，棚内大面积叶片同时出现干枯斑，并且越靠近植株底部叶片越严重。该情况发生原因是，烟雾剂施用不当造成的烟害。

【解决措施】 ①对于调节剂熏蒸药害或喷施药害，要尽快喷淋清水冲洗残留，以减轻危害。同时，选择丰收1号600～800倍液喷施，连续3次以上。②对于烟熏剂造成的危害，先将受害严重叶片摘除，并及早追施适量速效肥促进植株生长。也可结合喷施天然芸苔素内酯进行叶面调节。

另外，喷施杀菌剂和杀虫剂不当时也会导致叶片产生失绿白色斑点，或叶缘、叶尖出现干枯症状等。有时连续大量施用含“唑”“醇”类成分的杀菌剂也会导致植株长势受抑制。对此，一定要注意科学、合理轮换施用各种药剂，以做到事半功倍的防病效果。

二 植保小窍门

1. 认清三种病害，防治番茄烂果

番茄在秋季进入结果期后经常出现烂果现象，这主要是由于软腐病、炭疽病、褐色腐败病造成的，菜农朋友在种植中要早防早治，避免损失。

（1）软腐病引起的烂果 该类属于细菌性病害，以感染茎、果实为主。果实发病时，果皮完整光亮，果肉腐烂稀软，破裂后散发出恶臭味，易脱落，干燥后变成白色僵果。防治方法：一是避免在阴雨天或露水未干时整枝打杈，因晴天时能促进伤口尽快愈合，防止病菌侵入；二是及时防治蛀果害虫如棉铃虫等；三是发病前或发病初期用喹啉铜、噻菌铜、琥胶肥酸铜等或其他无机铜药剂，喷药次数看病情和植株长势而定。

（2）褐色腐败病引起的烂果 该类病害属于真菌性病害，主要为害近成熟的果实，多在果实肩部至近果顶处产生浅褐色病斑，后期成同心轮纹斑，变深褐色，表面光滑，不发生软化，湿度大时病

部长出灰白霉层。防治方法：一是及时摘除病叶病果，清除遗留在地上的病株残体；二是塑料大棚或温室栽培的番茄要加强温湿度管理，适时放风排湿；三是病害发生初期用向农5号加金利来混合溶液进行喷雾防治，或选择甲基托布津、百菌清加腈菌唑等每隔7～8天喷1次，连喷2～3次。

（3）炭疽病引起的烂果 该病害是由半知菌引起的，病菌在果实着色前侵染，潜伏到着色以后发病。初生透明小斑点渐扩展并变黑色、稍凹陷，病斑有同心轮纹，其上着生黑色粒点，在潮湿条件下分泌红色黏状物，最后果实腐烂脱落。防治方法：一是重病田要实行轮作；二是清除病源，及时摘除病果，防止再侵染。拔园后彻底清除地面残体及遗留枝叶。在绿果期时可用向农5号、金利来等药剂，每隔6～10天喷1次，连喷3次，可抑制病害的发展。

2. 巧治番茄盛果期常见死棵病

番茄盛果期死棵损失很大，是菜农十分头疼的问题。经调查分析，番茄盛果期死棵的主要原因是由番茄根腐病、番茄茎基腐病、番茄枯萎病、番茄溃疡病、根结线虫病等病害造成的。为防患于未然，现将能够导致盛果期番茄死棵的病害介绍如下，供菜农朋友们借鉴。

（1）根腐病 发病初茎基或根部产生褐斑，逐渐扩大后凹陷，严重时病斑绕茎基部或根部一周，致顶部茎叶萎蔫，进而全株萎蔫。拔除病株，可见细根腐烂，粗根褐变。剖开病根茎，可见从根茎部向上有一段维管束发生褐变，后根茎腐烂，不长新根，植株枯萎而死。该病多见于管理失误的棚室内，如定植后地温低，土壤湿度过高，且持续时间长，或遇连阴天不能及时放风，形成高温高湿条件，尤其是大水漫灌后更会导致该病的发生和流行。

（2）茎基腐病 该病害属于真菌性病害，仅为害茎基部。发病初期茎基部皮层生有浅褐色及黑褐色斑点，能绕茎基部一圈，致皮层腐烂，后期病部表面常形成黑褐色大小不一的菌核，有别于疫病。剖开病茎基部，可见木质部变为暗褐色。病株叶片变黄、萎蔫，后期叶片为黄褐色并枯死且残留在枝上不脱落。拔除病株，可见根系并不腐烂。

发病后可在茎基部施用向农 4 号与萘乙酸混合药土，在病株基部覆堆，把病部埋上，促其在茎基部长出不定根，可增加根部吸收能力，争取稳定产量。

（3）枯萎病 发病初期，植株中下部叶片在中午前后萎蔫，而早晚可恢复，以后萎蔫加重，叶片自下而上变黄，根软腐最后枯死。茎基部近地面处呈水渍状，高湿时会产生粉红色或蓝绿色霉状物。剖开病基部，可见维管束变褐。本病病程进展较慢，一般 15～30 天才枯死，无乳白色黏液流出，有别于番茄青枯病。

发病初期可用向农 4 号加松脂酸铜或喹啉铜等混合溶液 500 倍液进行灌根，7 天左右 1 次，连续 2～3 次。

（4）番茄溃疡病 整株染病，病菌在韧皮部及髓部迅速扩展，初期下部叶片凋萎或卷缩，似缺水状，一侧或部分叶片凋萎；茎内部变褐，并向上下发展，后期产生长短不一的空腔，最后下陷或开裂，茎略变粗，生出许多不定根。湿度大时菌脓从病茎或叶柄中溢出或附在其上，形成白色污状物，最后全株枯死，上部顶叶呈青枯状。果实易形成独特的“鸟眼斑”，防治该病害首选铜制剂。若发现病株应及时拔除，并全棚喷施喹啉铜、噻菌铜、琥胶肥酸铜、金利来等药剂。

（5）根结线虫病 该病主要为害番茄根部，使根部多出现肿大畸形，有的呈鸡爪状。剖开根结或肿大根体，在病体里可见乳白色或浅黄色雌虫体。植株地上部也表现出不良症状：发育不良、叶片黄化、植株矮小，其结果较少且小，产量低，果实品质差。干旱时，患病植株易萎蔫，直至整株枯死，损失严重。

根结线虫的防治，可利用闲棚时用氰氨化钙进行高温闷棚，并结合土壤处理；定植时可结合穴施阿维菌素、噻唑膦等提早预防；如果已经定植后的蔬菜感染了根结线虫，可用 5% 的阿维菌素加生根剂灌根来控制，能维持番茄正常生长。

3. 越夏番茄防好三病获丰产

每年进入 7 月后，高温多雨的天气对于大棚越夏番茄的生长极为不利，主要体现在植株徒长、病害增多等方面，常发生的病害主要有病毒病、晚疫病和叶霉病。

（1）番茄病毒病 病毒病表现在番茄上有很多类型，有卷叶型、花叶型、缩叶型等，是越夏、秋延迟番茄栽培中的一种常发病害。该病一旦发生，将会造成减产、减收，因此在管理上一定要做好前期预防工作。

1）苗期防治。使用遮阳网或防虫网覆盖，防止高温危害和虫害，避免病毒病的发生和传播。

2）生长期防治。防止高温、虫害以及雨水灌棚，同时结合药剂进行综合防治。可用金利来喷雾，7 天左右喷 1 次，可起到预防和治疗的双重作用。

（2）番茄晚疫病 番茄栽培密度过大，棚室郁闭，通风透光不良，再加上雨水较多，棚内湿度较大，这样的环境极易感染晚疫病。因此，防治晚疫病要从改善棚室环境、合理用肥以及药物防治等多方面进行预防。

1）适当稀植，改善群体密度，以增加植株的通风透光性。

2）合理施肥，减少氮肥的施用，可适当增施磷钾肥、海藻酸、甲壳素以及微生物菌剂等，以保证植株长势健壮，叶片增厚。

3）药剂防治。发病后，应在发病初期及时用药防治，可用向农 1 号加氯溴异氰尿酸或扑海因等药剂进行喷雾防治。

（3）番茄叶霉病 番茄叶霉病通常导致叶片黄化、叶片功能降低，从而影响番茄自身营养物质的积累和供应，进而影响番茄的正常生长。此外，因缺素引起的叶霉病也比较多，针对这种情况可采用喷施叶肥与药剂相结合的方法进行防治，可用含铁、镁等元素的叶面肥进行喷治，喷药时一定要细致、周到，以防病害再侵染。另外，对于已经感染叶霉病的棚室千万不可大放底风，否则病害会迅速传满棚甚至毁棚。

4. 认清五种真菌病，防病工作不用愁

【症状】

1）早疫病。发病时，从叶片上可看到 1～2cm 的大病斑，病斑边缘深褐色，周围有黄色晕圈，形成同心轮纹。茎部的分枝处发生褐色的病斑。

2）晚疫病。叶片发病多从叶尖或叶缘开始，产生暗绿色水浸状

病斑。严重时叶背病斑边缘有白色霉层。果实受到危害时，病斑多发生在青果的近果柄处，暗绿色，油浸状，长出少量白霉。

3）绵疫病。主要引起幼苗猝倒、果实腐烂。当果实受害时，侵染从下层果往上蔓延，产生暗绿色水浸状小斑块，有同心轮纹，最中心处灰白，还可见白色棉絮状菌丝。

4）灰霉病。主要为害果实，受害果实病部果皮灰白色、水渍状，变软腐烂。严重时侵染部分出现大量灰色霉层，果实失水僵化。

5）菌核病。主要侵害茎基部，也侵害叶片和果实，造成水渍状软腐，产生浓密菌丝，后生鼠屎状黑色菌核。

【防治方法】

1）实行轮作，选择抗病品种。

2）加强肥水管理。采用高畦深沟种植，增施腐熟有机肥和生物性菌肥，改善调整土壤，提高植株的抗病能力。

3）对种子进行消毒，用55℃的水浸种30min，播种前用多菌灵粉剂与播种地畦面土拌匀。

4）及时绑蔓，及时摘除老叶和摘芽整枝，保持良好的通风透气环境。

5）要及时防治。常用的药剂有金利来800倍液、50%氯溴异氰尿酸、50%琥胶肥酸铜（DT）500倍液、64%杀毒矾500倍液等。上述药剂可轮换或复混使用，以免产生抗药性，增强防治效果。

三 番茄侵染性病害小贴士

1. 如何区分病毒病、激素中毒与螨虫危害

大棚番茄生产中病毒病、螨虫危害和激素中毒三者的具体表现症状有诸多相似之处，菜农在诊断时往往混淆。对此一旦诊断失误，便会因无法正确用药而贻误最佳防治时期。因此，当发现异常时，及时、准确诊断很关键。

首先，看发生部位。番茄病毒病、螨虫的危害主要发生在植株顶部较幼嫩的叶片上；激素中毒主要发生在花穗附近幼嫩的叶片上。

其次，看田间分布。番茄病毒病在棚内多零星分布，且有明显的发病中心植株；螨虫多是点片发生，仔细观察其叶背可见虫体；激素中毒则是短时间内集中成片发生，随着植株生长症状会有所

减轻。

最后，看症状的表现。番茄病毒病卷叶型，其叶缘向正面卷曲，且叶片狭小，叶片颜色褪绿黄化。激素中毒常表现叶片向上卷曲僵硬，叶脉较粗重；若是因蘸花所致，则蘸花越多，卷曲越重，而病毒病则与蘸花操作无关。另外重要的一点，激素中毒表现叶片皱缩卷曲时，其颜色不变甚至更浓绿。螨虫的危害状是叶片的叶缘都向下卷曲，叶片增厚僵直，变小变窄，叶色呈黄褐色或灰褐色，带油状光泽，尤其是主脉两侧更为严重。

2. 茎秆腐烂是何因

番茄细菌性髓部坏死，菜农俗称“茎秆里烂病”。该病害一旦发生，会导致番茄萎蔫，严重影响番茄的生长发育和果实成熟。

【病情诊断】 该病害多发生在枝杈摘除时产生伤口处，但剖开番茄病茎，发现髓部变黄褐色或出现坏死，维管束变成褐色。严重时茎外呈黑褐色长条斑，植株死亡。

【病情分析】 该病主要是从主茎下部摘除枝叶伤口处侵染，导致髓部坏死，维管束变褐色，从而使植株失去输送水分的功能，导致植株萎蔫。在温度低（特别是夜温低）、湿度大和偏施氮肥的条件下容易造成该病发生和流行。

【防治措施】

1）调控大棚环境，防止因温度过低、湿度过大而造成的病菌流行蔓延。

2）改进施肥方法，合理使用氮肥。

3）发现病株，及时拔除，并撒生石灰或草木灰进行消毒杀菌。

4）药剂防治。在发病初期，可用金利来、喹啉铜、噻菌铜、DT等药剂结合叶面喷药；同时选择向农4号600倍液喷淋茎秆，每株灌药液500g，7天左右灌治1次，连续喷药、灌根3次以上。

3. 牛眼腐病与晚疫病区别

近年来，温室内种植的番茄果实牛眼腐病和番茄晚疫病的发生日趋严重，有些菜农朋友将番茄果实牛眼腐病误认为番茄晚疫病进行用药防治，结果不仅不能对症用药，还导致病害的大发生。

(1) 番茄果实牛眼腐病与晚疫病的区别

1) 番茄果实牛眼腐病多发生在未成熟的半大的果实上，而番茄晚疫病在幼苗、叶、茎和果实上均可受害，以叶和青果受害重。

2) 番茄果实牛眼腐病病斑褐色圆形或近圆形，边缘不明显，扩展后形成深褐与浅褐相间的大型斑，有的达果实1/3～1/2，出现带轮纹的牛眼斑，病斑不凹陷，皮部光滑，果实硬挺，保持原形不变，病部变色的组织向内扩展，湿度大时长出白色棉絮状菌丝，致病果腐败。番茄晚疫病果实染病主要发生在青果上，病斑初呈油浸状暗绿色，后变成暗褐色至棕褐色，稍凹陷，边缘明显，轮纹不规则，果实一般不变软，湿度大时，其上长出少量白霉，迅速腐烂。

3) 番茄果实牛眼腐病病菌以卵孢子在土壤中越冬，第二年条件适宜时，多以自然伤口或人为伤口即茎裂口、生长裂口、虫伤、化学伤口等侵入，是多种病原共同作用的结果；而番茄晚疫病则借气流或雨水传播到番茄植株上，从气孔或表皮直接侵入。

4) 番茄牛眼腐病果实表面结露常为病菌提供有利条件，天气暖和时易发病，病菌生长适温24～28℃，最高温度36.5～37℃，最低温度9～10℃；而番茄晚疫病则在白天气温24℃以下，夜间温度10℃以上，相对湿度75%～100%，持续时间长时易发病。地势低洼、排水不良、田间湿度大时，易诱发此病。

(2) 以防为主，综合防治

1) 选用抗病品种。

2) 避免果实受伤，减少裂口，浇水要均匀，避免果面结露，避免果实与地面接触。

3) 控制好温度和湿度，棚内及时进行通风，定植密度不宜过大。采用配方施肥，合理定植，加强田间管理，及时整枝打杈，保证通风透光良好。

4) 番茄果实牛眼腐病发病后，可采用45%百菌清烟雾剂每亩200～250g熏烟，或喷洒5%百菌清粉尘剂每亩1kg，隔9天撒1次，或叶面喷施向农1号800倍液进行防治。番茄晚疫病发生后，必须及时清除病残体，可用向农1号600倍液加金利来500倍液，向地面一块喷雾杀灭残留病原菌。

4. 青枯病与枯萎病区分

青枯病和枯萎病是番茄生产中常发生的两种病害，二者都易引起植株萎蔫、死亡而造成严重的损失。这两种病害在发病症状上具有许多相似之处，有时常因病害诊断不够准确而无法正确选择药剂。所以仔细辨别青枯病和枯萎病，是高效防治的关键。

单从发生条件看，番茄青枯病在地温超过20℃时，发病严重；而枯萎病在土壤温度为28℃时容易发生。另外，青枯病和枯萎病还可从以下几方面区别。

1）导致病害的病原菌的种类不同。青枯病是由青枯假单胞杆状细菌引起的细菌性病害，枯萎病是由半知菌亚门镰孢霉属尖镰菌引起的真菌性病害。

2）植株萎蔫速度不同。青枯病发病迅速，从最初表现症状，只有4~6天便会凋萎、死亡，表现为全株急性型萎蔫；而枯萎病株从叶片开始垂萎、凋枯直至死亡，需12~15天，凋萎的速度和时间比前者慢8~9天。

3）病株叶片萎蔫表现和顺序不同。枯萎病病株是自下部叶片开始，自下而上逐次萎蔫；叶色逐渐由绿变浅，由黄到枯黄，进而转为褐色；叶片基本不脱落，整株枯死；植株矮小，嫩茎垂弯。青枯病病株与枯萎病不同，是上部顶端的幼叶、嫩梢和刚展开的嫩叶萎蔫，不等叶片枯黄变色，整株会很快失水青枯凋萎。

4）病株表现症状不同。枯萎病株在潮湿时，茎（蔓或藤）基部可看到黄白色或粉红色的霉状物，这是真菌的分生孢子梗和分生孢子。青枯病只有横切病茎后，用手挤压变色的维管束时，才有白色的细菌液溢出，这才是它的病原细菌；如果将横切后的病茎浸入盛有淡盐水的玻璃瓶中，用手挤捏也可见乳白色的雾状物从切口喷出。

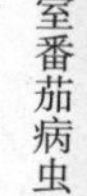

因为青枯病和枯萎病属于不同类型的病菌，因而在用药防治方面也要分别对症用药，才能起到事半功倍的效果。如青枯病应提早选择铜制剂如DT、喹啉铜、噻菌铜进行叶面喷施，同时结合向农4号500倍液加金利来500倍液灌根处理。枯萎病可在苗期选用向农4号蘸根进行预防，生长中期用向农4号500~600倍液进行灌根处理

5. 番茄脐腐病原因多，重点防治效果好

缺钙是造成脐腐病的主要原因，但造成脐腐病的原因有很多，

且表现症状也不尽相同，如缺硼、干旱、氮肥过多等原因也可导致脐腐病的发生。为科学预防番茄脐腐病，提高钙肥利用率，特将该病诱因和综合防治措施具体介绍如下。

【发生原因】

1）供钙量太少。当土壤溶液中钙离子的含量低于100mg/kg时，就会出现大量的脐腐果。因此，在番茄生长期要不间断地适量供给钙元素。在田间番茄缺钙的表现是，番茄脐部出现黑褐色凹陷大斑，像“黑膏药”似的。据测定，果实内钙元素含量低于0.2%时易发生脐腐病。

2）土壤干旱。一是由于土壤中水分供应严重不足，导致果实内部水分回流，果实脐部失水干缩。二是因水分供应不足，植株不能从土壤水分中吸取足够钙元素（指离子态的钙），造成植株阶段性缺钙而发生脐腐病。因为钙的吸收是被动吸收，植株吸收的钙和水成正比，因而土壤干旱、植株吸水少时，其吸收钙的量也相应减少。

3）氮、钾、镁等供给量过大。在作物生长过程中，元素之间有拮抗作用，即相互竞争的关系。土壤中钾离子、镁离子、铵离子含量太高时，将会影响钙的吸收，尤其是铵态氮过量能阻止植株对钙离子的吸收，又使植株徒长；减少了番茄对钙的吸收，使番茄植株体内含钙量相对减少，而发生脐腐病。

4）盐害。当土壤中总盐分含量过高时，会阻碍植株对钙的吸收。随着电导率的升高，番茄脐腐病的发生率也会升高。其中不同的品种对高盐分的敏感度不同，所以不同品种间脐腐病的发生差异较大。当土壤pH过低或过高时也会影响钙的吸收，在pH为5.6~8的条件下钙元素的有效性含量随pH的升高而增高。

5）温湿度不适宜。高温引起叶片蒸腾作用加大，虽然能使大量的钙进入叶片，但高温又加速果实膨大，进入果实的钙相对减少，引起脐腐病；低温则会直接导致植株根系代谢缓慢，进一步影响番茄对水分和钙的吸收，因此易发病。在田间空气湿度较大的情况下，叶片水分蒸腾作用降低，植株的吸收能力下降，钙的吸收量也随之减少，所以也易引发脐腐病。另外，缺硼也会导致果实出现脐腐病：这种情况一般多在幼果发生，番茄脐部出现豆粒大小的黑褐色凹陷斑，是由于缺硼使花柱头腐烂所致。

【防治方法】

1）补充钙肥。可用单质钙元素叶面喷洒，增强果实表皮韧性，增强抗性。喷洒时一定要注意均匀、细致、周到，同时也可结合浇水每亩冲施硝酸钙 10～15kg。

2）叶面喷硼。在缺硼的情况下也容易增加钙的吸收难度，因此要注意补充硼肥，可选用市面上较好的硼肥喷洒。

3）科学供应肥水。水分供应不足时可致果实脐部干缩，同时也会阻碍钙的吸收，因此一定要及时浇水，保证土壤见干见湿。同时用肥要讲求科学配比，在番茄的不同生长时期施用适宜的肥料，比如定期补充单质钙肥和含硼等微量元素的肥料；膨果期适当加大钾肥的补充、供给；结果盛期注意补充氮、磷、钾等大量元素和生物菌肥，全面补充营养的同时养护根系，避免植株早衰。

4）合理控制棚内温度，并适量通风，降低空气湿度：建议棚内温度控制在较为合理的范围，日温为 25～30℃，夜温为 15～18℃。注意，阴天时也要适当进行通风，以降低空气湿度并适当换气。

6. 芽枯病的症状与防治

大棚番茄在刚开始现蕾时，幼芽萎蔫枯死，仔细检查植株后，发现茎秆上有一道小裂缝，扒开裂缝后发现内部组织呈现褐色，但没有虫类危害的痕迹，这就是番茄保护地栽培中典型的生理性病害——芽枯病。

【田间表现】 受害株初期幼芽枯死，被害部位常有皮层包被，在发生芽枯处形成一缝隙，呈线形或“Y”字形，有时边缘不整齐。

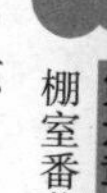

【发生原因】 一是夏秋茬保护地番茄当时所处的生长环境气温高、光照强，而且空气湿度大所致。若棚室内中午通风不良，极易造成棚内 40℃以上的高温。二是栽培过程中氮肥施用量过多。三是底肥施用量过足，再加上高温干燥的环境，影响植株对微量元素的吸收，尤其是硼元素。当植株体内硼元素严重缺乏时，则会表现出明显的芽枯病症状。

【综合预防措施】 首先，要实行配方施肥技术，并适当增加硼、

锌等微肥的施用量。其次，番茄定植后要加强通风，防止出现35℃以上的棚内高温，有条件的可适当进行遮阴。另外定植后还要适当蹲苗，控制第一穗果膨大前的肥水供应，保证第一穗正常坐果。在病害容易发生的月份，应提前使用0.1%～0.2%的硼砂溶液或硼镁锌肥微肥600倍液，对植株进行叶面喷洒，每隔7～10天1次，连喷2～3次即可。

7. 提早预防番茄筋腐

每年冬季大棚番茄生产中，都会发生因果肉有黑色筋脉而形成的“花脸果”，严重影响了番茄品质和经济效益，这就是典型的番茄筋腐病。

果实在成熟前，果皮色泽变浅，透过表皮可以看到果实内部变褐色；切开果实后，可以发现果肉维管束变褐，果皮果肉硬化，甚至连胎座也变成褐色，完全失去食用价值。特别是越冬茬和春季栽培，常常可见筋腐果与病毒病混合发生，在果实的表面表现着色不匀，具有明显硬块，或者产生条斑，引起果实内部黑心。

【发生原因】 一般多发生在番茄果实膨大期，由于环境条件不良，管理措施不当，特别是氮肥用量过多，而钾肥及有机肥不足，加上光照不足、空气湿度过大时，引起植株体内碳氮比失调，造成植株新陈代谢紊乱。再就是，植株体内硼元素的缺乏也可造成筋腐果的发生。此外，植株遭受病毒病危害，也容易加剧筋腐果的发生，或者在果实表面形成一些僵块，严重影响果实品质。筋腐果在冬春季节发生较多，因而要加强各方面农事管理，提早做好预防工作。

引起番茄筋腐果的原因是多方面的，所以防治措施必须从这些发病原因入手，主要有以下几条措施。

（1）选用抗病能力强、植株长势旺的品种 实践证明，不同的番茄品种，其筋腐果的发生情况相差较大，应在试验的基础上，选用不易发病的品种。同时，应尽量选用抗病毒病的番茄品种，在栽培管理上应及时而有效地防治病毒病。

（2）加强肥水管理 首先，不要过多地施用氮肥，多施充分腐熟的有机肥，改良土壤结构，提高土壤的保水保肥能力，并提供充足的养分；其次，生长期间保持土壤水分均匀；另外，经常喷施保护性杀菌剂，保护植株不受侵害。此外，应及时整枝并喷施丰收1号800倍液，每隔7天1次，平衡植株长势。

（3）用药防治

1）在定植期和缓苗期，用丰收1号加嘧肽霉素灌根，可促进幼苗健壮；结果后采用上述配方加大使用量，可明显降低病毒病和筋腐果的发生，一般应7天使用1次，连续3~4次；也可与800倍液丰收1号或天然芸苔素1000倍液混合使用。

2）植株进入开花期后，用0.1%~0.2%的硼砂溶液、0.2%~0.3%硫酸亚铁溶液加少量锌等其他中微量元素肥料进行根外追肥，对预防筋腐果有良好的效果，一般需要每隔10天左右使用1次，连续2~3次。

四 番茄生理性病害小贴士

1. 番茄卷叶原因多，对症防治见效快

番茄生产中叶片发生卷曲、皱缩，在整个生长期会经常出现。发生卷缩的原因很复杂，除极少数品种的叶子卷缩属生理特性外，大多是因环境异常、农事操作不当以及感染病毒病等原因所致。

环境条件不适引起叶片卷缩属生理性病害，应从栽培管理入手，对症下药；病毒病引起叶片卷缩属于侵染性病害所致，要及时用药防治。一般来讲，生理性叶片卷缩会发生在整个植株的叶片上，病毒病引起叶片卷缩只发生于顶部新叶，下部老叶不易受害。

【发生原因】

1）摘心和整枝过早。摘心过早容易使腋芽滋生，叶片中的磷酸无处输送，导致叶片老化，发生大量卷缩。摘除侧枝一般要当其长到7cm以上时进行，如果打杈过早，叶片同化面积减小，植株地上部生长不良，同时影响根系的发育，吸水、吸肥能力减弱，进而诱发卷叶。

2）高温、干旱。进入结果盛期后，遇到高温、干旱天气而不能及时补水，此时叶片面积大，高温和强光使叶片蒸腾作用较强，植株下部叶片易发生卷缩。

3）施肥不当。氮肥施用过多，会引起小叶的翻转、卷曲。严重缺磷、缺钾以及缺乏钙、硼等微量元素，都会引起叶片僵硬、叶缘

卷曲，或者叶片细小、畸形。

4）病毒病所致。番茄发生病毒病时，会引起叶片褪绿、变小，叶面皱缩。多表现在心叶及上部叶片上，整株出现卷叶等不良表现。并且在棚内出现中心病株，呈点片发生的分布规律，这一点可以作为辨别病毒病和生理性卷叶的要点之一。

5）2，4-D药害。花期使用2，4-D蘸花时，浓度过大或将药液洒在叶片上，也会引起卷叶。

【预防措施】

1）加强肥水管理。增施腐熟的优质农家肥，防止氮肥过量，提供植株生长所需的均衡营养。避免过度干旱和大水漫灌。

2）加强棚室栽培管理。要根据番茄的长势及发育规律，调控温湿度，尤其在生长中后期要经常保持土壤湿润，棚内不可过于干燥。

3）选用抗病毒病的品种。及时对蚜虫进行防治，切断传毒途径。发生病毒病时，及时用药进行防治，可早期喷施金利来和丰收1号防治。

4）使用2，4-D时浓度不要过大，不要将药液洒在叶片上。

5）适时摘心、整枝。摘心和侧枝整形要根据植株长势来定，保持合理的叶面积，既要控制旺长，又要防止早衰。螨虫也会导致番茄卷叶，要及时用药防治，如四螨嗪、噻螨酮、三唑锡等药剂。

2. 番茄植株叶片出现失绿黄化

近年来，在番茄生产中叶片失绿黄化的现象有逐年加重的趋势。到底是什么原因引起叶片失绿？

这种现象是近两年番茄生产中比较普遍存在的一种现象，该症状多发生在番茄生长的中后期，尤其是进入坐果盛期出现较多。具体表现为中下部衰老叶片的叶肉首先变成黄色，但叶脉仍呈绿色，呈现失绿黄斑，尤其以向阳面和膨大果实附近的叶片更为明显，黄化叶片老化程度较高，严重影响光合作用，对上部果实的膨大影响较大，进而会降低后期产量。

【发生原因】

1）过量施用氮、磷、钾肥。特别是在果实膨大期，盲目和过量施用含钾量高的复合肥，使土壤中番茄可利用的钙、镁、铁、硼、锌等中微量元素缺乏，使作物养分吸收不平衡。

2）施用的中微量元素被土壤固定，利用率低。有的大棚中，虽然底施硝酸钙、硫酸镁、硫酸亚铁等中微量元素，但已被土壤固定，番茄不能有效吸收。

3）叶面补充量低。虽然叶面喷施能够有效补充一部分中微量元素，但叶面施肥难以达到有效剂量，不能从根本上代替作物根系从土壤中吸收的养分。根部施肥仍是植物获取营养的重要途径。

【防治方法】

1）叶片养护。在管理过程中，注意加强叶片养护，特别是在病虫害防治过程中，要根据天气、温度和病虫害发生规律，针对性用药，科学调节用药次数和用药量，避免盲目用药。防止药剂过量伤害叶片，可以叶面喷施丰收1号、云大120等进行叶片养护。

2）根系养护，保障和增强吸收。在肥料施用过程中，注意控制化学肥料的用量，适量施用生物菌肥料如酵素菌、枯草芽孢杆菌、EM综合菌等，养护根系。

3）采用平衡施肥的方法，补充中微量元素。可以选用螯合态的中微量元素，更有利于作物对养分的快速吸收和利用，全面补充作物养分。

3. 番茄果面出现顶裂

生产中，番茄有些幼果常常出现诸多不同程度的畸形果、顶裂果现象，究竟是什么原因所致呢？

据专家分析，造成番茄幼果产生顶裂现象的原因主要有以下几点。

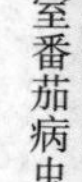

首先，受温度对花芽分化的影响。当这些幼果花穗发育所处的时间段连阴天较多，温度较低，此时花芽在10℃以下的低温环境就会使子房壁细胞发育不全，造成裂果。

其次，受蘸花浓度的影响。当蘸花浓度过大时，导致花芽分化后产生畸形花，从而使幼嫩果实发生裂果。蘸花时间过晚，也会引起幼果裂果。

再次，受天气影响。蘸花时正处连阴天气，受低温、弱光等原因的影响导致药剂蘸花的成功率降低而产生畸形果。

另外，生长期大量施用氮肥，而使磷钾肥不足或磷酸二铵施用过量，影响钙、硼的吸收。氮、磷过量而钾肥不足时也会导致番茄裂果。

针对上述原因，可采取以下预防和解决措施。

1）控制棚内温度，为花芽分化提供适宜环境。适宜花芽分化的温度是白天20～30℃，晚上15℃左右，切忌长时间低于12℃。尤其在幼苗期更应加强温度调控，确保花芽分化正常进行。

2）避免连阴天气蘸花。蘸花时要根据天气情况合理调整蘸花浓度，当温度高时要减小蘸花浓度，当温度低时要适当增大蘸花浓度。当天配制的药当天使用，使用时间一般在上午8：00～10：00和下午3：00～5：00，严禁烈日下蘸花，否则易产生畸形果。蘸花应把握好时间，开花的当日为最佳时间，过早或过晚都会产生不利影响。

3）施肥时，要注意减少氮肥施用量，增加磷钾肥和钙、硼元素的施用，可每亩用冲施肥15kg随水冲施，叶面进行适量追肥，以满足花芽分化期对硼、钙的需求。

4. 要想果实无畸形，预防工作要提早

番茄生产中，畸形果是一种常见的生理性病害，对此若不引起重视，则会严重影响生产效益。因该病害病因复杂（多因环境异常、农事管理不当、营养供应不足等原因所致），所以应找准原因，提早预防。

1）生产中常见的畸形果表现有以下几种。

① 变形果。形状不完整，或呈椭圆形，或呈桃形（尖嘴果）。

② 瘤状果。果实靠近叶片的一端长出一个像鼻子似的瘤状物，这种瘤状物是由于子房发育初期，其基部独立的心皮向外生长凸起而成，形成佛手状。

③ 脐裂果。果实脐部果皮开裂，胎座组织及种子向外翻转裸露，这是由畸形花的花柱开裂造成的。

2）产生畸形果的主要诱因。

① 花芽在低温下分化，往往产生多心皮的子房，由多心皮子房所形成的果实便成为畸形果。

② 植株生长过于旺盛，生殖生长所需要的养分不足会产生畸

形果。

③ 花期缺硼，也会出现畸形果。

④ 蘸花时，蘸花药液浓度过大，时间不合适，也会产生畸形果，称为“早僵晚裂”，也就是蘸花过早易形成僵果，而蘸花过晚则引起裂果。

3）防止畸形果，可以从其发生原因上对症采取一系列措施。

① 对于塑料大棚及小拱棚栽培的早春茬番茄，前期要注意防寒保温。夜间维持12℃以上，避免花芽在低温条件下分化。

② 要科学浇水施肥。第一穗果坐住后，施肥不宜过多，尤其是速效氮肥不可施太多，以避免植株旺长影响坐果。

③ 注意硼肥的施用，可在花芽分化前期叶面喷施硼砂600倍液或其他优质硼元素肥，防止因缺硼造成畸形果。

④ 要合理使用蘸花药，早春茬番茄随着外界温度的不断升高，应适当降低蘸花药的浓度，以防止浓度过大造成畸形果的发生，并注意开花当天蘸花为好，避免过早、过晚。

⑤ 温水浇地可防空心果。冬季温室番茄生产中，易出现外部膨大而空心的果实，这不仅直接影响产量，也大大降低了番茄的品质和口感，从而直接导致生产效益的降低。

据多年生产实际证明，造成番茄空心的直接原因之一是地温过低。冬季低温时期，当浇灌水的温度低于8℃时，在低温情况下植株根部遇冷收缩，根系活力降低，吸水性差，如果此时番茄果实正处于膨大期，在短期缺少水分供应的情况下，则易出现局部的果中少肉现象。虽然后来地温升高，根部恢复吸收能力，但已膨大的果实中空心部分却再也不能充实。因此，冬季浇水采用温水是一个非常必要的举措，一般水温掌握在12℃以上为最好。可利用大棚一角暂存浇灌水，以利提温，番茄空心现象即可减少或避免。

5. 预防番茄果实裂果

1）选择抗裂、枝叶茂盛的品种。一般以长形果、果蒂小、果皮内木栓层薄的品种为宜。

2）要加强通风，使叶面温度下降。阳光过强时可覆盖遮阳网或采用花打苫方式进行遮阴，以降低温度。

3）合理灌水，控制好土壤水分，避免土壤过干过湿，尤其结果期不可过干过湿。果实生长盛期土壤水分应保持在田间最大持水量的80%左右。

4）深翻土，多施有机肥，以改良土壤结构，提高保水力，促进根系发育，缓冲土壤水分的剧烈变化。

5）采取高畦深栽，缓解水分急剧变化对植株产生的不良影响。

6）可喷洒脐腐裂果灵、巨能钙等活性钙肥，并及时采收成熟果实。

6. 番茄植株生理性卷叶

田间表现症状：番茄生理性卷叶主要由不良环境条件和管理不当造成。从叶片卷曲程度看，轻者仅叶缘稍微向上卷，重者卷成筒状，同时叶片变厚、变脆、变硬，使番茄果实变小，严重时导致坐果率降低，果实畸形，品质和产量严重下降。

【发生原因】

1）高温、强光、生理干旱。番茄叶片大而多，蒸腾作用旺盛，在高温、强光条件下，根系吸水量弥补不了蒸腾损耗，造成植株体内水分亏缺，致使番茄叶片萎蔫卷曲。

2）高温的中午突然灌水或雨后骤晴，由于植株不能适应突然变化的条件，引起生理异常而卷叶。遇高温天气时，为预防温室、大棚番茄病害，过于强调降低湿度，导致空气干燥、土壤缺水，或过度干旱后大量灌水，造成水分供应不均衡，也会引发生理性卷叶。

3）整枝、摘心不当。如果整枝过狠或摘心过重，植株地上部叶面积减小，影响地下部的生长，导致根系数量少、质量差，制约水分和养分的吸收和供给，从而影响叶片的正常生长和发育，诱发卷叶。

4）误将植物生长调节剂使用在叶片和生长点上，或使用的植物生长调节剂浓度过高，导致药害，使番茄叶片卷曲、果实畸形或开裂。另外，通风过急或发生烟害、污水灌溉等都会引起卷叶。

【防治方法】

1）侧芽长度以主尖超过5cm以后方可打掉。摘心宜早、宜轻。在最后一穗果上方留2片叶摘心。

2）避免在高温的中午浇水，连阴天骤晴后，应及时采取花打苫进行遮阴。

3）慎重使用各种植物生长调节剂。

4）加强其他各方面农事管理。

7. 番茄果实出现空洞果

空洞果是指果皮与果肉胶状物之间有空洞的果实。尽管番茄空洞使产量影响不是太大，但会严重影响其商品性，降低经济效益，在生产中应引起重视。

【发生原因】

1）品种原因。心室数目少的品种易发生番茄空洞果。一般早熟品种心室数目少，晚熟的品种心室数目多。

2）温度过高。花粉形成遇到35℃的高温，且持续时间较长，授粉受精不良，果实发育中果肉组织的细胞分裂和种子成热加快，与果实生长不协调也会形成空洞果。

3）激素使用不当。激素蘸花用药浓度过大，重复蘸花或蘸花时花蕾幼小都易产生空洞果。

4）光照不足。由于光合产物减少，向果实内运送的养分供不应求，造成生长不协调形成空洞果。

5）营养供应不足。盛果期和生长后期肥水不足，营养跟不上，碳水化合物积累少，也会出现空洞果。同一花序中迟开的花形成的果实，由于营养物质供不上，易形成空洞果。

【防治措施】

1）选用心室多的品种。

2）合理使用激素。每个花序有2/3花朵开时，喷施调节剂；防落素含量为15～25mg/L，或用番茄灵蘸花25～40mg/L等，不要重复使用，在高温季节应相应地降低浓度。

3）加强肥水管理。采用配方施肥技术，合理分配氮、磷、钾，调节好根冠比，避免枝叶过于繁茂，使植株营养生长与生殖生长协调平衡发展。结果盛期，及时追足肥、浇足水，满足番茄营养需要，若有早衰现象要及时进行根系养护和叶面喷肥。

4）要做好光温调控，创造果实发育的良好环境条件。苗期和结果期温度不宜过高，特别是苗期要防止夜温过高、光照不足。开花期要避免35℃以上的高温对授粉的危害。

5）不要定植小苗龄的苗子。小苗定植根旺，吸收力强，氮素营养过剩也易形成空洞果。适时摘心。摘心不宜过早，避免因植株营养体过弱而产生营养供应不足的现象。

8. 番茄植株中下部叶缘失绿

棚室番茄进入结果期后，下部叶片出现黄化失绿并伴有干边的现象时有发生，该现象常被误认为是正常新陈代谢导致叶片老化，菜农大多对此不做进一步观察，就以“打老叶”的方式将其处理掉。殊不知，该情况并非叶片正常老化而是因缺钾引起的异常表现，应当引起足够重视并采取相应措施。

【发生原因】 部分棚室番茄中下部叶片出现叶缘失绿黄化症状，且黄化只限于叶缘，此多因缺钾引起。番茄植株缺钾，可严重影响幼果发育，降低果实品质，还可引发筋腐果等生理性病害的发生。

番茄缺钾症近几年发生比较普遍，究其原因有以下几点。

1）番茄需钾量较多，是需氮量的2倍以上，而钾肥又极易流失。

2）施肥不合理，氮肥特别是鸡粪使用量偏多、钾素肥料偏少。鸡粪含氮量高达1.63%、含钾量仅0.4%，氮钾比例失调，满足不了番茄对钾素的吸收，氮肥过多，又会抑制对钾肥的吸收，必然引起缺钾现象发生。

3）温室内土壤温度偏低，影响了根系的生长发育，根系不发达、活性低、吸收能力差，从而极易发生缺钾症和其他缺素症。

【预防措施】 首先应提高棚室内土壤温度，促进根系发育，提高吸肥能力。其次，注意喷洒或浇灌甲壳素促进发根，提高番茄植株和根系的吸收能力和抗逆性。再次，应增施牛马粪、圈肥等有机肥料和钾肥，结果期应适当追施速效钾素肥料，并结合喷药，根外喷施0.4%～0.5%的磷酸二氢钾（注意不可与含有锰、锌、铝等金属离子的农药混用）和0.3%的硫酸钾溶液。番茄生理性萎蔫莫慌张，越冬茬番茄温室栽培在10～12月期间，在晴天的中午，特别是久阴初晴的中午，突然出现大面积的萎蔫现象。经多年观察与分析，判断该情况为根部不适造成的生理性萎蔫。

具体表现：先是上部叶片及生长点萎蔫，早晚恢复正常，叶片上无明显的病斑。病情发展下去，蔓延扩展，整个大棚番茄都萎蔫，严重的全株死亡。经解剖发现，病株开始未见异常，只有部分侧根呈现褐色，与根腐病不同。随着病情的发展，根系全部变黄腐烂，茎上部出现空心现象，中下部无异常现象。从病株发生与分布规律来看，与枯萎病和青枯病不同，病情发生与浇水的上水头和下水头不相关，没有传染现象发生，即没有中心发病株，不传染周围植株。

【发病条件及规律】

①连作3年以上的地块发病严重。②土质黏重地，特别是前茬水稻田发生严重。③用旋耕犁翻地，深度不足10cm时，犁底层过度板结的地块发病严重。④苗期施氮肥过多，苗龄过长，秧苗徒长时发病严重。⑤定植密度大，防止高温障碍。谨慎防高温障碍是因光照强、温度高而导致植株叶片、花、果，甚至整个植株等生长异常的表现，如叶片、果实等有灼伤干枯斑、落花落果、植株萎蔫等。尤其在夏、秋季生产中，更应谨慎防止高温障碍。

实践证明，当白天温度高于35℃，或40℃高温持续4h，夜间温度高于20℃，就会引起番茄茎叶不同程度损伤及果实异常。尤其白天日照非常强烈时叶片容易受害，初期叶片褪绿或叶缘呈漂白状，后变黄色；轻的仅叶缘呈烧伤状，重的波及半叶或整个叶片，终致永久性萎蔫或干枯。

据有关资料，番茄在遇到30℃的高温时，会使光合强度降低，至35℃时开花、结果受到抑制，40℃以上时则引起大量花果脱落，而且持续时间越长，花果脱落越严重。果实成熟时遇到30℃以上的高温，番茄红素形成减慢，超过35℃番茄红素则难以形成，表面出现绿、黄、红相间的杂色果。

要想预防产生高温强光危害，应注意：①通风，以降低叶面温度。②遮光。阳光照射强烈时，可部分遮阴或覆盖遮阳网遮阴。③喷水降温。④化控。喷洒0.1%硫酸锌或硫酸铜溶液，可提高植株的抗热性，增强抗裂果、抗日灼的能力。⑤用2，4-D浸花或涂花，

可以促进子房膨大，并有效增强抵抗高温的能力。

9. 防治番茄果实“网纹果”

近年来，番茄生产中出现了一种“网纹果”，具体表现是膨大期透过果实的表皮可以看到网状的维管束，接近着色期更为严重，直到收获时网纹仍无法消退。造成这种网纹果的原因是什么？如何防治？

根据我们的试验资料分析，网纹果多出现在气温交替的夏秋季节，土壤氮素多，地温较高，土壤黏重，且水分多，土壤中肥料易于分解，植株对养分吸收急剧增加，短时间内果实迅速膨大，最易形成网纹果。

对此，在番茄生长中期控制氮肥的施用量，若土壤肥沃就不要施用过多的易分解的鸡粪等有机肥。一般的壤土地或沙壤土地建议两年施一次腐熟鸡粪，每亩5～10m^3。番茄膨果期追肥不可过量，一般每亩追施高钾型肥料15～20kg，追肥次数在3～5次即可。另外，一定要注意加强通风，防止气温和地温急剧上升。

10. 防治番茄果实“籽肉外翻”

番茄“籽肉外翻”即“穿孔果”，是一种生理性病害，这种番茄茎叶生长正常，果实上靠近果肩部有一大裂口，似唇状，有的裂口处还有一个洞，从外边能看到果肉。

【发生原因】

1）在花芽分化阶段遇到低温、光照不足，尤其夜温过低，导致花芽发育不良，容易形成“穿孔果”。

2）促花保果激素用量不当，不论哪一种调节剂，都不能重复使用，而且使用时，一定要根据棚内不同的温度采用不同的浓度。

【预防措施】 防止大棚番茄“穿孔果”的发生，首先在冬季设法提高大棚的温度，如白天温度控制在25～30℃，夜间温度控制在15～18℃，给番茄生长创造一个比较适宜的环境条件。其次要严格掌握激素的使用含量，一般一支蘸花药兑水1～2kg。

11. 番茄畸形果

常见有扁圆果、椭圆果、尖顶果、突指果，以及其他形状的畸形果。一般，当番茄花芽分化及在花芽发育时遇到5～6℃持续性低温，加上灌水过多，影响幼苗的营养生长，偏施氮肥，花芽过度分化，形成多心皮畸形果，形成桃形、瘤形或指形；苗龄过长，低温或干旱持续时间长，幼苗期或花期易木栓化，转入适宜条件后，木栓组织不能适应内部叶肉细胞的迅速生长，则形成裂果、疤果或仔外露果。

【预防措施】 育苗时花芽分化前后要加强管理、避免苗期持续性低温，夜温在8℃以上；合理施肥，避免肥料尤其是氮肥施用量过多，同时要避免苗床过于潮湿；合理使用生长调节剂，幼苗出现徒长时勿过分降温、控水，少施氮肥，及时摘除畸形花和畸形果。

12. 番茄日灼果

番茄果实在强烈阳光下照射，向阳面呈现大块褪绿白斑，透明革质状，凹陷。后期日灼斑不断扩大，病部皮层失水变薄破裂。病果常被腐生病菌感染而长出黑色霉层，有时软化腐烂。由于光照过强，定植密度小很容易发生这种病，整枝、摘心、摘叶过重，果实暴露在枝叶外面而被晒伤；天气干旱、土壤缺水或雨后骤晴，都容易造成日灼果。

【预防措施】 进行合理密植，适时、适度进行整枝、摘心、摘叶，避免阳光直射果实，摘心时最后一穗果上部至少保留三片叶；合理施肥、灌水，防止土壤干旱；及时通风，使果面及棚内温度下降；防止植株患病虫害；减少植株下部叶片过早落叶，减少日灼果发生。

13. 番茄木栓化硬皮果

番茄坐果后，果实基本不发育，果形小，僵化无籽。由于长期阴雨天气，光照弱，夜温高，白天叶片制造的养分少，而夜间消耗又大，易形成僵果。遇到这种情况，应该进行人工辅助授粉或用植物生长剂蘸花，将夜温降至10℃左右，维持最低生长温度，减少消耗。

14. 番茄放射状纹裂果

番茄果实以果蒂为中心，呈放射状裂开，也有不规则的侧面裂果和裂皮。这种病害一般发生在果实膨大期，果皮直接受光提前老化，钙素不足，而氮、磷过剩导致表皮缺乏弹性及土壤骤干骤湿，果肉迅速膨大而产生裂果。

【预防措施】 合理施肥，增施钙、硼肥，增强果皮坚实度。控

制土壤水分，避免强光下浇水，避免果实受强光直射。喷洒85%比久及0.1%硫黄铜、0.1%的硫酸锌可提高抗热性，增强果实抗裂和抗日灼能力。

15. 番茄果实表面部分发黄

夏季或冬季番茄果实，向阳光面或果面发黄，而背阴面或内面果面仍然是粉红色。这是由于温度过高或过低，抑制番茄红素形成而造成的。番茄果实着色过程是叶绿素分解和番茄红素、类胡萝卜素形成的过程，在20~30℃条件下可形成番茄红素，高于30℃，或低于13~14℃，番茄红素合成已经停止，而类胡萝卜素合成还可进行，类胡萝卜素的色泽是黄的，所以果面就会发黄。

【预防措施】 避免棚室温度过高或过低影响番茄红素形成。

16. 番茄果实表面为啥会生“绿背果”

一般情况下，番茄果实成熟后均会出现转色，粉果品种变成粉红色，红果则变为大红色，黄色品种转为黄色，但有些果实转色以后在果肩和果蒂附近却残留着绿色斑块，最终无法正常转色，而形成红（黄）绿相间的“花脸果”。其中绿色果肉部位变硬，果肉微酸。

据田间观察，一般发生绿背果的植株下部叶片出现黄褐色斑，症状从叶尖和叶尖附近开始，叶色加深，灰绿色，少光泽。小叶呈灼烧状，叶缘卷曲，老叶易脱落。后期伴随果实发育缓慢，成熟不齐，着色不匀，果蒂附近转色慢，绿色斑驳相间，称“绿背病”。这种植株易发生萎蔫，而且生长中容易感染灰霉病。

【发生原因】 该病害为生理性病害，若在果实转色阶段施用氮肥过多，使果实叶绿素含量增多，导致果实表面叶绿素分解推迟或减缓，从而影响番茄红素、类胡萝卜素的形成。当气温过高或过低时也会引起果实出现绿背果。再就是土壤中缺乏钾、硼等元素，或土壤干燥时多会导致绿背果的发生。

【防治措施】

1）施用底肥时注意适量多施有机肥和生物菌肥，将氮、磷、钾等大量元素肥进行合理配比，并加入一定量含硼复合微肥。

2）采用滴灌或膜下微灌棚室，防止土壤过分干燥。

3）果实进入转色期要注意增加光照强度和时间，白天棚内温度最好控制在25～30℃。

4）建议定期进行叶面追肥和叶片养护，可每隔7～10天喷施1次丰收1号、云大120等800倍液。

另外，番茄果实着色不良会严重影响卖相，从而导致生产效益大大下降。

17. 造成樱桃番茄着色不良的原因

1）棚内温度过低。樱桃番茄果实着色的过程是叶绿素分解和番茄红素、类胡萝卜素形成的过程。当棚内温度过低或过高时，都会抑制番茄红素的形成。一般来说，当棚内温度低于10℃或高于30℃时，就会影响番茄红素的形成。

2）光照影响。番茄的着色与光照也有着很大关系，如果种植密度过大，就会造成植株间的相互遮阴，使果实得不到充足的光照，从而造成番茄着色不良。

3）施肥。氮肥施用过多，营养生长过盛，导致果实不易着色；在番茄果实的着色期，尤其是变红阶段，施用氮肥过多，叶绿素就要增高，致使叶绿素分解推迟或减缓，影响番茄红素、胡萝卜素在果实上的形成，从而影响番茄着色。氮素过多，樱桃番茄容易出现绿肩现象；同时，如果钾肥不足就会容易出现黄绿色果肩。因此，在膨果期应注意增施钾肥，同时应减少氮肥的用量。

【防治措施】 冷空气过后，可及时喷施丰收1号、氨基寡糖素等，增强番茄的抗性。减少氮肥施用量，结果期注意磷肥的施用，可叶面喷施丰收1号和0.2%的磷酸二氢钾溶液促其恢复生长。

第六节 番茄安全生产的农药限制

一 禁止使用的农药种类

为从源头上解决农产品尤其是蔬菜、水果、茶叶的农药残留超标问题，农业部在对甲胺磷等5种高毒有机磷农药加强登记管理的基础上，又停止受理一批高毒、剧毒农药的登记申请，撤销了一批高毒农药在一些作物上的登记。任何农药产品都不得超出农药登记批准的范围使用。各级农业部门要加大对高毒农药的监管力度，按照《农药管理条例》的有关规定，对违法生产、经营国家明令禁止

使用的农药的行为，以及违法在果树、蔬菜、茶叶、中草药材上使用不得使用或限用农药的行为，予以严厉打击。各地要做好宣传教育工作，引导农药生产者、经营者和使用者，生产、推广和使用安全、高效、经济的农药，促进农药品种结构调整步伐，促进无公害农产品生产发展。

国家明令禁止使用的农药和不得在番茄、果树、茶叶、中草药材上使用的高毒农药品种有18种：六六六、滴滴涕、毒杀芬、二溴氯丙烷、杀虫脒、二溴乙烷、除草醚、艾氏剂、狄氏剂、汞制剂、砷类、铅类、敌枯双、氟乙酰胺、甘氟、毒鼠强、氟乙酸钠、毒鼠硅。

在番茄等蔬菜上不得使用的农药有19种：甲胺磷、甲基对硫磷、对硫磷、久效磷、磷胺、甲拌磷、甲基异柳磷、特丁硫磷、甲基硫环磷、治螟磷、内吸磷、克百威、涕灭威、灭线磷、环磷、蝇毒磷、地虫硫磷、氯唑磷、苯线磷。

二 允许使用的农药种类、用量及安全间隔期

1. 优先选择生物农药

生产中常用的生物杀虫杀螨剂有苏云金杆菌制剂、阿维菌素、华光霉素、鱼藤酮、苦参碱、藜芦碱等；杀菌剂有井冈霉素、春雷霉素、多抗霉素、武夷菌素、农用链霉素等。棚室蔬菜病虫害防治中常用的生物农药有阿维菌素、吡虫啉、苏云金杆菌制剂千胜、1%～5%苏丹可湿性粉剂1000倍液、0.9%阿维菌素乳油3000倍液、环业3号可湿性粉剂250倍液和500倍液等。

2. 合理选用化学农药

严禁使用剧毒、高毒、高残留、高生物富集体、高三致（致畸、致癌、致突变）农药及其复配制剂。限定使用的化学类杀虫杀螨剂有敌百虫、辛硫磷、敌敌畏、毒死蜱、氯氰菊酯、溴氰菊酯、氰戊菊酯、炔螨特、噻螨酮、抗蚜威、氟啶脲、灭幼脲、除虫脲、噻嗪酮等；杀菌剂有波尔多液、琥胶肥酸铜、氢氧化铜、多菌灵、百菌清、甲基硫菌灵、代森锌、乙膦铝、甲霜灵、磷酸三钠等。

3. 严格控制农药使用的安全间隔期

在番茄栽培实践中，在使用农药防治番茄病虫害时，如只重视防治效果，不重视番茄上市前的安全间隔时间，结果会造成番茄上

的农药残留量超标，严重影响消费者的身体健康。为了使消费者能吃上安全、放心的番茄，现将常用农药在番茄上使用的安全间隔期介绍如下，要严格按照期限执行农药安全间隔。菊酯类农药的安全间隔期为5～7天，有机磷农药7～14天，杀菌剂中的百菌清、代森锌、多菌灵为14天以上，其余7～10天。农药混配剂执行其中残留性最大的有效成分的安全间隔。

（1）杀菌剂 75%百菌清可湿性粉剂7天，77%氢氧化铜可湿性粉剂3～5天，50%异菌脲可湿性粉剂4～7天，70%甲基硫菌灵可湿性粉剂5～7天，50%乙烯菌核利（农利灵）可湿性粉剂4～5天，50%加瑞、88%甲霜灵·锰锌可湿性粉剂2～3天，64%恶霜·锰锌可湿性粉剂3～4天。

（2）杀虫剂 10%氯氰菊酯乳油2～5天，2.5%溴氯菊酯2天，2.5%氯氟氰菊酯乳油7天，5%氰戊菊酯乳油3天，5%抗蚜威可湿性粉剂6天，1.8%阿维菌素乳油7天，10%顺式氯氰菊酯（快杀敌）乳油3天，40.7%毒死蜱乳油7天，20%甲氰菊酯乳油3天，20%氰戊菊酯乳油5天，20%甲氰菊酯乳油3天，25%喹硫磷乳油9天，50%抗蚜威可湿性粉剂6天。

（3）杀螨剂 50%溴螨酯乳油14天，50%苯丁锡（托尔克）可湿性粉剂7天。

第七节 科学使用化学农药

一 掌握农药性能，做到对症用药

农药的种类很多，各有一定的防治范围和具体防治对象，如有的是杀虫剂，有的是杀菌剂，有的是除草剂，有的是植物生长调节剂等。即便是同一类型的农药，不同的品种，防治对象也不相同。所以在使用农药之前，一定要弄清楚所用的农药是不是适用于需要防治的虫害或者病害，以做到对症用药。

二 掌握病虫发生发展阶段，做到适时用药

应在无雨、3级风以下天气施药，更不能逆风喷施农药。高温季节一般在上午9：00前和下午5：00后进行，中午不宜喷药。要根据

病虫害的发生规律和危害程度，确定防治适期。防治虫害一般在卵孵化期或幼虫初孵期集中、及早防治；防治病害一般以预防为主，掌握在发病初期施药防治。

三 掌握施药技术，保证施药质量

充分发挥药效是消灭病虫害的关键。各种病虫害的发生和为害方式不同，要求用药时讲究防治策略。如防治红蜘蛛和蚜虫，因为它们是在棉叶背面为害，就要将药喷在叶背面。

四 严格掌握用药剂量，保证防治效果

准确地控制药剂浓度、用药数量和用药次数。如果用量过高，势必造成药害，所以绝不能为了一下子消灭病虫害而任意加大用药量。但浓度低或用量少也同样达不到防治效果，会造成浪费。对于用药次数，要从病虫害发生程度的轻重来决定，病虫害没有达到防治标准，就不要用药。

五 坚持轮换用药，延缓有害生物抗药性的产生

农药在使用过程中不可避免地会产生抗药性，如果一个地区长期单独使用一种农药。将加速其抗药性的产生。为此，在使用农药时必须强调合理轮换使用不同种类的农药以延缓抗药性的产生，提高农药防治效果。

六 合理复配混用农药

合理混合使用农药，具有防治多种病虫害、提高防效、节省劳力等优点，但农药不能随意混用，否则还会发生药害。农药混用要遵循以下原则：一是混合后不发生不良的物理化学变化，对遇碱性物质分解失效的农药，不能与碱性农药混用，可湿性粉剂不能与乳剂农药混用；二是混合后对作物无不良影响；三是混合后不能降低药效；四是混合后不会增加使用成本。

七 加大宣传力度，提高菜农安全用药意识

菜农是农药使用的主体，只有提高菜农安全用药意识，才能从根本上解决因农药使用不当造成农药残留超标的问题。因此，要加

大安全用药的宣传力度。首先充分利用广播、电视、宣传材料等媒介，通过现场会、培训会、科技下乡等多种形式，广泛宣传禁用、限用的农药品种和相关的法律法规，使广大菜农了解农药知识，认识盲目用药的危害，提高科学安全使用农药的自觉性。其次对农药经营人员进行法律法规知识和安全用药技术培训，提高他们的法律意识、安全意识和环保意识，不仅要把经营人员培训成合格的卖药者，而且要使其成为技术较好的民间医生、农药安全使用技术的宣传员、法律法规的传播员。而且应对蔬菜种植大户进行培训，使其成为技术能手及农药安全使用的模范，把新农药、新技术传授给身边和周围的人。

附录　常见计量单位名称与符号对照表

量的名称	单位名称	单位符号
长度	千米	km
	米	m
	厘米	cm
	毫米	mm
面积	公顷	ha
	平方千米（平方公里）	km^2
	平方米	m^2
体积	立方米	m^3
	升	L
	毫升	mL
质量	吨	t
	千克（公斤）	kg
	克	g
	毫克	mg
物质的量	摩尔	mol
时间	小时	h
	分	min
	秒	s
温度	摄氏度	℃
平面角	度	(°)
能量，热量	兆焦	MJ
	千焦	kJ
	焦[耳]	J
功率	瓦[特]	W
	千瓦[特]	kW
电压	伏[特]	V
压力，压强	帕[斯卡]	Pa
电流	安[培]	A

参考文献

[1] 陈杏禹. 蔬菜栽培 [M]. 北京：高等教育出版社，2005.

[2] 高志奎. 蔬菜栽培学各论 [M]. 北京：中国农业科学技术出版社，2006.

[3] 马承伟. 农业棚室设计与建造 [M]. 北京：中国农业出版社，2008.

[4] 周长吉. 现代温室工程 [M]. 北京：化学工业出版社，2003.

[5] 高丽红. 蔬菜穴盘育苗实用技术 [M]. 北京：中国农业出版社，2004.

[6] 杨振超，邹志荣. 温室大棚无土栽培新技术 [M]. 杨凌：西北农林科技大学出版社，2005.

[7] 王久兴. 番茄病虫害及防治原色图册 [M]. 北京：金盾出版社，2007.

[8] 徐鹤林，李景富. 中国番茄 [M]. 北京：中国农业出版社，2007.

[9] 张晓明，朴金丹. 番茄标准化生产技术 [M]. 北京：金盾出版社，2009.

[10] 张光星，王靖华. 番茄无公害生产技术 [M]. 北京：中国农业出版社，2003.

[11] 徐和金，李君明，周永健. 番茄优质高产栽培法 [M]. 北京：金盾出版社，2005.

[12] 贺献林. 温室番茄异常诊治及高效栽培新技术 [M]. 北京：中国农业出版社，2005.

[13] 李式军. 棚室园艺学 [M]. 2 版. 北京：中国农业出版社，2011.

书　　目

书　　名	定价
草莓高效栽培	25.00
棚室草莓高效栽培	29.80
草莓病虫害诊治图册（全彩版）	25.00
葡萄病虫害诊治图册（全彩版）	25.00
葡萄高效栽培	25.00
棚室葡萄高效栽培	25.00
苹果高效栽培	22.80
苹果科学施肥	29.80
甜樱桃高效栽培	29.80
棚室大樱桃高效栽培	18.80
棚室桃高效栽培	22.80
桃高效栽培关键技术	29.80
棚室甜瓜高效栽培	29.80
棚室西瓜高效栽培	25.00
果树安全优质生产技术	19.80
图说葡萄病虫害诊断与防治	25.00
图说樱桃病虫害诊断与防治	25.00
图说苹果病虫害诊断与防治	25.00
图说桃病虫害诊断与防治	25.00
图说枣病虫害诊断与防治	25.00
枣高效栽培	23.80
葡萄优质高效栽培	25.00
猕猴桃高效栽培	29.80
无公害苹果高效栽培与管理	29.80
李杏高效栽培	29.80
砂糖橘高效栽培	29.80
图说桃高效栽培关键技术	25.00
图说果树整形修剪与栽培管理	59.80
图解果树栽培与修剪关键技术	65.00
图解庭院花木修剪	29.80
板栗高效栽培	25.00
核桃高效栽培	25.00
核桃高效栽培关键技术	25.00
核桃病虫害诊治图册（全彩版）	25.00
图说猕猴桃高效栽培（全彩版）	39.80
图说鲜食葡萄栽培与周年管理（全彩版）	39.80
花生高效栽培	25.00
茶高效栽培	25.00
黄瓜高效栽培	29.80
番茄高效栽培	35.00
大蒜高效栽培	25.00
葱高效栽培	25.00
生姜高效栽培	19.80
辣椒高效栽培	25.00
棚室黄瓜高效栽培	29.80
棚室番茄高效栽培	29.80
图解蔬菜栽培关键技术	65.00
图说番茄病虫害诊断与防治	25.00
图说黄瓜病虫害诊断与防治	25.00
棚室蔬菜高效栽培	25.00
图说辣椒病虫害诊断与防治	25.00
图说茄子病虫害诊断与防治	25.00
图说玉米病虫害诊断与防治	29.80
图说水稻病虫害诊断与防治	49.80
食用菌高效栽培	39.80
食用菌高效栽培关键技术	39.80
平菇类珍稀菌高效栽培	29.80
耳类珍稀菌高效栽培	26.80
苦瓜高效栽培（南方本）	19.90
百合高效栽培	25.00
图说黄秋葵高效栽培（全彩版）	25.00
马铃薯高效栽培	29.80
山药高效栽培关键技术	25.00
玉米科学施肥	29.80
肥料质量鉴别	29.80
果园无公害科学用药指南	39.80
天麻高效栽培	29.80
图说三七高效栽培	35.00
图说生姜高效栽培（全彩版）	29.80
图说西瓜甜瓜病虫害诊断与防治	25.00
图说苹果高效栽培（全彩版）	29.80
图说葡萄高效栽培（全彩版）	45.00
图说食用菌高效栽培（全彩版）	39.80
图说木耳高效栽培（全彩版）	39.80
图解葡萄整形修剪与栽培月历	35.00
图解蓝莓整形修剪与栽培月历	35.00
图解柑橘类整形修剪与栽培月历	35.00
图解无花果优质栽培与加工利用	35.00
图解蔬果伴生栽培优势与技巧	45.00

图说三七高效栽培
ISBN：978-7-111-56696-0
定价：35.00 元
图说黄秋葵高效栽培
ISBN：978-7-111-47467-8
定价：25.00 元
图说辣椒病虫害诊断与防治
ISBN：978-7-111-52313-0
定价：25.00 元
图说玉米病虫害诊断与防治
ISBN：978-7-111-56074-6
定价：29.80 元
图说茄子病虫害诊断与防治
ISBN：978-7-111-56065-4
定价：25.00 元
图说番茄病虫害诊断与防治
ISBN：978-7-111-46164-4
定价：25.00 元
图说黄瓜病虫害诊断与防治
ISBN：978-7-111-46165-4
定价：25.00 元
生姜高效栽培
ISBN：978-7-111-48286-4
定价：19.80 元
番茄高效栽培
ISBN：978-7-111-49264-1
定价：35.00 元
图说生姜高效栽培
ISBN：978-7-111-57310-4
定价：29.80 元

葱
高效栽培
ISBN：978-7-111-47926-0
定价：25.00 元
辣椒
高效栽培
ISBN：978-7-111-49513-0
定价：25.00 元
黄瓜
高效栽培
ISBN：978-7-111-47947-5
定价：29.80 元
棚室黄瓜
高效栽培
ISBN：978-7-111-49603-8
定价：25.00 元
棚室西瓜
高效栽培
ISBN：978-7-111-49441-6
定价：25.00 元
棚室甜瓜
高效栽培
ISBN：978-7-111-48498-1
定价：25.00 元
草莓
高效栽培
ISBN：978-7-111-46898-1
定价：25.00 元
马铃薯
高效栽培
ISBN：978-7-111-54231-5
定价：29.80 元
棚室蔬菜
高效栽培
ISBN：978-7-111-50503-7
定价：25.00 元
食用菌
高效栽培
ISBN：978-7-111-52723-7
定价：39.80 元